現代基礎数学 4

新井仁之・小島定吉・清水勇二・渡辺　治 編集

線形代数と正多面体

小林正典 著

朝倉書店

まえがき

本書では，正多面体のような有限の対称性をもつ幾何的対象と，それから自然に作られる代数的対象について述べる．予備知識として線形代数の初歩程度は仮定する．対称性を表すための群論については，一から丁寧に記述するので，群論のテキストとして用いることができる．

★

代数学の歴史は数の勘定や記数法も含めると非常に長い．その中で，19 世紀以降という比較的最近に整備された線形代数を用いると，多変数の間の一次関係をあたかも一変数のように簡明に記述することができる．

幾何学は，空間や図形を対象とする．測量や建築，天文学など人間の生活に関わるところで，古代文明の頃から長く発達を遂げてきた．図形の対称性を合同変換で扱うという技法は少なくとも古代ギリシャに遡る．ユークリッド (エウクレイデース，Euclid) の『原論』(ストイケイア，B.C.300 年頃)[17] は，公理的記述により現代でもその輝きを失っておらず，一部の内容は初等幾何・初等整数論として学校で教えられている．その中に「二等辺三角形の底角は等しい」という命題がある．図を描くと明らかに正しく見える．そうなっているのだから．しかし，だからといって証明しなくてよいということにはならない．『原論』の証明は「ロバの橋」と呼ばれる複雑なものである．パップス (Pappus) は，三角形 ABC と三角形 ACB は二辺夾角が等しいから合同，という証明を与えた[50]．対称なら合同変換で重ねよ．鮮やかである．

初等幾何で気付くことであるが，幾何を純粋に幾何的な手法で取り扱うと，うまい補助線を見つけるなど，様々なアイデアが必要となることがある．また，4 次元以上の空間を幾何的に想像しようとしても直観が利かずなかなか難しい．

17 世紀にデカルト (Descartes) が座標を導入し，点を数の組として表した．

座標を用いると幾何の結果を見通しよく導き出せることが多々ある．例えば，空間の回転はある直線を軸とし，軸の交わる回転の合成は交点を通る軸に関する回転である．これを幾何で示すのはオイラー (Euler) を待たねばならなかったが，線形代数を知っていれば，固有値を用いてすぐに示すことができる．また，空間の合同変換を鏡映の個数で分類するとき，初等的に行うと鏡映面の取り替えの巧妙なテクニックを用いる．ところが幾何の素人でも，線形代数の直交変換の一般論を用いると，すぐに結果を導くことができる．そこには超絶技巧に驚嘆する隙はない．ただ淡々とした一般論の強力さに感心するばかりである．4 次元以上の空間も座標で表せば一見何が違うかわからないほどである．

アティヤ (Atiyah) は論説『20 世紀の数学』の「幾何 対 代数」の節で述べた[2]：悪魔が言う．『この強力な（代数という）機械を差し上げましょう．何でも質問に答えてくれますよ．魂だけいただければいいんです：幾何をやめれば，このすばらしい機械はあなたのものですよ.』（訳：筆者）

とはいえ代数学の基本定理のように純代数的な証明が知られていない定理は枚挙に暇がない．弁証法に従い，代数という強力な武器を携えつつも魂を失わずに豊かな幾何の世界を探検しよう．

本書で扱う正多面体が人類に知られていた歴史は長い．自然界で目に見える形では，古くから鉱物の結晶が知られていた．例えば食塩 (NaCl) は立方体，閃亜鉛鉱 (ZnS) は正四面体の形をとる．「愚者の黄金」として知られる黄鉄鉱 (FeS_2) の結晶には，立方体・正八面体に加え，正十二面体に近い形のものもある．時代は後になるが，放散虫の中に，正十二面体・正二十面体も含めて正多面体の形をしたものが見出されることが，1904 年のヘッケル (Haeckel) の図鑑[23] に記されている．人類の作品では，スコットランドの新石器時代（B.C.2000 年頃）の遺跡から発見された石器の中に，丸みこそ帯びているものの 5 種類すべての正多面体が含まれている．イタリアではエトルリア文明（B.C.500 年頃）の遺跡から正十二面体の石器が見つかっており，そのころにはピタゴラス (Pythagoras) 学派で正多面体の研究が始まっている．

古代ギリシャの哲学者プラトン (Plato) は，『ティマイオス』(B.C.360 年頃) [48] で正多面体を四元素（火・土・空気・水をそれぞれ正四面体・立方体・正八面体・正二十面体）と宇宙（正十二面体）に対応させており，5 種類すべての正多面体が発見されていたことを示している．これをもって，5 種類の正多面体はプラトンの立体 (Plato's solid) とも呼ばれる．その少し後，全 13 巻からな

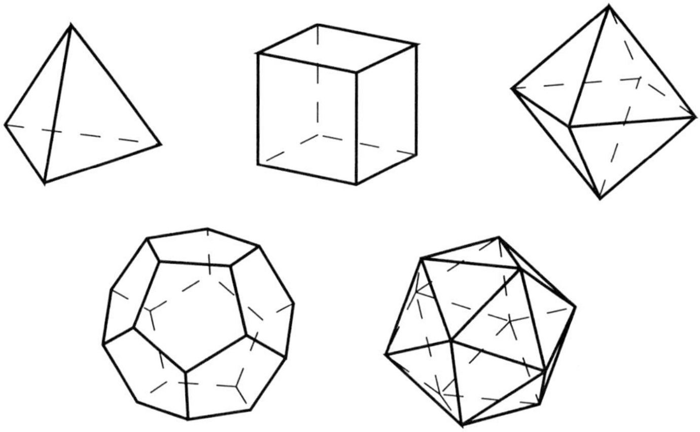

図　正多面体

る『原論』の最後は，正多面体が 5 種類しかないことの証明で締めくくられている．

ところが 17 世紀に，惑星の運動に関する「ケプラーの法則」で有名なケプラー (Kepler) は，**小星形十二面体** (small stellated dodecahedron)・**大星形十二面体** (great stellated dodecahedron) を発見した[36]．これらは面が星形の正多面体である．1809 年にポワンソ (Poinsot) がそれに加えて，頂点型が星形となる**大十二面体** (great dodecahedron)・**大二十面体** (great icosahedron) を発見した[49]．これら 4 つは**星形正多面体** (stellated regular polyhedron) と呼ばれ，面が自己交叉しており凸ではない． すぐにコーシー (Cauchy) が星形正多面体はそれらで尽きることを証明した．しかし 20 世紀になり，コクセター (Coxeter)[12]，グリュンバウム (Grünbaum)[20, 21] らにより大量の正多面体が導入された．今度は多角形が非平面的になったり，頂点・辺・面が重なったりすることを許したのである．正多面体の定義から凸を外すと，万人が満足する定義も分類もまだないように思われる．古くからありすべてが既知のようで，

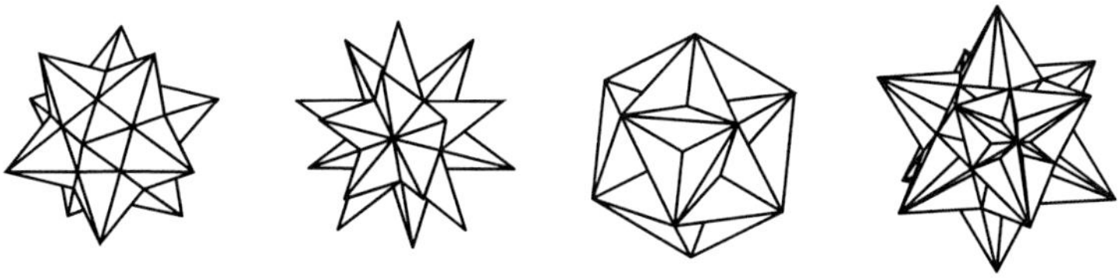

図　星形正多面体：小星形十二面体，大星形十二面体，大十二面体，大二十面体

抽象的対称性の幾何的実現と捉えると，実はまだまだ現在進行形のテーマであろう．

また，プラトンが正多面体を四元素と宇宙になぞらえたように，ケプラーは，太陽系の惑星の公転半径を正多面体の内接・外接関係で説明しようとした[35]．対称性の高い図形がわずかしかないことが現実の宇宙の生成にかかわっているのではないかという期待は，現代においても，形を変えて存在しているように思う．

★

本書の構成について説明する．本書はI. 線形代数による幾何，II. 群論，III. 正多面体，の3部からなる．

I.（1〜7章）まず，線形空間の応用としてアフィン空間を導入する．部分空間，変換といった基本的な概念を，座標を用いて線形代数に帰着し計算できるようにする．関連して，アフィン空間の自然なコンパクト化である射影空間を導入する．1次方程式を不等式に拡張し，連立1次不等式の解の構造定理を示し，凸多面体の幾何を説明する．凸多面体の章の後半（面束，双対）は難易度が高いので，後回しにしてよい．内積を入れた計量線形空間およびユークリッド空間を導入し，合同変換を分類する．

線形空間	→	凸多面錐		計量線形空間
↓		↓		↓
アフィン空間	→	凸多面集合		ユークリッド空間

最後に球面の幾何を凸錐の幾何に帰着させて述べる．射影幾何・球面幾何は平行線が存在しない非ユークリッド幾何の例を与える．

II.（8〜13章） 対称性を述べる代数の言葉である，群論について述べる．図形の対称性などの具体例に触れた後，群論の基本事項を基礎から解説する．シロー (Sylow) の定理，有限生成アーベル群の基本定理も取り扱う．

III.（14〜15章） 正凸多面体の任意次元における分類について述べる．正凸多面体の合同群は直交変換群の有限部分群であり鏡映で生成される．最後に，このように鏡映で生成される有限・アフィンコクセター群を分類する．

★

本書で扱う内容は，流儀が人によりまちまちであるものが多いので補足する．

(1) $y=f(x)$ の書き方の順序に合わせて，一次写像は，ベクトルに左から行列を掛ける．したがってベクトルは列ベクトルで表し，スカラー倍と一次写像の可換性から，スカラー倍は右からの掛け算になる．すると行列 (a_{ij}) の列ベクトルの一次結合 $\sum_j a_{ij}x_j$ も順序が変わらず添え字が隣接する．しかし係数が可換の場合しか扱わないので，慣れを考えて大部分は左から掛けて記述している．高校でベクトルの左からスカラーを掛けるのは，行ベクトルだからちょうどよい．スカラー倍は行列の掛け算の規則と合うので，結合律・分配律等は行列の積についての命題からそのまま成り立つ．内積を行列の積で書くときは，行ベクトル掛ける列ベクトルの順序なので，左側を転置する．右からのスカラー倍が線形なので，右側のベクトルはそのままである．エルミート内積でも同様なので，左側を転置して複素共役をとる．

(2) 一次分数変換 $\dfrac{ax+b}{cx+d}$ が行列 $\begin{pmatrix} a & b \\ c & d \end{pmatrix}$ を左から列ベクトルに掛けることに対応するように，アフィン空間を射影空間に埋め込むときは，最後の座標に1を埋め込む．座標は，x_0 から x_n ではなく，x_1 から始まって x_{n+1} で終わる．内積空間において双対空間を元の空間と自然に同一視するので，凸錐の双対は積が非負とする．対応して，1次不等式は $A\boldsymbol{v} \geq \boldsymbol{0}$ の形で扱う．アフィン空間の埋め込みの仕方により極双対は $\{\bar{y}\boldsymbol{x}+1 \geq 0\}$ となる．

謝辞：本書の執筆にあたり，I. の内容の吟味に際して野中裕子さんにお世話になりました．朝倉書店編集部には，中々書き終わらない筆者を辛抱強く支えて頂きました．深く感謝いたします．

2012年3月

小林正典

記　　号

$\boldsymbol{Z}, \boldsymbol{Q}, \boldsymbol{R}, \boldsymbol{C}$ で整数，有理数，実数，複素数の全体を表す．$\boldsymbol{K}$ で体を表す．

$P := Q$ は「P を Q により定義する」を表す．

集合 X, Y に対し，$\varnothing$，$X \cup Y$，$X \cap Y$，$X \setminus Y$ で空集合，和集合・合併（X と Y の少なくとも一方に含まれる元の全体），交わり・共通部分（X と Y のどちらにも含まれる元の全体），差集合（X に含まれ Y に含まれない元の全体）を表す．$X \cap Y = \varnothing$ のとき $X \cup Y$ を直和と呼び $X \coprod Y$ とも書く．

零ベクトルを $\boldsymbol{0}$ で表し，$\boldsymbol{e}_i$ で基本ベクトル（第 i 成分が 1 で他は 0）を表す．ベクトルの平行は $/\!/$ で，内積は $\cdot$ で表す．

$O_{m,n}$ で $m \times n$ 次零行列を表し，E_n, O_n で n 次単位行列・零行列を表す．添え字はしばしば省略する．行列 A の転置行列を ${}^t\!A$ で，随伴行列（エルミート共役行列）${}^t\!\bar{A}$ を A^* で表す．階数を $\operatorname{rank} A$ で表す．正方行列のトレースは $\operatorname{tr} A$，行列式は $\det A$，$|A|$ で表す．

n 次行列であって，E_n の第 i 行と第 j 行を入れ替えたものを $E(i,j)$ とおく．E_n の 1 つの (i,j) 成分を λ $(\neq 0)$ に変えたものを，$i = j$ のとき $E(i;\lambda)$，$i \neq j$ のとき $E(i,j;\lambda)$ とおく．これらを基本行列という．

ベクトル $\boldsymbol{v}_1, \ldots, \boldsymbol{v}_k$ が張る線形部分空間を $\langle \boldsymbol{v}_1, \ldots, \boldsymbol{v}_k \rangle$ で表す．線形空間 V の線形部分空間 V_1, V_2 に対し，和空間 $\{\boldsymbol{v}_1 + \boldsymbol{v}_2 \mid \boldsymbol{v}_1 \in V_1,\ \boldsymbol{v}_2 \in V_2\}$ を $V_1 + V_2$ で表す．$V_1 \cap V_2 = \{\boldsymbol{0}\}$ のとき直和といい $V_1 \oplus V_2$ とも書く．行列の直和（行列を対角行列のように並べたもの）も $A_1 \oplus A_2$ のように表す．

目　　次

第 1 章

アフィン空間

CHAPTER 1

この本では，幾何的直観を大切にするため，断らない限り線形空間（ベクトル空間）は実数係数である．実数を縦に並べた列ベクトルを $\boldsymbol{a}, \boldsymbol{b}, \boldsymbol{x}$ のように太字で表す．零ベクトルを $\mathbf{0}$ で表し，実数成分の n 次元列ベクトルの全体を $\boldsymbol{R}^n$ で表す．横に並べた行ベクトルは $\vec{a}$ のように矢線をつけて表す[*1)]．$\boldsymbol{e}_i$ で $\boldsymbol{R}^n$ の基本ベクトル（i 行目が 1 で他の成分が 0）を表す．

1.1　空間の直線・平面

空間の 1 点を原点にとり xyz 座標系を指定したとき，空間の点 $P(x, y, z)$ をベクトル $\begin{pmatrix} x \\ y \\ z \end{pmatrix}$ に対応させ，P の位置ベクトル (position vector) という[*2)]．同様に，一般に n 個の実数の座標の組を $\boldsymbol{R}^n$ のベクトルに対応させ，n 次元空間の点 (point) と呼ぶ．点と位置ベクトルはしばしば同一視して用いられる．

始めに空間 $\boldsymbol{R}^3$ の直線・平面について復習しておこう．

ある点 $\boldsymbol{x}_0 \in \boldsymbol{R}^3$ を通り，$\mathbf{0}$ でないベクトル $\boldsymbol{v} \in \boldsymbol{R}^3$ に平行な直線上の点 $\boldsymbol{x}$ は，

$$\boldsymbol{x} = \boldsymbol{x}_0 + t\boldsymbol{v} \quad (t \text{ は実数})$$

と表される．相異なる 2 点 $\boldsymbol{x}_0, \boldsymbol{x}_1$ を通る直線は，$\boldsymbol{v}$ として $\boldsymbol{x}_1 - \boldsymbol{x}_0$ をとれば，

$$\boldsymbol{x} = (1-t)\boldsymbol{x}_0 + t\boldsymbol{x}_1 \quad (t \text{ は実数})$$

---

*1) 行ベクトル・列ベクトルのどちらが横でどちらが縦かは，漢字「行」「列」のつくり（右側）を見るとわかる．二本平行に並んだ線の向きと一致している．行列の積も「行」掛ける「列」の順番であり，うまくできている．行ベクトルは横線の矢印を付け，列ベクトルは縦線で太くする．

*2) 座標は縦に並べても横に並べても本質的な差はないが，あとで一次写像をベクトルに行列を左から掛けて表すために，この本では（そして多くの本では）縦ベクトルにする．

と表される．これらを直線のパラメータ表示といい，t をパラメータ・媒介変数 (parameter)，$\boldsymbol{v}$ を直線の方向ベクトル (direction vector) という．

$\boldsymbol{x}_0$ と $\boldsymbol{v}$ を決めると，原点と目盛りを決めたことになり，直線上に1つの座標が定まる (図 1.1)．この座標に関する原点 $t=0$ が点 $\boldsymbol{x}_0$，$t=1$ が $\boldsymbol{x}_0+\boldsymbol{v}(=\boldsymbol{x}_1)$ である．t の動く範囲を $0 \leq t \leq 1$ とすると，$\boldsymbol{x}$ の軌跡は $\boldsymbol{x}_0$ と $\boldsymbol{x}_1$ を結ぶ線分になる．

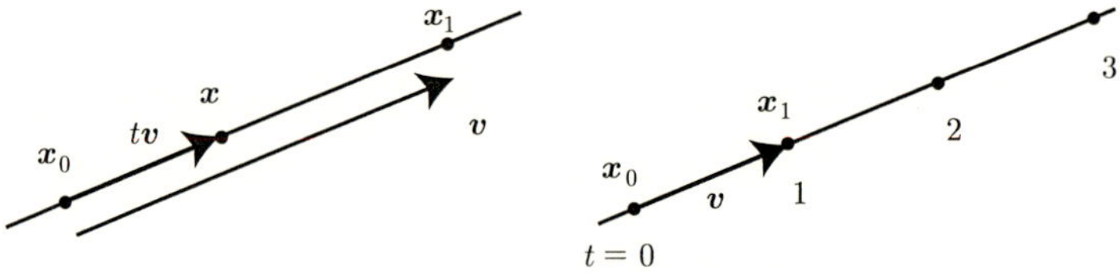

図 1.1 直線のパラメータ表示

$\boldsymbol{x}=\boldsymbol{x}_0+t\boldsymbol{v}$ を座標で具体的に表すと次のようになる．

$$\begin{pmatrix} x \\ y \\ z \end{pmatrix} = \begin{pmatrix} x_0 \\ y_0 \\ z_0 \end{pmatrix} + t \begin{pmatrix} v_x \\ v_y \\ v_z \end{pmatrix}$$

v_x, v_y, v_z がすべて0でないとすると，t について解けて，直線の方程式 (equation of a straight line)

$$\frac{x-x_0}{v_x} = \frac{y-y_0}{v_y} = \frac{z-z_0}{v_z} \ (=t)$$

を得る．なお，例えば $v_x=0$ の場合は方程式は

$$x=x_0, \quad \frac{y-y_0}{v_y} = \frac{z-z_0}{v_z}$$

と書ける．

逆に，直線の方程式が上の形に与えられたとき，分数式の値を t とおくとパラメータ表示に戻ることができる．3つの未知数に対する連立1次方程式として階数が2であることから，$3-2=1$ 個のパラメータを含むわけである．

一本の1次方程式 $ax+by+cz=d$ （$(a,b,c) \neq (0,0,0)$）は平面の方程式 (equation of plane) と呼ばれる．実際，一次独立なベクトル $\boldsymbol{u}, \boldsymbol{v}$ を用いて2個のパラメータを含む平面のパラメータ表示を得る：

$$\boldsymbol{x}=\boldsymbol{x}_0+s\boldsymbol{u}+t\boldsymbol{v} \quad (s, t \text{ は実数}).$$

1.2　アフィン部分空間

空間の直線や平面を，$\boldsymbol{R}^n$ の任意の次元の部分空間に一般化しよう．

まず，連立 1 次方程式の解について復習する．未知数の数を n，方程式の本数を m とする．A を実 $m \times n$ 行列，$\boldsymbol{b} \in \boldsymbol{R}^m$ とし，$\boldsymbol{x} \in \boldsymbol{R}^n$ に対する連立 1 次方程式 $A\boldsymbol{x} = \boldsymbol{b}$ を考える．A と $\boldsymbol{b}$ を並べた行列を $(A\ \boldsymbol{b})$ と書く．

定理 1.1 (連立 1 次方程式の解の構造定理)　(1) $A\boldsymbol{x} = \boldsymbol{b}$ が解をもつための必要十分条件は，$\mathrm{rank}(A\ \boldsymbol{b}) = \mathrm{rank}\, A$ である．

(2) 解をもつとき，同伴する同次連立 1 次方程式 $A\boldsymbol{v} = \boldsymbol{0}$ の解空間を V とする．$A\boldsymbol{x} = \boldsymbol{b}$ の 1 つの解 $\boldsymbol{x}_0$ と V の基底 $\boldsymbol{v}_1, \ldots, \boldsymbol{v}_k$ を任意に選んで固定すると，$k = n - \mathrm{rank}\, A$ であり，$A\boldsymbol{x} = \boldsymbol{b}$ の解は $\boldsymbol{x} = \boldsymbol{x}_0 + t_1\boldsymbol{v}_1 + \cdots + t_k\boldsymbol{v}_k$ $(t_1, \ldots, t_k \in \boldsymbol{R})$ の全体である．$\boldsymbol{x}$ に対し $t_1, \ldots, t_k$ は一意的に定まる．

$\boldsymbol{v}_1, \ldots, \boldsymbol{v}_k$ も掃き出し法により A から求まる．詳細は線形代数の教科書を見られたい．

$\boldsymbol{R}^n$ の部分集合 X は，ある点 $\boldsymbol{x}_0$ とある線形部分空間 V に対し，$X = \boldsymbol{x}_0 + V := \{\boldsymbol{x}_0 + \boldsymbol{v} \mid \boldsymbol{v} \in V\}$ の形に書けるとき，$\boldsymbol{R}^n$ の（アフィン）部分空間 ((affine) subspace) と呼ぶ．$\boldsymbol{x}_0$ を基点 (base point) と呼ぶ．

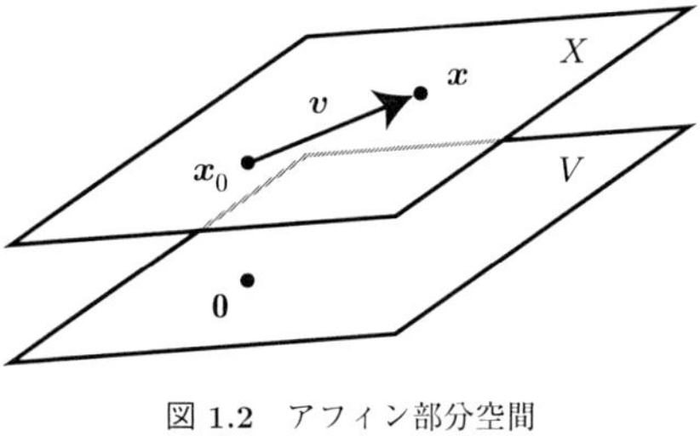

図 1.2　アフィン部分空間

次で示すように，V は基点 $\boldsymbol{x}_0$ のとり方によらず X から一意的に定まる．

命題 1.2 $\boldsymbol{R}^n$ のアフィン部分空間 $X = \boldsymbol{x}_0 + V$ の任意の点 $\boldsymbol{x}_0'$ に対し，$X = \boldsymbol{x}_0' + V$ である．また，$X = \boldsymbol{x}_0' + V'$ ならば $V = V'$ である．

証明　X の任意の点 $\boldsymbol{x}'$ に対し，$X - \boldsymbol{x}' := \{\boldsymbol{x} - \boldsymbol{x}' \mid \boldsymbol{x} \in X\}$ と書く．

$V = X - \boldsymbol{x}_0$ より $\boldsymbol{x}_0' - \boldsymbol{x}_0 \in V$ であるので，$V = V - (\boldsymbol{x}_0' - \boldsymbol{x}_0) = X - \boldsymbol{x}_0 - (\boldsymbol{x}_0' - \boldsymbol{x}_0) = X - \boldsymbol{x}_0'$ である． □

V を X に**同伴する線形空間** (linear space associated to X) という．$\dim V$ を X の**次元** (dimension) と呼び $\dim X$ と書く．1 次元・2 次元アフィン部分空間をそれぞれ**直線** (line)・**平面** (plane) という．$\boldsymbol{R}^n$ の中での X の**余次元** (codimension) を $n-$（X の次元）と定める．余次元 1（つまり次元 $n-1$）のアフィン部分空間を**超平面** (hyperplane) という．

注意 1.3 原点を通る部分空間とは線形部分空間に他ならない．

定理 1.1 により，連立 1 次方程式の解集合は，空でなければアフィン部分空間 $\boldsymbol{x}_0 + V$ である．逆も成り立つ．

命題 1.4 任意のアフィン部分空間 $\boldsymbol{x}_0 + V$ は，ある連立 1 次方程式 $A\boldsymbol{x} = \boldsymbol{b}$ の解集合である．

証明 V の一組の基底を $\boldsymbol{v}_1, \ldots, \boldsymbol{v}_k$ とし，$A' := {}^t(\boldsymbol{v}_1 \ \cdots \ \boldsymbol{v}_k)$ とする．$\operatorname{rank} A' = k$ である．$A'\boldsymbol{y} = \boldsymbol{0}$ の基本解を $\boldsymbol{y}_1, \ldots, \boldsymbol{y}_{n-k}$ とすると，${}^t\boldsymbol{v}_j \boldsymbol{y}_i = 0$ であるから ${}^t\boldsymbol{y}_i \boldsymbol{v}_j = 0$ が成り立つ．$A := {}^t(\boldsymbol{y}_1 \ \cdots \ \boldsymbol{y}_{n-k})$ は階数 $n-k$ である．したがって $A\boldsymbol{x} = \boldsymbol{0}$ の解空間は k 次元で V を含むが，次元が等しいから V と一致する．$\boldsymbol{b} := A\boldsymbol{x}_0$ とすると，$A\boldsymbol{x} = \boldsymbol{b}$ の解集合は $\boldsymbol{x}_0 + V$ である． □

まとめると，アフィン部分空間の表し方には，連立 1 次方程式 $A\boldsymbol{x} = \boldsymbol{b}$ の解空間として表す方法と，パラメータ表示 $\boldsymbol{x} = \boldsymbol{x}_0 + \sum_{i=1}^k t_i \boldsymbol{v}_i$ として表す方法という，2 つの等価な方法がある[*3)]．A の階数が X の余次元に他ならない．

X をアフィン部分空間とし，V を同伴する線形空間とする．X の 1 点 $\boldsymbol{x}_0$ と V の一組の基底 $\boldsymbol{v}_1, \ldots, \boldsymbol{v}_k$ を指定した $F = (\boldsymbol{x}_0, \boldsymbol{v}_1, \ldots, \boldsymbol{v}_k)$ を，X の**アフィン枠** (affine frame) あるいは単に**枠**という．X の点 $\boldsymbol{x}$ に対し，$\boldsymbol{x} = \boldsymbol{x}_0 + \sum_{i=1}^k t_i \boldsymbol{v}_i$ となるスカラー $t_1, \ldots, t_k$ が一意的に存在する．$(t_1, \ldots, t_k)$ を $\boldsymbol{x}$ の枠 F に関する**アフィン座標** (affine coordinates) という．$\boldsymbol{x}_0$ の座標は $(0, \ldots, 0)$ であり，$\boldsymbol{x}_0$ を**原点** (origin) と呼ぶ．

1 つの枠を固定したとき，別の枠 $(\boldsymbol{x}_0', \boldsymbol{v}_1', \ldots, \boldsymbol{v}_k')$ が**同じ向き**（**反対向き**）と

---

*3) それぞれ，集合を要素に関する条件で定める内包的記法と，要素を列挙することで定める外延的記法に対応する．

は基底変換行列の行列式が正（負）であることをいう．ただし基底変換行列とは $(\boldsymbol{v}'_1 \ \cdots \ \boldsymbol{v}'_k) = (\boldsymbol{v}_1 \ \cdots \ \boldsymbol{v}_k)P$ となる k 次行列 P のことである．

$X = \boldsymbol{R}^n$ のとき，断らない限り標準枠 $(\boldsymbol{0}, \boldsymbol{e}_1, \ldots, \boldsymbol{e}_n)$ で考える．標準枠と同じ向きを**正の向き** (positive orientation) といい，反対向きを**負の向き** (negative orientation) という．$(\boldsymbol{x}_0, \boldsymbol{v}_1, \ldots, \boldsymbol{v}_n)$ が正の向きであるのは，並べた行列 $(\boldsymbol{v}_1 \ \cdots \ \boldsymbol{v}_n)$ の行列式が正であることに他ならない．

注意 1.5 行列式は成分に関する連続関数であるから，基底を連続的に変形しても向きは変わらない．実際，基底変換行列の成分が連続的に変化するとき，もし行列式の符号が変わるときがあれば，中間値の定理より行列式の値が 0 になるものがあるはずであるが，基底の一次独立性に反する．

注意 1.6 $\boldsymbol{R}^3$ の x 軸・y 軸・z 軸を右手の親指・人差し指・中指と同じ向きに書く習慣がある．このとき正の向きの枠を**右手系** (right-handed system)，負の向きの枠を**左手系** (left-handed system) という．

命題 1.7 $\boldsymbol{R}^n$ の部分集合 X に対し，次は同値である．

(1) X がアフィン部分空間である．

(2) X は空集合でなく，任意の正整数 k と点 $\boldsymbol{x}_0, \ldots, \boldsymbol{x}_k \in X$ および $\sum_{i=0}^k t_i = 1$ を満たす実数 $t_0, \ldots, t_k$ に対し，$\sum_{i=0}^k t_i \boldsymbol{x}_i \in X$.

証明　(1) ⇒ (2)：$X = \boldsymbol{x}_0 + V$ と書けているならば，$\boldsymbol{x}_0 \in X$ だから X は空集合でない．$\boldsymbol{v}_i = \boldsymbol{x}_i - \boldsymbol{x}_0$ $(i = 0, 1, \ldots, k)$ は V のベクトルである．$\sum_{i=0}^k t_i = 1$ より $t_0 = 1 - \sum_{i=1}^k t_i$ であるから，$\sum_{i=0}^k t_i \boldsymbol{x}_i = \boldsymbol{x}_0 + \sum_{i=1}^k t_i(\boldsymbol{x}_i - \boldsymbol{x}_0) \in \boldsymbol{x}_0 + V$.

(2) ⇒ (1)：X は空でないからある点 $\boldsymbol{x}_0 \in X$ を 1 つとって固定する．$V := \{\boldsymbol{x} - \boldsymbol{x}_0 \mid \boldsymbol{x} \in X\}$ とおき，V が $\boldsymbol{R}^n$ の線形部分空間であることを示せばよい．$\boldsymbol{x}$ として $\boldsymbol{x}_0$ をとれば $\boldsymbol{0} \in V$ がいえる．また，任意の $\boldsymbol{x}_1, \boldsymbol{x}_2 \in X$ と任意の実数 t_1, t_2 に対し，$t_1(\boldsymbol{x}_1 - \boldsymbol{x}_0) + t_2(\boldsymbol{x}_2 - \boldsymbol{x}_0) \in V$ である．なぜなら，$\boldsymbol{x}_0 + t_1(\boldsymbol{x}_1 - \boldsymbol{x}_0) + t_2(\boldsymbol{x}_2 - \boldsymbol{x}_0) = (1 - t_1 - t_2)\boldsymbol{x}_0 + t_1\boldsymbol{x}_1 + t_2\boldsymbol{x}_2$ であるが，$(1 - t_1 - t_2) + t_1 + t_2 = 1$ よりこの点は X に属するからである．□

$\sum_{i=0}^k t_i \boldsymbol{x}_i$ $(\sum_{i=0}^k t_i = 1)$ を $\boldsymbol{x}_0, \ldots, \boldsymbol{x}_k$ の**アフィン結合** (affine combination) と呼ぶ．

注意 1.8 (2) から (1) を示すところでは，$k = 2$ のときのみを用いているため，X の任意の 3 点のアフィン結合が常に X に含まれることがいえればよい．実は 2 点だけで十分である（問題 1.2）．

命題 1.7 より $\boldsymbol{R}^n$ の空でない部分集合 S に対し，S の点のアフィン結合の全体 $\{\sum_{i=0}^{k} t_i \boldsymbol{x}_i \mid k \geq 0,\ \boldsymbol{x}_i \in S,\ t_i \in \boldsymbol{R},\ \sum_{i=0}^{k} t_i = 1\}$ は S を含むアフィン部分空間である．これを $\mathrm{Aff}(S)$ で表し，S のアフィン包 (affine hull)・S が張るアフィン部分空間という．

例 1.9 異なる 2 点のアフィン包は，それらを通る直線である．

S を含むアフィン部分空間は $\mathrm{Aff}(S)$ を含むから，$\mathrm{Aff}(S)$ は S を含む最小のアフィン部分空間である．また，S を含むアフィン部分空間すべての交わりでもある．

1.3　次　元　定　理

2 つ以上のアフィン部分空間の位置関係について考えよう．平面の x 軸と y 軸はそれぞれアフィン部分空間であるが，合わせてできる十字形はアフィン部分空間ではない．実際，その上の 2 点を通る直線を含まないことがある．x 軸上の点と y 軸上の点を結ぶ直線すべての和集合は平面全体になり，これはアフィン部分空間である．

アフィン部分空間 X, X' に対し，和集合 $X \cup X'$ のアフィン包を $X \vee X'$ で表し，X, X' の結び (join) [*4] という．一点 $\{\boldsymbol{x}\}$ との結びは括弧を書かないことがある．

命題 1.10 $X \cap X'$ は，空集合でなければアフィン部分空間になる．

証明　$\boldsymbol{x}_0'' \in X \cap X'$ とすると，$X = \boldsymbol{x}_0'' + V$，$X' = \boldsymbol{x}_0'' + V'$ となるから，$X \cap X' = \boldsymbol{x}_0'' + (V \cap V')$ である．□

注意 1.11 任意個の共通部分でも同様であり，共有点があれば同伴する線形空間すべての共通部分を同伴する線形空間とするアフィン部分空間になる．

2 つのアフィン部分空間 $X = \boldsymbol{x}_0 + V$，$X' = \boldsymbol{x}_0' + V'$ は，$V \subset V'$ または

---

*4)　集合論では結びと和集合は同じものを指すが，アフィン幾何では異なる．

$V \supset V'$ が成り立つとき，平行 (parallel) であるという．記号で $X /\!/ X'$ と書く．

注意 1.12 X と X' が同じ次元のときは，$X /\!/ X'$ とは $V = V'$ と同値である[*5)]．固定した次元の部分空間に対し，平行であることは同値関係（10.2 節）になる．

例 1.13 $\boldsymbol{R}^3$ の 2 直線は，平行であるかないか・共有点があるかないかで 4 通りに場合分けされる．

(1) 平行，共有点あり：共有点を $\boldsymbol{x}_0$，同伴する線形空間を V とすると，2 直線はいずれも $\boldsymbol{x}_0 + V$ に等しい．2 直線は一致する．

(2) 平行，共有点なし：2 直線は一致しないが平行である．

(3) 平行でない，共有点あり：共有点が 2 点あると命題 1.7 より直線全体を含み一致してしまうので，共有点は 1 点のみ．2 直線は 1 点で交わる．

(4) 平行でない，共有点なし：2 直線はねじれの位置にある (skew) という．

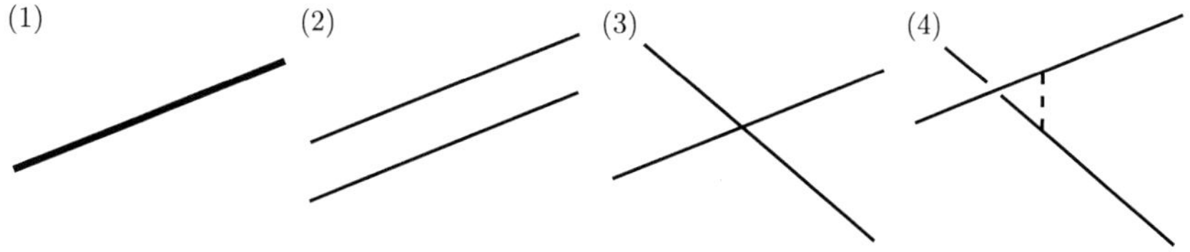

図 1.3 空間の 2 直線

定理 1.14 (次元定理, dimension theorem) $\boldsymbol{R}^n$ のアフィン部分空間 X_1，X_2 に対し，$X_1 \cap X_2 \neq \varnothing$ ならば次が成り立つ．

$$\dim(X_1 \vee X_2) + \dim(X_1 \cap X_2) = \dim X_1 + \dim X_2.$$

証明 $\boldsymbol{x}_0'' \in X_1 \cap X_2$ とすると，$X_1 \vee X_2 = \boldsymbol{x}_0'' + (V_1 + V_2)$ であるから，線形代数における類似の等式 $\dim(V_1 + V_2) + \dim(V_1 \cap V_2) = \dim V_1 + \dim V_2$ から従う．（$V_1 \cap V_2$ の基底を V_1, V_2 の基底にそれぞれ延長し，その和集合として $V_1 + V_2$ の基底が作られることを示せばよい） □

例 1.15 $\boldsymbol{R}^4$ の 2 つの超平面 X_1, X_2 の交わりが直線や点になることはない．$\dim(X_1 \vee X_2) \leq 4$，$\dim(X_1 \cap X_2) \leq 1$ は次元定理に矛盾するからである．したがって X_1, X_2 は，平面で交わるか，一致するか，共有点をもたない．

---

*5) $V = V'$ のときに限り平行と呼び，上の定義は弱平行[3]・広義の平行[25] と呼ぶ流儀もある．

命題 1.16 $\boldsymbol{R}^n$ のアフィン部分空間 $X = \boldsymbol{x} + V$，$Y = \boldsymbol{y} + W$ が $\dim V + \dim W = n$，$V \cap W = \{\boldsymbol{0}\}$ を満たすとき，$X \cap Y$ は1点からなる．

証明　線形空間の次元公式より $\dim(V + W) = n$．よって $V + W = \boldsymbol{R}^n$ であるから，$\boldsymbol{y} - \boldsymbol{x} = \boldsymbol{v} - \boldsymbol{w}$ となる $\boldsymbol{v} \in V$，$\boldsymbol{w} \in W$ が存在する．$\boldsymbol{x} + \boldsymbol{v} = \boldsymbol{y} + \boldsymbol{w}$ であり，この点は X にも Y にも属する．$X \cap Y$ の点 $\boldsymbol{x} + \boldsymbol{v} = \boldsymbol{y} + \boldsymbol{w}$，点 $\boldsymbol{x} + \boldsymbol{v}' = \boldsymbol{y} + \boldsymbol{w}'$ に対し，辺々引いて $\boldsymbol{v} - \boldsymbol{v}' = \boldsymbol{w} - \boldsymbol{w}'$．$V \cap W = \{\boldsymbol{0}\}$ であるから両辺は $\boldsymbol{0}$ であり，$\boldsymbol{v} = \boldsymbol{v}'$ となるから交点はただひとつである．　□

1.4　重　心　座　標

点の配置が「一般の位置」にあるという概念について考えよう．平面上に適当に3点をとり，それらを頂点とする三角形を作るとする．もしその3点が同一直線上にあったり，さらにいくつかの点が一致したりすると，三角形はつぶれてしまう．つぶれる場合3点は特別な位置にある（従属）と考え，そうでないとき一般の位置にある（独立）と考えることにする．以下で見るように，線形空間の一次従属・一次独立と対応する．

k を非負整数とする．$k+1$ 個の点 $\boldsymbol{a}_0, \ldots, \boldsymbol{a}_k$ は，ある $(k-1)$ 次元以下のアフィン部分空間に含まれるとき，（アフィン）従属 (dependent) であるという．

命題 1.17 次は同値である．

(1) $\boldsymbol{a}_0, \boldsymbol{a}_1, \ldots, \boldsymbol{a}_k$ は従属である．

(2) $\boldsymbol{a}_1 - \boldsymbol{a}_0, \ldots, \boldsymbol{a}_k - \boldsymbol{a}_0$ が一次従属である．

(3) $\begin{pmatrix} \boldsymbol{a}_0 \\ 1 \end{pmatrix}, \begin{pmatrix} \boldsymbol{a}_1 \\ 1 \end{pmatrix}, \ldots, \begin{pmatrix} \boldsymbol{a}_k \\ 1 \end{pmatrix}$ が一次従属である．

(4) 少なくとも 1 つは 0 ではない $t_0, \ldots, t_k$ で，$\sum_{j=0}^{k} t_j \boldsymbol{a}_j = \boldsymbol{0}$ かつ $\sum_{j=0}^{k} t_j = 0$ を満たすものが存在する．

(5) どれかの $\boldsymbol{a}_i$ が残りのアフィン結合に書ける：

$$\boldsymbol{a}_i = \sum_{0 \leq j \leq k, j \neq i} t_j \boldsymbol{a}_j, \quad \sum_{0 \leq j \leq k, j \neq i} t_j = 1.$$

証明　(1) ⇒ (2): W を $k-1$ 次元以下の線形空間で，$\boldsymbol{a}_i \in \boldsymbol{a}_0 + W$ を満たすものとする．k 個のベクトル $\boldsymbol{a}_1 - \boldsymbol{a}_0, \ldots, \boldsymbol{a}_k - \boldsymbol{a}_0$ は次元が k より小さい W に属するから一次従属である．(2) ⇒ (1): $\boldsymbol{a}_1 - \boldsymbol{a}_0, \ldots, \boldsymbol{a}_k - \boldsymbol{a}_0$ が一次従属

ならばある $k-1$ 次元以下の線形空間 W に含まれる．よって $\boldsymbol{a}_i \in \boldsymbol{a}_0 + W$ $(0 \leq i \leq k)$ を満たす．(2) $\Longleftrightarrow$ (3): $\begin{pmatrix} \boldsymbol{a}_0 & \boldsymbol{a}_1 & \cdots & \boldsymbol{a}_k \\ 1 & 1 & \cdots & 1 \end{pmatrix}$ を列基本変形して $\begin{pmatrix} \boldsymbol{a}_0 & \boldsymbol{a}_1 - \boldsymbol{a}_0 & \cdots & \boldsymbol{a}_k - \boldsymbol{a}_0 \\ 1 & 0 & \cdots & 0 \end{pmatrix}$ とできる．この行列の階数が $k+1$ であるのは第 2 列以降の階数が k であることと同値．(3) $\Longleftrightarrow$ (4): (3) を上下の成分に分けて書いたものが (4) である．(4) $\Rightarrow$ (5): $t_i \neq 0$ のとき両辺を $-t_i$ で割り，最初から $t_i = -1$ としてよい．(5) $\Rightarrow$ (4): $t_i = -1$ とおく． □

従属でないとき（アフィン）**独立** (independent) であるという．$\boldsymbol{a}_0, \ldots, \boldsymbol{a}_k$ が独立とはアフィン包が k 次元であることである．

例 1.18 $\boldsymbol{R}^n$ の点 $\boldsymbol{0}, \boldsymbol{e}_1, \ldots, \boldsymbol{e}_n$ は独立である．アフィン包は $\boldsymbol{R}^n$ 全体になる．

注意 1.19 従属・独立であることは $\boldsymbol{a}_0, \ldots, \boldsymbol{a}_k$ に対して対称な条件であるから，$\boldsymbol{a}_0$ の選び方や $\boldsymbol{a}_0, \ldots, \boldsymbol{a}_k$ の並べ方によらない．

例 1.20 (1) 1 点は常に独立である．

(2) 相異なる 2 点は常に独立である．

(3) 相異なる 3 点に対し，独立 $\Longleftrightarrow$ 同一直線上にない．

(4) 相異なる 4 点に対し，独立 $\Longleftrightarrow$ 同一平面上にない．

(5) n 次元アフィン空間の $n+1$ 点に対し，独立 $\Longleftrightarrow$ それらをすべて含む超平面が存在しない．

(6) $\boldsymbol{a}_0, \ldots, \boldsymbol{a}_k$ の中に同じ点があれば従属である．

この節では以下 $\boldsymbol{a}_0, \ldots, \boldsymbol{a}_k$ が独立であると仮定する．$\boldsymbol{a}_0, \ldots, \boldsymbol{a}_k$ のアフィン包を X とする．$\boldsymbol{a}_i = \boldsymbol{a}_0 + \boldsymbol{v}_i$ $(1 \leq i \leq k)$ により $\boldsymbol{v}_i$ を定めると命題 1.17 から $(\boldsymbol{a}_0, \boldsymbol{v}_1, \ldots, \boldsymbol{v}_k)$ は X の枠である．相互に変換できるので $A := (\boldsymbol{a}_0, \ldots, \boldsymbol{a}_k)$ も（アフィン）**枠**と呼ぶ．

X の任意の点 $\boldsymbol{x}$ に対し，$\boldsymbol{x} = \sum_{j=0}^{k} t_j \boldsymbol{a}_j$, $\sum_{j=0}^{k} t_j = 1$ となる $t_0, \ldots, t_k$ が一意的に定まる．実際，$\begin{pmatrix} \boldsymbol{x} \\ 1 \end{pmatrix}$ を $\begin{pmatrix} \boldsymbol{a}_j \\ 1 \end{pmatrix}$ たちの一次結合に書けばよい．$(t_0, \ldots, t_k)$ を $\boldsymbol{x}$ の枠 A に関する**重心座標** (barycentric coordinates) という．すべての t_j が $1/(k+1)$ に等しいとき $\boldsymbol{x}$ を $\boldsymbol{a}_0, \ldots, \boldsymbol{a}_k$ の**重心** (barycenter) という．$k=1$ のとき重心は線分の**中点** (midpoint, middle point) である．

注意 1.21 アフィン座標 $(t_1, \ldots, t_k)$ に $t_0 = 1 - \sum_{i=1}^{k} t_i$ を付け加えたものが重心

座標に他ならない．例えば $\boldsymbol{R}^n$ において $\boldsymbol{x} = {}^t(x_1, \ldots, x_n)$ の $\boldsymbol{0}, \boldsymbol{e}_1, \ldots, \boldsymbol{e}_n$ に関する重心座標は，最初の成分として $x_0 = 1 - \sum_{i=1}^n x_i$ を加えたものになる．

X の点 $\boldsymbol{x}_0, \ldots, \boldsymbol{x}_k$ に対し，それぞれの重心座標を $\boldsymbol{x}_j = \sum_{i=0}^n x_{ij}\boldsymbol{a}_i$ ($\sum_{i=0}^n x_{ij} = 1$) で定める．これはまとめて $\begin{pmatrix} \boldsymbol{x}_j \\ 1 \end{pmatrix} = \sum_{i=0}^n x_{ij} \begin{pmatrix} \boldsymbol{a}_i \\ 1 \end{pmatrix}$ と書ける．$\begin{pmatrix} \boldsymbol{a}_i \\ 1 \end{pmatrix}$ $(0 \leq i \leq n)$ は一次独立であるので，$\begin{pmatrix} \boldsymbol{x}_j \\ 1 \end{pmatrix}$ $(0 \leq j \leq k)$ が一次独立となるのは，係数すなわち重心座標を並べた行列 (x_{ij}) の階数が $k+1$ となることと同値である．つまり，独立・従属は重心座標をベクトルと見て一次独立・一次従属であることと同値である：

命題 1.22 $\boldsymbol{x}_0, \ldots, \boldsymbol{x}_k$ が従属 $\iff$ $\operatorname{rank}(x_{ij}) \leq k$.

$j = 0, \ldots, k$ に対し，直線 $\boldsymbol{a}_j \vee \boldsymbol{a}_{j+1}$ 上の点 $\boldsymbol{x}_j$ を $\boldsymbol{a}_j$，$\boldsymbol{a}_{j+1}$ のいずれとも異なるようにとる．ただし，$\boldsymbol{a}_{k+1} := \boldsymbol{a}_0$ とする．λ_j を $\overrightarrow{\boldsymbol{x}_j\boldsymbol{a}_{j+1}} = \lambda_j \overrightarrow{\boldsymbol{a}_j\boldsymbol{x}_j}$ で定める．$\boldsymbol{x}_j \neq \boldsymbol{a}_{j+1}$ より $\lambda_j \neq 0$ であり，$\boldsymbol{a}_j \neq \boldsymbol{a}_{j+1}$ より $\lambda_j \neq -1$ である．この仮定の下で以下の 2 つの定理を示す．

定理 1.23 (メネラウスの定理，Menelaus' theorem) $\boldsymbol{x}_0, \ldots, \boldsymbol{x}_k$ が従属であるための必要十分条件は，$\lambda_0\lambda_1 \cdots \lambda_k = (-1)^{k+1}$ となることである．

証明 $\boldsymbol{a}_0, \ldots, \boldsymbol{a}_k$ のアフィン包を全体空間と考える．$\boldsymbol{x}_j = \frac{1}{\lambda_j+1}(\lambda_j\boldsymbol{a}_j + \boldsymbol{a}_{j+1})$ であるから，重心座標で従属となる条件を表すと，命題 1.22 より

$$\operatorname{rank}\begin{pmatrix} \frac{\lambda_0}{\lambda_0+1} & 0 & \cdots & 0 & \frac{1}{\lambda_k+1} \\ \frac{1}{\lambda_0+1} & \frac{\lambda_1}{\lambda_1+1} & 0 & \cdots & 0 \\ 0 & \frac{1}{\lambda_1+1} & \ddots & \ddots & \vdots \\ \vdots & \ddots & \ddots & \frac{\lambda_{k-1}}{\lambda_{k-1}+1} & 0 \\ 0 & \cdots & 0 & \frac{1}{\lambda_{k-1}+1} & \frac{\lambda_k}{\lambda_k+1} \end{pmatrix} \leq k$$

である．これは行列式を用いて各列に 0 でない定数を掛けると

$$\begin{vmatrix} \lambda_0 & 0 & \cdots & 0 & 1 \\ 1 & \lambda_1 & 0 & \cdots & 0 \\ 0 & 1 & \ddots & \ddots & \vdots \\ \vdots & \ddots & \ddots & \lambda_{k-1} & 0 \\ 0 & \cdots & 0 & 1 & \lambda_k \end{vmatrix} = 0$$

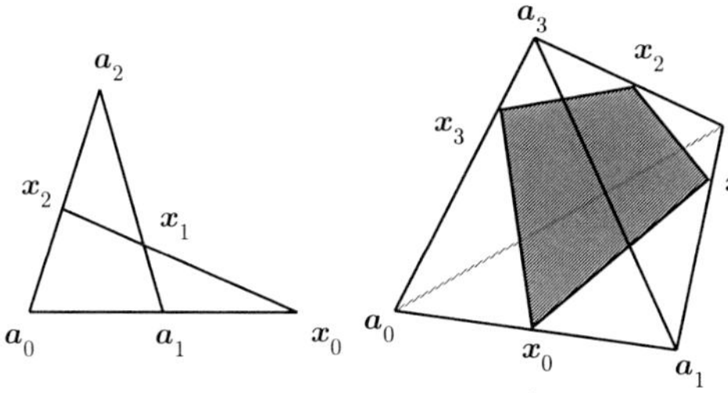

k=2 k=3

図 1.4 メネラウスの定理

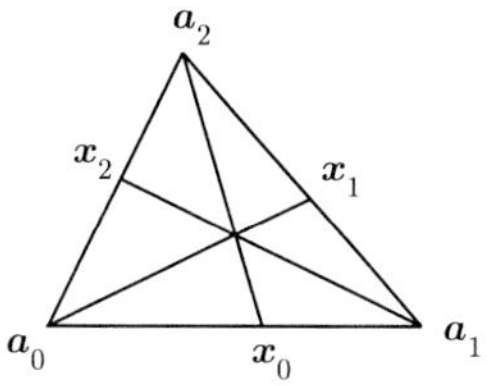

図 1.5 チェバの定理

と同値である．1 行目で余因子展開すると $\lambda_0\lambda_1\cdots\lambda_k+(-1)^k=0$. □

この「双対」がチェバの定理である.

定理 1.24 (チェバの定理, Ceva's theorem) $j=0,\ldots,k$ に対し，$\boldsymbol{a}_j$ と $\boldsymbol{a}_{j+1}$ 以外の $\boldsymbol{a}_l$ たちと $\boldsymbol{x}_j$ の k 点のアフィン包を σ_j とする．このとき, $\sigma_0,\ldots,\sigma_k$ が 1 点を共有するための必要十分条件は，$\lambda_0\lambda_1\cdots\lambda_k=1$ となることである.

証明 1 点を共有するとしてそれを $\boldsymbol{y}$ とおく．$\boldsymbol{y}$ の $\boldsymbol{a}_0,\ldots,\boldsymbol{a}_k$ に関する重心座標を $(t_0,\ldots,t_k)$ とする．$\boldsymbol{y}$ は $\boldsymbol{x}_j$ と $\boldsymbol{a}_l$ $(l\neq j, j+1)$ のアフィン結合であるから，t_j と t_{j+1} の比は $\boldsymbol{x}_j$ の重心座標の j 成分 $\frac{\lambda_j}{\lambda_j+1}$ と $j+1$ 成分 $\frac{1}{\lambda_j+1}$ の比に等しい．$t_{j+1}\lambda_j=t_j$ である．ここで $t_{j+1}=0$ とすると $t_j=0$ である．繰り返してすべての $t_0,\ldots,t_k$ が 0 となり，和が 1 であることに矛盾する．よって $t_{j+1}\neq 0$ である．$\lambda_j=t_j/t_{j+1}$ を $j=0,\ldots,k$ に対して辺々掛けると $\lambda_0\lambda_1\cdots\lambda_k=1$．逆を示す．$\sigma_0,\ldots,\sigma_{k-1}$ は共有点 $\boldsymbol{y}=\sum_{i=0}^{k}s_i\boldsymbol{a}_i$ $(s_i:s_{i+1}=1:\lambda_i, i=0,\ldots,k-1)$ をもつ．$\boldsymbol{y}, \boldsymbol{a}_l\,(l=1,\ldots,k-1)$ を含む超平面 H と直線 $\boldsymbol{a}_k\vee\boldsymbol{a}_0$ との交点を $\boldsymbol{x}'_k$ とすると, $s_k:s_0=\lambda_{k-1}\cdots\lambda_0:1=1:\lambda_k$ より線分比は $1:\lambda_k$ を満たすから，$\boldsymbol{x}_k$ と一致する．もし $\boldsymbol{x}_0$ の他にも $\boldsymbol{a}_k\vee\boldsymbol{a}_0$ との共有点があれば H は $\boldsymbol{a}_k\vee\boldsymbol{a}_0$ を含むことになり，$\boldsymbol{a}_0,\ldots,\boldsymbol{a}_k$ がすべて H 上にあることになり独立性に矛盾. □

演 習 問 題

1.1 平面の異なる 2 点 (x_0,y_0)，(x_1,y_1) を通る直線をパラメータ表示せよ．直線の

方程式は $\begin{vmatrix} x_0 & x_1 & x \\ y_0 & y_1 & y \\ 1 & 1 & 1 \end{vmatrix} = 0$ で与えられることを示せ．

1.2 命題 1.7 の (1)(2) は次とも同値であることを示せ．

(3) X は空集合でなく，X の任意の相異なる 2 点 $\boldsymbol{x}_1, \boldsymbol{x}_2$ と任意の実数 t に対し，$(1-t)\boldsymbol{x}_1 + t\boldsymbol{x}_2 \in X$ となる（任意の相異なる 2 点を結ぶ直線を含む）．

1.3 $\boldsymbol{x}_1, \ldots, \boldsymbol{x}_m, \boldsymbol{y}_1, \ldots, \boldsymbol{y}_n, \boldsymbol{z}$ をアフィン空間の点とする．$\boldsymbol{z} = \sum_{j=1}^{n} b_j \boldsymbol{y}_j$（$\sum_j b_j = 1$）であり，各 $1 \leq j \leq n$ に対し $\boldsymbol{y}_j = \sum_{i=1}^{m} a_{ij} \boldsymbol{x}_i$（$\sum_i a_{ij} = 1$）と書けるとき，$\boldsymbol{z} = \sum_{i=1}^{m} c_i \boldsymbol{x}_i$（$\sum_i c_i = 1$）となる c_i が存在することを示せ．

1.4 $\boldsymbol{R}^n$ の超平面 X_1 とアフィン部分空間 X_2 は，共有点をもたなければ平行であることを示せ．

1.5 $\boldsymbol{R}^n$（$n \geq 2$）の 2 つの超平面は，平行でなければ，余次元 2 の部分空間で交わることを示せ．

1.6 $\boldsymbol{R}^3$ の 2 つの（$\boldsymbol{R}^3$ とは異なる）アフィン部分空間の組を，結びの次元と同伴する線形空間の交わりの次元によって分類せよ．

1.7 (1) $\boldsymbol{R}^2$ の相異なる 3 本の直線の組を，2 つずつの同伴する線形空間の交わりの次元と，共有点の有無によって分類せよ．

(2) $\boldsymbol{R}^3$ の相異なる 3 つの平面の組を，3 つの交わりの次元と 2 つずつの同伴する線形空間の交わりの次元によって分類せよ．

1.8 次を示せ．

(1) 独立な点列の部分列は独立である．

(2) k 次元アフィン部分空間 X の上の独立な点の最大個数は $k+1$ に等しい．

(3) X 内に任意に与えた独立な点列に対し，それを含む $k+1$ 個の独立な点列が存在する．

1.9 アフィン空間の m 点 $\boldsymbol{x}_i$（$1 \leq i \leq m$）の重心を $\boldsymbol{x}$，n 点 $\boldsymbol{y}_j$（$1 \leq j \leq n$）の重心を $\boldsymbol{y}$ とする．$m+n$ 点 $\boldsymbol{x}_i, \boldsymbol{y}_j$ の重心は線分 $\boldsymbol{x}\boldsymbol{y}$ を $n : m$ に内分する点であることを示せ．

第 2 章

一次変換, アフィン変換

CHAPTER 2

2.1 平面の一次変換

例 **2.1** 平面で, 原点を中心として 180 度回転すると, 点 (x, y) は点 $(-x, -y)$ に移動する.

$$\begin{pmatrix} -x \\ -y \end{pmatrix} = \begin{pmatrix} -1 & 0 \\ 0 & -1 \end{pmatrix} \begin{pmatrix} x \\ y \end{pmatrix}$$

であるから, 点の移動の規則は, ベクトルに行列を左から掛けることで表される. 正方行列の掛け算は座標の同次 1 次式で表されるので**一次変換** (linear transformation) という. 180 度回転を 2 回続けて行うと, 元に戻る. E で単位行列を表すとき, $-E = \begin{pmatrix} -1 & 0 \\ 0 & -1 \end{pmatrix}$ を 2 回続けて掛けるというのは, $(-E)^2 = E$ を掛けることであるが,

$$\begin{pmatrix} 1 & 0 \\ 0 & 1 \end{pmatrix} \begin{pmatrix} x \\ y \end{pmatrix} = \begin{pmatrix} x \\ y \end{pmatrix}$$

である. E を掛ける一次変換は, 任意の点をそのまま動かさず (元と同じ点に移す), 平面の**恒等変換** (identity transformation) と呼ばれる. 一般に, 実数 a に対し, スカラー行列 aE は任意の点 (x, y) を, 原点を中心として a 倍した点 (ax, ay) に移す一次変換を表す. 特に $a = 0$ のとき, 零行列 O を掛ける一次変換は, 平面全体を原点に移す.

$$\begin{pmatrix} 0 & 0 \\ 0 & 0 \end{pmatrix} \begin{pmatrix} x \\ y \end{pmatrix} = \begin{pmatrix} 0 \\ 0 \end{pmatrix}$$

例 **2.2** $\begin{pmatrix} 1 & 0 \\ 0 & 0 \end{pmatrix}$ を掛ける一次変換では,

$$\begin{pmatrix}1 & 0\\ 0 & 0\end{pmatrix}\begin{pmatrix}x\\ y\end{pmatrix}=\begin{pmatrix}x\\ 0\end{pmatrix}$$

より点 (x,y) は点 $(x,0)$ に移される．これは x 軸への射影である．この行列 A は $A^2=A$ を満たす．一般に $A^2=A$ を満たす行列 A をべき等行列 (idempotent matrix) という．

A を 2 次べき等行列とし，O,E 以外の場合を考える．任意のベクトル $\boldsymbol{v}$ に対し，$\boldsymbol{v}_0:=(E-A)\boldsymbol{v}$，$\boldsymbol{v}_1:=A\boldsymbol{v}$ とおく．$\boldsymbol{v}=\boldsymbol{v}_0+\boldsymbol{v}_1$ であり，$A^2=A$ より $A\boldsymbol{v}_0=\boldsymbol{0}$，$A\boldsymbol{v}_1=\boldsymbol{v}_1$ である．$\boldsymbol{v}_0,\boldsymbol{v}_1$ はそれぞれ連立 1 次方程式 $A\boldsymbol{x}=\boldsymbol{0}$，$(E-A)\boldsymbol{x}=\boldsymbol{0}$ の解空間 V_0,V_1 の元である．$A(E-A)=O$，$A\neq O,E$ より $|A|=|E-A|=0$ であり V_0,V_1 は 1 次元．A 倍は，V_0 を原点につぶし直線 V_1 へ射影する．さらに V_0 と V_1 が直交する場合を求めよう*1)．任意の $\boldsymbol{v},\boldsymbol{w}$ に対し ${}^t\boldsymbol{v}(E-{}^t\!A)A\boldsymbol{w}=0$ となるから，$A={}^t\!AA$．転置して ${}^t\!A={}^t\!AA=A$ より A は対称行列．$A^2-(\operatorname{tr}A)A+(\det A)E=O$ が成り立ち，$A^2=A$，$A\neq O,E$ より $\operatorname{tr}A=1$，$\det A=0$．これより $0\leq\theta<\pi$ を用いて

$$A=\begin{pmatrix}\cos^2\theta & \cos\theta\sin\theta\\ \cos\theta\sin\theta & \sin^2\theta\end{pmatrix}=\frac{1}{1+t^2}\begin{pmatrix}1 & t\\ t & t^2\end{pmatrix}\quad(t=\tan\theta\in\boldsymbol{R}\cup\{\infty\})$$

と表せる．このとき $A^2=A$，$A\neq O,E$ であり V_0 と V_1 は直交する．

例 2.3 $\boldsymbol{R}^2$ で，原点を中心として角 θ だけ回転すると，点 $(1,0)$ は $(\cos\theta,\sin\theta)$ に移る．$r\geq 0$ として偏角が φ の点 $(r\cos\varphi,r\sin\varphi)$ を回転すると，偏角が $\theta+\varphi$ の点 $(r\cos(\theta+\varphi),r\sin(\theta+\varphi))$ に移る．加法定理より $(r(\cos\theta\cos\varphi-\sin\theta\sin\varphi),r(\sin\theta\cos\varphi+\cos\theta\sin\varphi))$ と変形できる．行列の掛け算で，

$$\begin{pmatrix}\cos\theta & -\sin\theta\\ \sin\theta & \cos\theta\end{pmatrix}\begin{pmatrix}r\cos\varphi\\ r\sin\varphi\end{pmatrix}$$

と書ける．$R_\theta:=\begin{pmatrix}\cos\theta & -\sin\theta\\ \sin\theta & \cos\theta\end{pmatrix}$ を回転行列 (rotation matrix) という．

原点を通る直線で，x 軸を $\theta/2$ だけ回転したものを l とする．l に関する線対称変換で，$(1,0)$ は $(\cos\theta,\sin\theta)$ に移る．一般に，偏角 φ の点が偏角 φ' の点に移るとすると，平均が $\theta/2$ であるから，$(\varphi+\varphi')/2=\theta/2$．これより $\varphi'=\theta-\varphi$．この点は再び加法定理より $(r(\cos\theta\cos\varphi+\sin\theta\sin\varphi),r(\sin\theta\cos\varphi-\cos\theta\sin\varphi))$ と書けるので，行列を用いると，

*1) ここと次の例では内積も入れて考える．

$$\begin{pmatrix}\cos\theta & \sin\theta \\ \sin\theta & -\cos\theta\end{pmatrix}\begin{pmatrix}r\cos\varphi \\ r\sin\varphi\end{pmatrix}$$

と書ける．$S_\theta := \begin{pmatrix}\cos\theta & \sin\theta \\ \sin\theta & -\cos\theta\end{pmatrix}$ を**鏡映行列** (reflection matrix) という．

2.2 線 形 写 像

本節では写像と線形写像について基本的用語や性質をまとめておく．証明や詳細は線形代数の教科書など（例えば[61][62]）を見られたい．

関数 $y = f(x)$ は，x を与えると y が定まる．x, y が数とは限らないとき，例えば，上のようにベクトルに対しあるベクトルを対応させるようなものも考える．一般に，対応 f により，集合 X の各要素 x に対して，集合 Y の要素 y が 1 つずつ定まっているとき，f は X から Y への**写像** (map) であるといい，$f : X \to Y$，$y = f(x)$ と書く．X を f の**定義域** (domain)，Y を f の**終域**という．X と Y が等しいとき，f を X の**変換** (transformation) という．

X の要素 x をそのまま x に対応させる変換 $\mathrm{id}_X : X \to X$ を X の**恒等変換・恒等写像** (identity map) と呼ぶ．写像 $f : X \to Y$ と $g : Y \to Z$ で続けて移すと，X の各要素 x に対し，Z の要素 $g(f(x))$ が 1 つずつ定まる．これを f と g の**合成**（写像）(composition) と呼び，$g \circ f$ あるいは単に gf で表す．fg ではないので注意せよ．

X の部分集合 X' に対し，定義域を X' に限った写像を f の X' への**制限** (restriction) といい，$f|_{X'}$ で表す．x が X' 全体を動くとき，$f(x)$ の全体を X' の**像** (image) と呼び，$f(X')$ と書く．$f(X') = \{y \in Y \mid$ ある $x \in X'$ に対し $y = f(x)\}$ である．X の像 $f(X)$ を f の**像・値域** (range) ともいう．

$f : X \to Y$ を写像とする．Y の部分集合 Y' に対し，$f(x)$ が Y' に属する X の要素 x の全体を $f^{-1}(Y')$ と書き，Y' の**逆像** (inverse image) と呼ぶ．$Y' = \{y\}$ のとき逆像を $f^{-1}(y)$ とも書く．

すべての Y の要素 y に対して $y = f(x)$ となる x が存在するとき，f は**全射** (surjection)・**上への写像**であるという．全射であるのは $f(X) = Y$ である（像が全体と一致する）ことである．Y の各要素 y に対し，$y = f(x)$ となる x は存在しても 1 つに限るとき，f は**単射** (injection)・**一対一写像**であるという．全射でも単射でもあるとき**全単射** (bijection) であるという．これは，ど

の y に対しても $y = f(x)$ となる x がちょうど 1 つずつあることに他ならない．その x を与えることで Y から X への写像 $x = f^{-1}(y)$ が定まる．f^{-1} を f の**逆写像** (inverse map) という．f が変換のときは逆写像を**逆変換** (inverse transformation) とも呼ぶ．逆写像も全単射であり，$(f^{-1})^{-1} = f$ が成り立つ．$f^{-1} \circ f = \mathrm{id}_X$，$f \circ f^{-1} = \mathrm{id}_Y$ である．

次に線形写像について証明抜きで復習する．

一般に，$\boldsymbol{R}^n$ から $\boldsymbol{R}^m$ への**一次写像** f とは，ある $m \times n$ 行列 A の掛け算で表される写像 $f(\boldsymbol{x}) = A\boldsymbol{x}$ である．A を f の**表現行列**という．$m = n$ のとき f を**一次変換**という．

A を列ベクトルに分けて $A = (\boldsymbol{a}_1 \ \cdots \ \boldsymbol{a}_n)$ （$\boldsymbol{a}_1, \ldots, \boldsymbol{a}_n \in \boldsymbol{R}^m$）と書くとき，$\boldsymbol{R}^n$ の基本ベクトル $\boldsymbol{e}_1, \ldots, \boldsymbol{e}_n$ に対し，$A\boldsymbol{e}_j = \boldsymbol{a}_j$ である．すなわち，$f(\boldsymbol{e}_1), \ldots, f(\boldsymbol{e}_n)$ を並べれば A ができる．

命題 2.4 A を表現行列とする一次写像 $f : \boldsymbol{R}^n \to \boldsymbol{R}^m$ に対し次が成り立つ．
$\mathrm{rank}\, A = m \iff f$ が全射，　$\mathrm{rank}\, A = n \iff f$ が単射．

$f : \boldsymbol{R}^n \to \boldsymbol{R}^m$ の表現行列が A，$g : \boldsymbol{R}^m \to \boldsymbol{R}^l$ の表現行列が B のとき，合成 $g \circ f : \boldsymbol{R}^n \to \boldsymbol{R}^l$ は BA を表現行列とする一次写像である．$\boldsymbol{R}^n$ の恒等変換の表現行列は E_n である．一次変換 $f : \boldsymbol{R}^n \to \boldsymbol{R}^m$ が全単射であるとき，$m = n$ であり逆変換 f^{-1} も一次変換である．このとき，f は**正則** (regular)・**可逆** (invertible) な一次変換あるいは**同型** (isomorphism) であるという．

命題 2.5 正方行列 A に対し，逆行列 A^{-1} が存在する $\iff |A| \neq 0$.

一般に同じ係数体上の線形空間の間の写像 $f : V \to W$ が**線形写像** (linear mapping) であるとは，加法とスカラー倍を保つこと，すなわち，任意のスカラー a と $v, v' \in V$ に対し $f(av) = af(v)$，$f(v + v') = f(v) + f(v')$ を満たすことである．

線形写像の合成は線形写像であり，恒等変換は線形変換である．全単射線形写像は逆写像も線形であり，正則・可逆な線形写像あるいは同型という．

命題 2.6 f を $\boldsymbol{R}^n$ から $\boldsymbol{R}^m$ への写像とする．f が線形写像であることと，f が一次写像であることは同値である．

命題 2.7 $f : V \to W$ を線形写像とする．V の線形部分空間 V' に対し

像 $f(V')$ は W の線形部分空間である．W の線形部分空間 W' に対し逆像 $f^{-1}(W')$ は V の線形部分空間である．特に，像 (image) $\mathrm{im}\, f := f(V)$，核 (kernel) $\ker f := f^{-1}(\mathbf{0})$ はそれぞれ W, V の線形部分空間である．

定理 2.8 (次元公式) 有限次元線形空間の間の線形写像 $f : V \to W$ に対し次が成り立つ．$\dim V = \dim \ker f + \dim \mathrm{im}\, f$

注意 2.9 有限次元線形空間の間の線形写像 $f : V \to W$ は，V, W の基底を選ぶことで成分の一次写像として表現できる．基底をうまく選ぶと表現行列を $\begin{pmatrix} E_r & O_{r,n-r} \\ O_{m-r,r} & O_{m-r,n-r} \end{pmatrix}$ （r は f の階数）というわかりやすい形にできる．

以下，n 次元線形空間の線形変換 $f : V \to V$ を考える．適当な基底に対する表現行列 A は n 次正方行列である．

$f(\boldsymbol{v}) = \alpha \boldsymbol{v}$ となる $\boldsymbol{v} \neq \mathbf{0}$ が存在するとき，α を f の**固有値** (eigenvalue)，$\boldsymbol{v}$ を f の固有値 α に対応する**固有ベクトル** (eigenvector) という．$V_\alpha = \{\boldsymbol{v} \in V \mid f(\boldsymbol{v}) = \alpha \boldsymbol{v}\}$ を f の固有値 α に対応する**固有空間** (eigenspace) という．$\varphi_A(x) = |xE - A|$ は x のモニックな（すなわち最高次の係数が 1 の）n 次多項式であり，A の**固有多項式・特性多項式** (characteristic polynomial) と呼ばれる．

次のケイリー・ハミルトンの定理 (Cayley–Hamilton theorem) が成り立つ．

定理 2.10 $\varphi_A(A) = O$

1 次以上のモニックな多項式で A を代入して O になるような次数最小の多項式がただひとつ存在し，A の**最小多項式** (minimal polynomial) と呼ばれる．多項式 $p(x)$ に対し，$p(A) = O$ となることと $p(x)$ が A の最小多項式で割り切れることは同値である．特に，固有多項式は最小多項式で割り切れる．多項式 $= 0$ の解を根という．

命題 2.11 （複素）固有値 = 固有多項式の根 = 最小多項式の根

線形変換 f に対して基底のとり方によらず $\varphi_A(x)$ は等しいので，これを f の固有多項式と呼ぶ．最小多項式に対しても同様である．

f が**対角化可能** (diagonalizable) とは，適当な基底をとれば表現行列が対角行列になることをいう．対角化可能 $\Longleftrightarrow$ 固有ベクトルからなる基底が存在す

る $\Longleftrightarrow$ 最小多項式が 1 次式の積に因数分解できて重根をもたない．

注意 2.12 線形変換では，定義域と像の基底を独立に取り替えられないため，表現行列を注意 2.9 のような形にできるとは限らない．対角化できない場合も，係数体が複素数体など代数閉体であれば，ジョルダン標準形という比較的簡単な形にできる．実線形変換に対しても，実ジョルダン標準形の理論がある．

2.3 アフィン写像

平面の三角形は，平行移動で合同に移される．任意の点を中心とした回転や，任意の直線に関する折り返し（鏡映）でも同様である．このような平面の変換は，一般に一次変換ではない．原点を原点に移すとは限らないからである．そこで，一次変換と平行移動を組み合わせた変換を考える．

写像 $f : \boldsymbol{R}^n \to \boldsymbol{R}^m$ はある $m \times n$ 行列 A と m 次元ベクトル $\boldsymbol{b}$ を用いて $f(\boldsymbol{x}) = A\boldsymbol{x} + \boldsymbol{b}$ と書けるとき**アフィン写像** (affine mapping) という．$n = m$ のとき $\boldsymbol{R}^n$ の**アフィン変換** (affine transformation) という [*2)]．

注意 2.13 $\boldsymbol{b} = f(\boldsymbol{0})$ であり，$A = (f(\boldsymbol{e}_1) - \boldsymbol{b} \ \cdots \ f(\boldsymbol{e}_n) - \boldsymbol{b})$ であるから，A と $\boldsymbol{b}$ はアフィン写像 f から一意的に定まる．$|A| > 0$ となるとき f は**向きを保つ** (orientation preserving) という．

命題 2.14 $\boldsymbol{x}_0 \in \boldsymbol{R}^n$ とする．$f : \boldsymbol{R}^n \to \boldsymbol{R}^m$ に対し，次は同値である．

(1) f がアフィン写像である．

(2) 線形写像 $\varphi : \boldsymbol{R}^n \to \boldsymbol{R}^m$ が存在して次が成り立つ．

$$f(\boldsymbol{x}_0 + \boldsymbol{v}) = f(\boldsymbol{x}_0) + \varphi(\boldsymbol{v})$$

証明 (1) $\Rightarrow$ (2)：f がアフィン写像 $\boldsymbol{x} \mapsto A\boldsymbol{x} + \boldsymbol{b}$ ならば，$f(\boldsymbol{x}_0 + \boldsymbol{v}) = A(\boldsymbol{x}_0 + \boldsymbol{v}) + \boldsymbol{b} = (A\boldsymbol{x}_0 + \boldsymbol{b}) + A\boldsymbol{v} = f(\boldsymbol{x}_0) + A\boldsymbol{v}$ なので，φ として A を左から掛ける一次写像をとればよい．(2) $\Rightarrow$ (1)：φ の表現行列を A とする．$\boldsymbol{b} := f(\boldsymbol{x}_0) - A\boldsymbol{x}_0$ とおけば，$f(\boldsymbol{x}) = f(\boldsymbol{x}_0 + (\boldsymbol{x} - \boldsymbol{x}_0)) = f(\boldsymbol{x}_0) + \varphi(\boldsymbol{x} - \boldsymbol{x}_0) = A\boldsymbol{x}_0 + \boldsymbol{b} + A(\boldsymbol{x} - \boldsymbol{x}_0) = A\boldsymbol{x} + \boldsymbol{b}$. □

これを一般化して，アフィン部分空間の間のアフィン写像を定めよう．

$X = \boldsymbol{x}_0 + V$，$Y = \boldsymbol{y}_0 + W$ をアフィン部分空間とする．写像 $f : X \to Y$

*2) 可逆な変換に限ってアフィン変換と呼ぶ流儀もある．

は，ある線形写像 $\varphi : V \to W$ により $\boldsymbol{x}_0 + \boldsymbol{v} \mapsto f(\boldsymbol{x}_0) + \varphi(\boldsymbol{v})$ と表せるとき，アフィン写像であるという．

命題 2.15 f がアフィン写像であることは基点のとり方によらない．f がアフィン写像のとき，線形写像 φ は基点のとり方によらず定まる．

証明　f は基点 $\boldsymbol{x}_0$ に関してアフィン写像であるとし，$\boldsymbol{x}_0+\boldsymbol{v} = \boldsymbol{x}'_0+\boldsymbol{v}'$ ($\boldsymbol{x}'_0 \in X$, $\boldsymbol{v}' \in V$) とする．$f(\boldsymbol{x}'_0 + \boldsymbol{v}') = f(\boldsymbol{x}_0) + \varphi(\boldsymbol{v}) = f(\boldsymbol{x}_0) + \varphi(\boldsymbol{x}'_0 - \boldsymbol{x}_0 + \boldsymbol{v}')$．$\boldsymbol{x}'_0 - \boldsymbol{x}_0 \in V$ であり φ は線形であるから $= f(\boldsymbol{x}_0) + \varphi(\boldsymbol{x}'_0 - \boldsymbol{x}_0) + \varphi(\boldsymbol{v}') = f(\boldsymbol{x}'_0) + \varphi(\boldsymbol{v}')$．□

上の φ を f に同伴する線形写像ということにする．線形写像 φ が平行なベクトルを平行に移すからアフィン変換 f もそうである．φ が同型であるとき f も全単射で逆写像 f^{-1} が存在する．このとき f は可逆なアフィン変換あるいは（アフィン）同型であるという．f^{-1} に同伴する線形写像は φ^{-1} である．

注意 2.16 アフィン部分空間 X, Y の枠を指定すると，線形写像のときと同様に，アフィン写像 $f : X \to Y$ はアフィン座標 $\boldsymbol{t}$ に関して $\boldsymbol{t} \mapsto A\boldsymbol{t} + \boldsymbol{b}$ と表せる．

もし $X = Y$ で $f(\boldsymbol{x}_0) = \boldsymbol{x}_0$ となる $\boldsymbol{x}_0$ が存在すれば，$\boldsymbol{x}_0$ を原点にとることで $\boldsymbol{b} = \boldsymbol{0}$ となり一次変換で表される．

命題 2.17 X，Y を n 次元アフィン部分空間とし，X の点 $\boldsymbol{x}_0, \boldsymbol{x}_1, \ldots, \boldsymbol{x}_n$ は独立とする．Y の任意の点 $\boldsymbol{y}_0, \boldsymbol{y}_1, \ldots, \boldsymbol{y}_n$ に対し，アフィン写像 $f : X \to Y$ で $f(\boldsymbol{x}_i) = \boldsymbol{y}_i$ $(0 \leq i \leq n)$ となるものが存在する．

証明　$\boldsymbol{x}_i - \boldsymbol{x}_0$ $(i > 0)$ は一次独立であるから $\boldsymbol{y}_i - \boldsymbol{y}_0$ にそれぞれ移す線形写像 φ が存在する．$f(\boldsymbol{x}_0 + \boldsymbol{v}) = \boldsymbol{y}_0 + \varphi(\boldsymbol{v})$ によりアフィン写像 $f : X \to Y$ を定めると，$f(\boldsymbol{x}_i) = f(\boldsymbol{x}_0 + (\boldsymbol{x}_i - \boldsymbol{x}_0)) = \boldsymbol{y}_0 + (\boldsymbol{y}_i - \boldsymbol{y}_0) = \boldsymbol{y}_i$ を満たす．□

命題 2.18 $f : \boldsymbol{R}^n \to \boldsymbol{R}^m$ をアフィン写像とするとき次が成り立つ．

(1) $\boldsymbol{R}^n$ のアフィン部分空間 X に対し，$f(X)$ は $\boldsymbol{R}^m$ のアフィン部分空間である．

(2) $\boldsymbol{R}^m$ のアフィン部分空間 Y に対し，$f^{-1}(Y) \neq \varnothing$ ならば $f^{-1}(Y)$ は $\boldsymbol{R}^n$ のアフィン部分空間である．

証明　φ を f に同伴する線形写像とする．

(1) $X = \boldsymbol{x}_0 + V$ とおく．$\boldsymbol{v} \in V$ に対し，$f(\boldsymbol{x}_0 + \boldsymbol{v}) = f(\boldsymbol{x}_0) + \varphi(\boldsymbol{v})$ である．$\varphi(\boldsymbol{v})$ の全体は像空間 $\varphi(V)$ をなすから，$f(X) = f(\boldsymbol{x}_0) + \varphi(V)$ はアフィン部分空間．

(2) $f(\boldsymbol{x}_0) \in Y$ であるとする．Y に同伴する線形空間を W とする．$Y = f(\boldsymbol{x}_0) + W$ であり，$\varphi^{-1}(W)$ は $\boldsymbol{R}^n$ の線形部分空間である．$f(\boldsymbol{x}) = f(\boldsymbol{x}_0 + (\boldsymbol{x} - \boldsymbol{x}_0)) = f(\boldsymbol{x}_0) + \varphi(\boldsymbol{x} - \boldsymbol{x}_0)$ であるから，$f(\boldsymbol{x}) \in Y \iff \varphi(\boldsymbol{x} - \boldsymbol{x}_0) \in W \iff \boldsymbol{x} - \boldsymbol{x}_0 \in \varphi^{-1}(W)$．すなわち，$f^{-1}(Y) = \boldsymbol{x}_0 + \varphi^{-1}(W)$． □

注意 2.19 $\dim \varphi(V) \leq \dim V$ であるから $\dim f(X) \leq \dim X$．$\dim V = 1$ のとき，$\dim \varphi(V) \leq 1$ であるから，直線の像は直線または点である．特にいくつかの点がある一直線上にある場合（共線 (colinear) という），アフィン写像による像は共線または一点となる．

命題 2.20 f をアフィン写像とすると，$\sum_{j=0}^{k} t_j = 1$ のとき，

$$f\left(\sum_{j=0}^{k} t_j \boldsymbol{x}_j\right) = \sum_{j=0}^{k} t_j f(\boldsymbol{x}_j).$$

証明 $f(\boldsymbol{x}) = A\boldsymbol{x} + \boldsymbol{b}$ とする．右辺は $\sum t_j(A\boldsymbol{x}_j + \boldsymbol{b}) = \sum (t_j A\boldsymbol{x}_j + t_j\boldsymbol{b}) = A(\sum t_j \boldsymbol{x}_j) + \sum t_j \boldsymbol{b}$．これは $\sum t_j = 1$ より $A(\sum t_j \boldsymbol{x}_j) + \boldsymbol{b}$ に等しい． □

例 2.21 $(1-t)\boldsymbol{x} + t\boldsymbol{y}$ は f で $(1-t)f(\boldsymbol{x}) + tf(\boldsymbol{y})$ に移されるから，$\boldsymbol{x}$ と $\boldsymbol{y}$ を結ぶ線分上の点は，内分比を保ったまま，$f(\boldsymbol{x})$ と $f(\boldsymbol{y})$ を結ぶ線分に移される．外分比も同様．また，点 $\boldsymbol{x}_0, \ldots, \boldsymbol{x}_k$ の重心は $f(\boldsymbol{x}_0), \ldots, f(\boldsymbol{x}_k)$ の重心に移される．

$\boldsymbol{a} \neq \boldsymbol{0}$，$\boldsymbol{b} = \lambda \boldsymbol{a}$ のとき記号 $\boldsymbol{b}/\boldsymbol{a}$ で λ を表す．

定理 2.22 (タレスの定理，Thales' theorem) H_1, H_2, H_3 を相異なる平行な超平面とし，直線 L_1, L_2 はそれらと平行でないとする．H_i $(i = 1, 2, 3)$ と L_j $(j = 1, 2)$ との交点を P_{ij} とするとき，$\overrightarrow{P_{11}P_{31}}/\overrightarrow{P_{11}P_{21}} = \overrightarrow{P_{12}P_{32}}/\overrightarrow{P_{12}P_{22}}$ である．

証明 命題 1.16 より H_i と L_j は確かに 1 点で交わる．H_i $(i = 1, 2, 3)$ に同伴する線形空間は共通であり，それを V とすると，$H_i = P_{i1} + V$ である．よって P_{i1} $(i = 1, 2, 3)$ は相異なる．V の一組の基底を $\boldsymbol{v}_1, \ldots, \boldsymbol{v}_{n-1}$ とし，

$\boldsymbol{v}_n := \overrightarrow{P_{11}P_{21}}$ とする．$P_{11} \neq P_{21}$ であり L_1 は H_i と平行でないから $\boldsymbol{v}_n \notin V$ である．線形写像 $\varphi : \boldsymbol{R}^n \to \langle \boldsymbol{v}_n \rangle$ を $\varphi(\boldsymbol{v}_i) = \delta_{in}\boldsymbol{v}_n$ により定める．アフィン写像 $f : \boldsymbol{R}^n \to L_1$ を，P_{11} を P_{11} に移し，同伴する線形写像が φ となるとして定める．$\ker\varphi = V$ であり $H_i = P_{i1} + V$ であるから，$f(H_i) = \{P_{i1}\}$ である．特に $f(P_{i2}) = P_{i1}$．アフィン写像で平行な線分比が保たれるから $\overrightarrow{P_{11}P_{31}}/\overrightarrow{P_{11}P_{21}}$ $= \overrightarrow{P_{12}P_{32}}/\overrightarrow{P_{12}P_{22}}$. □

演 習 問 題

2.1 2.1 節の平面の一次変換の例のそれぞれに対し，像，および，原点の逆像を求めよ．単射・全射であるか判定せよ．逆変換は存在するか．

2.2 A, A' を n 次行列，$\boldsymbol{b}, \boldsymbol{b}'$ を n 次元ベクトルとする．$\boldsymbol{R}^n$ のアフィン変換 $f(\boldsymbol{x}) = A\boldsymbol{x}+\boldsymbol{b}$，$f'(\boldsymbol{x}) = A'\boldsymbol{x}+\boldsymbol{b}'$ を考える．(1) 合成 $f' \circ f$ を求めよ．(2) f が可逆 $\Longleftrightarrow$ A が正則，を示し，そのとき f^{-1} を求めよ．

2.3 アフィン写像 $f : \boldsymbol{R}^n \to \boldsymbol{R}^m$ に対し次を示せ．

(1) $P, Q, R, S \in \boldsymbol{R}^n$ に対し，$\overrightarrow{PQ}/\!/\overrightarrow{RS}$ ならば $\overrightarrow{f(P)f(Q)}/\!/\overrightarrow{f(R)f(S)}$.

(2) さらに $\lambda\overrightarrow{PQ} = \overrightarrow{RS}$（$\lambda \in \boldsymbol{R}$）ならば $\lambda\overrightarrow{f(P)f(Q)} = \overrightarrow{f(R)f(S)}$.

(3) f は連続であり，有限個の点 P_i たちの重心を像 $f(P_i)$ たちの重心に移す．

逆に，それぞれの条件を仮定するときに $f : \boldsymbol{R}^n \to \boldsymbol{R}^m$ がアフィン写像であることは従うか？

2.4 タレスの定理において，さらに L_1 と L_2 が相異なり $P_{11} = P_{12}$ で交わるとする．このとき，$\overrightarrow{P_{31}P_{32}}/\overrightarrow{P_{21}P_{22}} = \overrightarrow{P_{11}P_{31}}/\overrightarrow{P_{11}P_{21}}$ を示せ．

第3章

射 影 空 間

CHAPTER 3

アフィン空間では，平面の2直線が平行か交わるかといった場合分けが生じるが，自然なコンパクト化として射影空間を用いると，より対称性の高い簡明な議論ができる．射影空間における座標変換，双対性について解説する．

3.1　射影空間の定義

$\boldsymbol{R}^{n+1}$ の原点を通る直線，すなわち1次元線形部分空間 l を考える．l は方向ベクトルで定まる．$\boldsymbol{0}$ でない2つのベクトルが同じ直線の方向ベクトルとなるのは平行なとき，すなわち座標の比が等しいときである．よって l と $(n+1)$ 個の実数の比 $(X_1 : \cdots : X_{n+1})$（ただし $X_1, \ldots, X_{n+1}$ のうち少なくとも1つは0でない）は一対一に対応する．

$\boldsymbol{R}^{n+1}$ の原点を通る直線の全体を n 次元実射影空間 (projective space) といい，$\boldsymbol{P}^n_{\boldsymbol{R}}$ または $\boldsymbol{R}P^n$ で表す．ここでは簡単のため $\boldsymbol{P}^n$ と書く．$n = 1, 2$ のときはそれぞれ**射影直線** (projective line)，**射影平面** (projective plane) と呼ぶ．$X_1, \ldots, X_{n+1}$ を $\boldsymbol{P}^n$ の**同次座標** (homogeneous coordinates) という．

注意 3.1 後述の同値関係を用いて言い換えてみる．$\boldsymbol{R}^{n+1}$ の $\boldsymbol{0}$ でないベクトル $\boldsymbol{v}$, $\boldsymbol{w}$ に対し，ある（0でない）実数 λ が存在して $\boldsymbol{w} = \lambda \boldsymbol{v}$ となるとき $\boldsymbol{v} \sim \boldsymbol{w}$ と定める．$\sim$ は同値関係であり，同値類の集合が n 次元射影空間である．

係数は任意の体で考えることができて，同様の性質が成り立つ．例えば n 次元複素射影空間は $\boldsymbol{P}^n_{\boldsymbol{C}}$ などと表す．一般に，有限次元線形空間 V に対し1次元線形部分空間の全体[*1)]を $\boldsymbol{P}(V)$ で表し，V に付随する**射影空間** (projective space) という．V の線形部分空間 V' に対し，$\boldsymbol{P}(V')$ を $\boldsymbol{P}(V)$ の（線形）部分空

*1)　原点を通る超平面の全体とする流儀もある．

間 (subspace) といい，V' の (余) 次元が 1 のとき点 (超平面) という．線形空間の同型 $F : V \to W$ から誘導される射影空間の間の全単射 $f : \boldsymbol{P}(V) \to \boldsymbol{P}(W)$ を射影変換 (projective transformation) という．

3.2 射 影 直 線

射影直線 $\boldsymbol{P}^1$ は比 $(X : Y)$ の全体からなる．ただし $(0 : 0)$ は除く．$x \in \boldsymbol{R}$ に $(x : 1)$ を対応させることにより，$\boldsymbol{R} \subset \boldsymbol{P}^1$ とみなせる．逆に $(X : Y)$ は $Y \neq 0$ のとき $\frac{X}{Y}$ に対応する．「x が大きくなるとき $(x : 1) = (1 : \frac{1}{x})$ は $(1 : 0)$ に近付く」[*2)]と考えて，$(1 : 0)$ を無限遠点 (point at infinity) と呼び ∞ と書く．$\boldsymbol{P}^1 = \boldsymbol{R} \coprod \{\infty\}$ である．$\boldsymbol{P}^1$ では $-\infty$ と ∞ の区別はない．

1 次元のアフィン変換 $f(x) = ax + b$ は $\boldsymbol{P}^1$ の同次座標で

$$\begin{pmatrix} x \\ 1 \end{pmatrix} \mapsto \begin{pmatrix} ax + b \\ 1 \end{pmatrix} = \begin{pmatrix} a & b \\ 0 & 1 \end{pmatrix} \begin{pmatrix} x \\ 1 \end{pmatrix}$$

と行列の掛け算で表される．一般に，2 次正則行列 $A = \begin{pmatrix} a & b \\ c & d \end{pmatrix}$ の掛け算で定まる $\boldsymbol{P}^1$ の射影変換をここでは f_A で表す．アフィン座標で表示すると，

$$\begin{pmatrix} x \\ 1 \end{pmatrix} \mapsto \begin{pmatrix} a & b \\ c & d \end{pmatrix} \begin{pmatrix} x \\ 1 \end{pmatrix} = \begin{pmatrix} ax + b \\ cx + d \end{pmatrix}$$

より $f_A(x) = \dfrac{ax + b}{cx + d}$ と書けるので，**一次分数変換** (linear fractional transformation) とも呼ぶ．

注意 3.2 x の値として ∞ も許すと，$f_A(\infty) = \frac{a}{c}$，$f_A(-\frac{d}{c}) = \infty$ となる．ただし $c = 0$ のとき $f(\infty) = \infty$ である．A は正則であるから，どんな $x \in \boldsymbol{P}^1$ に対しても $f_A(x) = \frac{0}{0}$ とはならない (確かめよ)．

注意 3.3 f_E は $\boldsymbol{P}^1$ の恒等変換である．$\boldsymbol{x} \mapsto A\boldsymbol{x} \mapsto B(A\boldsymbol{x})$ は $x \mapsto f_A(x) \mapsto f_B(f_A(x))$ に対応するから $f_{BA} = f_B \circ f_A$ が成り立つ．特に，$f_A \circ f_{A^{-1}} = f_E = f_{A^{-1}} \circ f_A$ であるから f_A の逆変換が存在して $f_{A^{-1}}$ に等しい．

命題 3.4 2 次正則行列 A, B に対し次は同値である．

(1) ある 0 でない実数 λ に対し $B = \lambda A$ となる．

(2) $f_A = f_B$.

---

*2) 「位相」を与えると厳密に定式化できる．

(3) $\boldsymbol{P}^1$ のある相異なる 3 点 p, q, r に対し $f_A(p) = f_B(p)$, $f_A(q) = f_B(q)$, $f_A(r) = f_B(r)$.

証明 (1) ⇒ (2) ⇒ (3) は自明．(3) ⇒ (1) を示す．p, q, r がそれぞれベクトル $\boldsymbol{p}, \boldsymbol{q}, \boldsymbol{r}$ で表されるとする．仮定より 0 でない実数 λ, μ, ν が存在して $B\boldsymbol{p} = \lambda A\boldsymbol{p}$, $B\boldsymbol{q} = \mu A\boldsymbol{q}$, $B\boldsymbol{r} = \nu A\boldsymbol{r}$ と表せる．$p \neq q$ より $\boldsymbol{p}, \boldsymbol{q}$ は $\boldsymbol{R}^2$ を張るから $\boldsymbol{r} = k\boldsymbol{p} + l\boldsymbol{q}$ となる k, l が存在する．$B\boldsymbol{r} = B(k\boldsymbol{p} + l\boldsymbol{q}) = k\lambda A\boldsymbol{p} + l\mu A\boldsymbol{q}$. 他方 $B\boldsymbol{r} = \nu A\boldsymbol{r} = \nu(kA\boldsymbol{p} + lA\boldsymbol{q})$ である．$r \neq p, q$ より $k, l \neq 0$ であり，A は正則であるから $kA\boldsymbol{p}, lA\boldsymbol{q}$ は一次独立である．よって $\lambda = \nu = \mu$ となり，$B(\boldsymbol{p}\ \boldsymbol{q}) = \lambda A(\boldsymbol{p}\ \boldsymbol{q})$ が成り立つ．$\boldsymbol{p}, \boldsymbol{q}$ は一次独立であるから $B = \lambda A$. □

定理 3.5 V を 2 次元線形空間とする．p, q, r を $\boldsymbol{P}(V)$ の相異なる 3 点とするとき，p, q, r をそれぞれ $\infty, 0, 1$ に移す射影変換 f が一意的に存在する．$s \in \boldsymbol{P}^1 \setminus \{p, q, r\}$ に対し

$$f(s) = \frac{(s-q)(r-p)}{(s-p)(r-q)}$$

が成り立つ．ただし右辺は，p, q, r, s が ∞ のときそれぞれ $\frac{s-q}{r-q}$, $\frac{r-p}{s-p}$, $\frac{s-q}{s-p}$, $\frac{r-p}{r-q}$ と読み替える．

証明 V の基底を選び同型 $V \cong \boldsymbol{R}^2$ を固定することで $\boldsymbol{P}(V) = \boldsymbol{P}^1$ の場合に考えればよい．一意性は命題 3.4 による．$p, q, r \neq \infty$ のとき，$A := \begin{pmatrix} r-p & -q(r-p) \\ r-q & -p(r-q) \end{pmatrix}$ とおく．$|A| = (q-p)(r-p)(r-q) \neq 0$ であるから A は正則である．$A\begin{pmatrix} p \\ 1 \end{pmatrix} = (p-q)(r-p)\begin{pmatrix} 1 \\ 0 \end{pmatrix}$, $A\begin{pmatrix} q \\ 1 \end{pmatrix} = -(p-q)(r-q)\begin{pmatrix} 0 \\ 1 \end{pmatrix}$, $A\begin{pmatrix} r \\ 1 \end{pmatrix} = (r-p)(r-q)\begin{pmatrix} 1 \\ 1 \end{pmatrix}$ を満たすから，f_A が求めるものである．このとき $s \neq \infty$ ならば $A\begin{pmatrix} s \\ 1 \end{pmatrix} = \begin{pmatrix} (s-q)(r-p) \\ (s-p)(r-q) \end{pmatrix}$, $s = \infty$ のとき $A\begin{pmatrix} 1 \\ 0 \end{pmatrix} = \begin{pmatrix} r-p \\ r-q \end{pmatrix}$ である．$p = \infty$ のときは A を $-p$ で割って $\begin{pmatrix} 1 & -q \\ 0 & r-q \end{pmatrix}$ が条件を満たす．$q = \infty$, $r = \infty$ の場合も $\begin{pmatrix} 0 & r-p \\ 1 & -p \end{pmatrix}$, $\begin{pmatrix} 1 & -q \\ 1 & -p \end{pmatrix}$ が条件を満たす． □

式の形から $f(s)$ を p, q, r, s の**複比** (cross ratio) という．

系 3.6 V, V' を 2 次元線形空間とし，p, q, r および p', q', r' はそれぞれ

$\boldsymbol{P}(V), \boldsymbol{P}(V')$ の相異なる 3 点であるとする．このとき，射影変換 f で $f(p) = p'$, $f(q) = q'$，$f(r) = r'$ となるものがただひとつ存在する．

証明　定理より p, q, r および p', q', r' をそれぞれ $\infty, 0, 1$ に移す射影変換 f, f' が存在する．$f'^{-1} \circ f$ は p, q, r をそれぞれ p', q', r' に移す射影変換である．一意性は命題 3.4 による．□

命題 3.7 $\boldsymbol{P}^1$ の射影変換 f に対し，p, q, r, s の複比と $f(p), f(q), f(r), f(s)$ の複比は等しい．

証明　射影変換 g で p, q, r をそれぞれ $\infty, 0, 1$ に移すものがただひとつ存在する．x を p, q, r, s の複比とする．$f(p), f(q), f(r), f(s)$ は $g \circ f^{-1}$ によりそれぞれ $\infty, 0, 1, x$ に移される．□

特に，2 次元線形空間 V の基底の取り替えによる座標変換で，$\boldsymbol{P}(V)$ の 4 点の複比は変わらない．

3.3　一般次元の射影空間

$(n+1)$ 次正則行列 A の掛け算で定まる $\boldsymbol{P}^n$ の射影変換を f_A で表す．射影直線のときと同様に次を示すことができる．

命題 3.8 $(n+1)$ 次正則行列 A, B に対し次は同値である．

(1) ある 0 でないスカラー λ に対し $B = \lambda A$ となる．

(2) $f_A = f_B$.

(3) $\boldsymbol{P}^1$ のある相異なる $(n+2)$ 点 $P_1, \ldots, P_{n+2}$ に対し $f_A(P_i) = f_B(P_i)$ $(1 \leq i \leq n+2)$.

$\boldsymbol{P}^n$ の点 $P_1, \ldots, P_{n+2}$ は，どの $(n+1)$ 点も共通の超平面上に乗ることはないとき**射影枠** (projective frame) であるという．これは，各点を代表するベクトル $\boldsymbol{p}_1, \ldots, \boldsymbol{p}_{n+2}$ に対し，どの $(n+1)$ 個も一次独立であることと同値である．例えば $\boldsymbol{e}_1, \ldots, \boldsymbol{e}_{n+1}, \boldsymbol{e}_1 + \cdots + \boldsymbol{e}_{n+1} \in \boldsymbol{R}^{n+1}$ は射影枠である．正則行列倍はベクトルの一次独立性を保つから，射影変換は射影枠を射影枠に移す．

定理 3.9 (射影幾何の基本定理, **fundamental theorem of projective ge-**

ometry) $P_1, \ldots, P_{n+2}$ および $P'_1, \ldots, P'_{n+2}$ を $\boldsymbol{P}^n$ の射影枠とする．このとき $\boldsymbol{P}^n$ の射影変換 f で $f(P_i) = P'_i$ $(1 \leq i \leq n+2)$ を満たすものがただひとつ存在する．

証明　$\boldsymbol{p}_1, \ldots, \boldsymbol{p}_{n+1}$ は $\boldsymbol{R}^{n+1}$ を張るから，$\boldsymbol{p}_{n+2} = \sum_{i=1}^{n+1} k_i \boldsymbol{p}_i$ と書ける．ある k_i が 0 であるとすると，$\boldsymbol{p}_i$ 以外の $(n+1)$ 個の一次独立性に反するから，すべての k_i は 0 でない．よって $A = (k_1\boldsymbol{p}_1 \ \cdots \ k_{n+1}\boldsymbol{p}_{n+1})$ は正則であり，$A\boldsymbol{e}_i = k_i\boldsymbol{p}_i$ $(1 \leq i \leq n+1)$，$A(\sum_{i=1}^{n+1} \boldsymbol{e}_i) = \boldsymbol{p}_{n+2}$ を満たす．$P'_1, \ldots, P'_{n+2}$ に対しても同様に行列 A' を作ると，$f_{A'} \circ f_A^{-1}$ は条件を満たす．一意性は前命題による． □

この節では $\boldsymbol{x} \in \boldsymbol{R}^n$ に対し，$\begin{pmatrix} \boldsymbol{x} \\ 1 \end{pmatrix}$ を $\tilde{\boldsymbol{x}}$ と書く．$\boldsymbol{x}$ に対し，$\tilde{\boldsymbol{x}}$ の比を対応させることで，$\boldsymbol{R}^n$ から $\boldsymbol{P}^n$ への単射ができる．このとき $\boldsymbol{R}^n$ のアフィン変換 $\boldsymbol{x} \mapsto A\boldsymbol{x} + \boldsymbol{b}$ は，次のように $\boldsymbol{R}^{n+1}$ の（特別な形の）線形変換で表せる．

$$\begin{pmatrix} \boldsymbol{x} \\ 1 \end{pmatrix} \mapsto \begin{pmatrix} A\boldsymbol{x} + \boldsymbol{b} \\ 1 \end{pmatrix} = \begin{pmatrix} A & \boldsymbol{b} \\ \vec{0} & 1 \end{pmatrix} \begin{pmatrix} \boldsymbol{x} \\ 1 \end{pmatrix}$$

$\boldsymbol{R}^n$ のアフィン部分空間 $X = \boldsymbol{x}_0 + V$ に対し，線形空間 $\boldsymbol{R}^{n+1}$ の線形部分空間 $\tilde{X}$ を，$\begin{pmatrix} \boldsymbol{x} \\ 1 \end{pmatrix}$ $(\boldsymbol{x} \in X)$ で張られる空間として定める．$\tilde{X}$ は $\begin{pmatrix} \boldsymbol{v} \\ 0 \end{pmatrix}$ $(\boldsymbol{v} \in V)$ と $\begin{pmatrix} \boldsymbol{x}_0 \\ 1 \end{pmatrix}$ で張られるから，$\dim \tilde{X} = \dim X + 1$ である．$\tilde{X}$ から X は，超平面 $H : X_{n+1} = 1$ との交わりとして回復される．上の対応で，$\boldsymbol{R}^n$ のアフィン部分空間と，$\boldsymbol{R}^{n+1}$ の線形部分空間で超平面 $X_{n+1} = 0$ に含まれないものとの間に，一対一の対応ができる．

2 つのアフィン部分空間 X_1，X_2 がそれぞれ線形部分空間 $\tilde{X}_1$，$\tilde{X}_2$ に対応するとする．$X_1 = \tilde{X}_1 \cap H$，$X_2 = \tilde{X}_2 \cap H$ であるから，集合としての交わり $X_1 \cap X_2$ は，$X_1 \cap X_2 = (\tilde{X}_1 \cap H) \cap (\tilde{X}_2 \cap H) = (\tilde{X}_1 \cap \tilde{X}_2) \cap H$ より，$\tilde{X}_1 \cap \tilde{X}_2$ に対応する部分アフィン空間である．ただし，空の場合もある．$\tilde{X}_1 + \tilde{X}_2$ に対応する部分アフィン空間が $X_1 \vee X_2$ である．

3.4　射影平面と双対性

射影平面 $\boldsymbol{P}^2 = \{(X : Y : Z)\}$ は，$\boldsymbol{R}^2$ と $l_\infty := \{(X : Y : 0)\}$ の交わりのない和集合になる．l_∞ を無限遠直線 (line at infinity) と呼ぶ．

$\boldsymbol{P}^2$ で同次 1 次式 $AX+BY+CZ=0$（ただし A,B,C は実数で $(A,B,C)\neq\vec{0}$）を考える．$\boldsymbol{R}^3$ において,「同次 1 次式の解空間」と「2 次元線形部分空間」は一致し，適当な基底により $\boldsymbol{R}^2$ と線形同型になる．そこで $\boldsymbol{P}^2$ において同次一次式の解集合を直線と呼ぶ．無限遠直線は $Z=0$ に対応する．$(X:Y:Z)$ の代わりに $(\lambda X:\lambda Y:\lambda Z)$ としても，$A(\lambda X)+B(\lambda Y)+C(\lambda Z)=\lambda(AX+BY+CZ)$ であるから，方程式を満たすかどうかは比の表し方によらず定まる．同様に係数 (A,B,C) も 0 でない定数倍を除いて定まるから，直線は比 $(A:B:C)$ と対応する．$(A:B:C)$ の全体を $(\boldsymbol{P}^2)^*$ と書き，$\boldsymbol{P}^2$ の**双対射影平面** (dual projective plane) という．

命題 3.10　(1) $\boldsymbol{P}^2$ の相異なる 2 直線は必ずちょうど 1 点で交わる．

(2) $\boldsymbol{P}^2$ の相異なる 2 点に対し，それらを通る直線がちょうど 1 本存在する．

証明　(1) $A_1X+B_1Y+C_1Z=0$ と $A_2X+B_2Y+C_2Z=0$ が相異なる 2 直線を表すのは行列 $A=\begin{pmatrix}A_1 & B_1 & C_1\\ A_2 & B_2 & C_2\end{pmatrix}$ の階数が 2 のときであるから，$\boldsymbol{x}\in\boldsymbol{R}^3$ に対する $A\boldsymbol{x}=0$ の解空間がちょうど $3-2=1$ 次元のときである．これは $\boldsymbol{P}^2$ では 1 点を表す．

(2) 直線 $AX+BY+CZ=0$ が $P_1(X_1:Y_1:Z_1)$，$P_2(X_2:Y_2:Z_2)$ を通るとすると，$(A\ B\ C)$ は次の連立 1 次方程式の自明でない解である．

$$(A\ B\ C)\begin{pmatrix}X_1 & X_2\\ Y_1 & Y_2\\ Z_1 & Z_2\end{pmatrix}=(0\ 0)$$

$P_1\neq P_2$ より同次座標はベクトルと見て平行でない．よって階数が 2 であるから解空間は 1 次元であり，上を満たす比 $(A:B:C)$ がちょうど 1 つ存在する．　□

注意 3.11 (1) の交点は具体的には $\left(\begin{vmatrix}B_1 & C_1\\ B_2 & C_2\end{vmatrix}, -\begin{vmatrix}A_1 & C_1\\ A_2 & C_2\end{vmatrix}, \begin{vmatrix}A_1 & B_1\\ A_2 & B_2\end{vmatrix}\right)$ である．

(2) の $(X_1:Y_1:Z_1)$，$(X_2:Y_2:Z_2)$ を通る直線は行列式を用いて

$$\begin{vmatrix}X_1 & X_2 & X\\ Y_1 & Y_2 & Y\\ Z_1 & Z_2 & Z\end{vmatrix}=0$$

で表される．左辺は X,Y,Z の同次 1 次式であり（第 3 列で余因子展開せよ），第 3 列に P_1,P_2 の座標を代入したとき同じ列ができるので 0 になる．

この 2 つの命題の証明は本質的に同じである．「直線 l が点 P を含む」条件は，行ベクトル（点の同次座標）と列ベクトル（直線の方程式の係数）を用いて $\vec{a}\boldsymbol{x} = 0$ の形に書ける．転置すると点と直線の役割が入れ替わり，「点 l^* が直線 P^* に含まれる」の形になる．一般に，射影平面の点と直線に関する命題に対して，点と直線を入れ替えて包含関係を逆転させた命題を**双対命題**という．双対命題は元の命題と同値である．これを射影幾何の**双対原理**という．

注意 3.12 異なる平行線が交わらないユークリッド平面と異なり，射影平面では，異なる 2 つの直線が必ず交わる．射影平面は非ユークリッド幾何の 1 つのモデルを与える．

定理 3.13 (パップスの定理，Pappus' theorem) 射影平面の異なる直線 l, m の交点を O とする．l, m 上にそれぞれ O と異なり相異なる 3 点 $P_1, P_2, P_3 \in l$，$Q_1, Q_2, Q_3 \in m$ をとる．$1 \leq i < j \leq 3$ に対し $P_i \vee Q_j$ と $Q_i \vee P_j$ の交点を R_{ij} とするとき R_{12}, R_{13}, R_{23} は共線である．

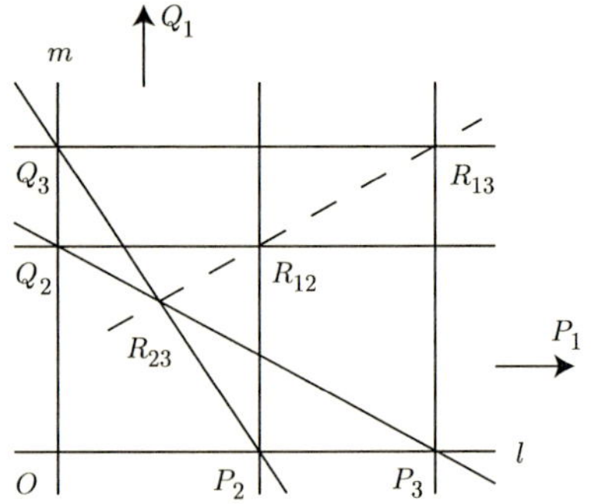

図 3.1 パップスの定理（P_1, Q_1 は無限遠に描いてある）

証明 仮定より (P_1, Q_1, O, R_{12}) は射影枠である（どの 3 点も同一直線上にない）ことが確かめられる．標準射影枠 $(\boldsymbol{e}_1, \boldsymbol{e}_2, \boldsymbol{e}_3, \boldsymbol{e}_1 + \boldsymbol{e}_2 + \boldsymbol{e}_3)$ に可逆な射影変換で移し，対応する座標 $(X_1 : X_2 : X_3)$ をとると，$l : X_2 = 0$，$m : X_1 = 0$，$P_1(1:0:0)$，$Q_1(0:1:0)$，$O(0:0:1)$，$R_{12}(1:1:1)$ となる．$Q_1 \vee R_{12}$ は $X_1 = X_3$ となるので $P_2(1:0:1)$．同様にして $Q_2(0:1:1)$．$P_3(a:0:1)$，$Q_3(0:b:1)$ とおくと，$a, b \neq 0, 1$ であり，$P_3 \vee Q_1 : X_1 = aX_3$，$Q_3 \vee P_1 : X_2 = bX_3$．よって $R_{13}(a:b:1)$．$P_2 \vee Q_3 : bX_1 + X_2 - bX_3 = 0$，$Q_2 \vee P_3 :$

$X_1 + aX_2 - aX_3 = 0$ より（外積を計算して）$R_{23}(ab-a : ab-b : ab-1)$. これより R_{ij} は $(b-1)X_1 + (1-a)X_2 + (a-b)X_3 = 0$ を満たす．例えば X_1 の係数は 0 でないから直線を表す． □

注意 3.14 証明で R_{23} を求めるときに積が可換であることを用いている．3 次元以上でも l, m が交わるという条件のもとで成り立つが，すべてが $l \vee m$ 上にあるため本質的に 2 次元の定理である．

定理 3.15 (デザルグの定理, Desargues' theorem) $\boldsymbol{P}^n$ $(n \geq 2)$ において 1 点 O を通る相異なる 3 本の直線 l_1, l_2, l_3 があり，$l_i \setminus \{O\}$ 上に相異なる 2 点 P_i, Q_i を取る．このとき，$1 \leq i < j \leq 3$ に対し直線 P_iP_j と直線 Q_iQ_j は 1 点（R_{ij} とする）で交わり，3 点 R_{ij} は同一直線上にある．

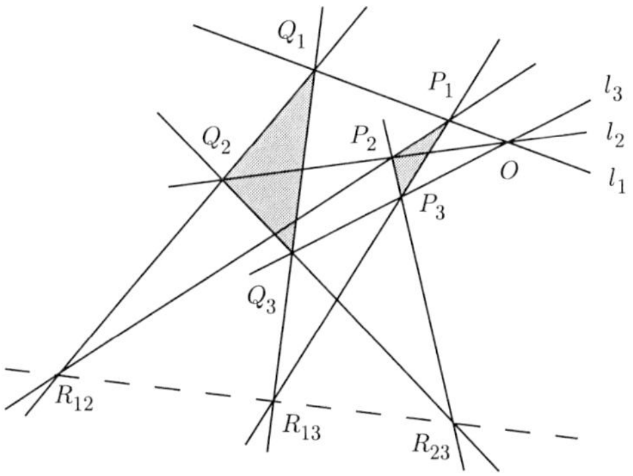

図 3.2 デザルグの定理

証明 $1 \leq i < j \leq 3$ とする．直線 P_iP_j と直線 Q_iQ_j は相異なる．なぜなら，等しいとすると 4 点 P_i, P_j, Q_i, Q_j が一直線上に存在することになり，l_i, l_j が異なるという仮定に反するからである．3 点 O, P_i, P_j を含む平面を π とすると，P_iP_j，Q_iQ_j は π 上の異なる 2 直線であるから 1 点で交わる．

P_1, P_2, P_3 を含む平面を α，Q_1, Q_2, Q_3 を含む平面を β とすると，$\alpha \neq \beta$ のときすべての R_{ij} は α と β の交線に含まれる．まず，$\boldsymbol{R}^4$ において P_i を $\boldsymbol{e}_i$ $(i = 1, 2, 3)$，O を $\boldsymbol{e}_4$ とするとき，α は $x_1 + x_2 + x_3 - 1 = x_4 = 0$ で表される平面である．Q_i の同次座標は，直線 OP_i 上の点なので $\boldsymbol{e}_4$ と $\boldsymbol{e}_i$ の一次結合で書けるが，P_i と異なるので $\boldsymbol{e}_4$ の係数は 0 ではない．よって $Q_i \notin \alpha$．したがって $\alpha \neq \beta$ であり R_{ij} は一直線上にある．一般の場合は，ベクトルで考え

て，l_1, l_2, l_3 を含む（4 次元以下の）空間にすべての点が含まれるから，一次独立な 4 点 $\boldsymbol{e}_1, \boldsymbol{e}_2, \boldsymbol{e}_3, \boldsymbol{e}_4$ をそれぞれ P_1, P_2, P_3, O に移す線形写像の像を考えればよい． □

演 習 問 題

3.1 $f(x) = -\frac{1}{x}$ は $\boldsymbol{P}^1$ の射影変換であることを表現行列を求めて示せ．

3.2 $\psi_0 : \boldsymbol{R} \to \boldsymbol{P}^1$ を $x \mapsto \begin{pmatrix} x \\ 1 \end{pmatrix}$，$\psi_1 : \boldsymbol{R} \to \boldsymbol{P}^1$ を $y \mapsto \begin{pmatrix} -1 \\ y \end{pmatrix}$ で与える．ψ_0, ψ_1 は単射であり，$\boldsymbol{P}^1$ の任意の点は ψ_0 の像または ψ_1 の像に属することを示せ．$x \neq 0$ に対し $(\psi_1^{-1} \circ \psi_0)(x)$ を x の式で与えよ．

3.3 一次分数変換 f で $f(\infty) = \infty$ となるものは，$f(x) = ax + b$（$a \neq 0$）と表されることを示せ．

3.4 集合 $\{\infty, 0, 1\}$ を保つ $\boldsymbol{P}^1_{\boldsymbol{C}}$ の一次分数変換 f を全て求めよ．さらに f が恒等変換でないとき，$f(s) = s$ となる $s \neq \infty, 0, 1$ を求めよ．

3.5 $\boldsymbol{P}^1_{\boldsymbol{C}}$ の射影変換 f は $f(x) = x$ となる点（不動点）x をもつことを示せ．

3.6 $P_1, \ldots, P_n \in \boldsymbol{P}^n$ と異なる点 $P_{n+1} \in \boldsymbol{P}^n$ をとる．$1 \leq i \leq n$ に対し，Q_i を直線 $P_i P_{n+1}$ 上の P_i とも P_{n+1} とも異なる点とすると，$A\boldsymbol{e}_i /\!/ \boldsymbol{p}_i$（$1 \leq i \leq n+1$），$A(\boldsymbol{e}_i + \boldsymbol{e}_{n+1}) /\!/ \boldsymbol{q}_i$（$1 \leq i \leq n$）を満たす行列 A が存在することを示せ．

3.7 $\boldsymbol{F}_2 = \{0, 1\}$（注意 9.22）上の射影平面を**ファノ平面** (Fano plane) という．

(1) 点・直線の個数，1 点を通る直線の個数，直線上の点の個数を求めよ．

(2) ファノ平面の射影変換の個数を求めよ．

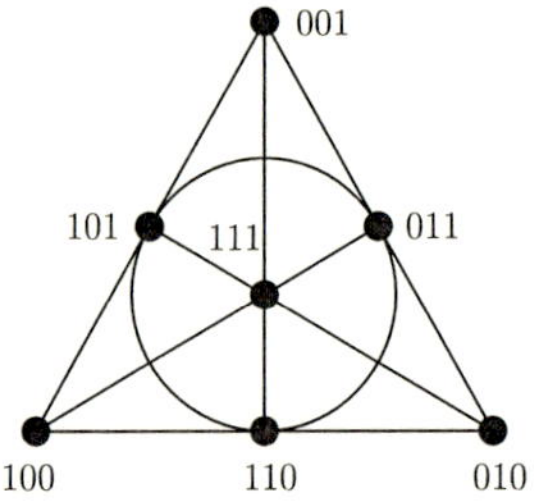

図 **3.3** ファノ平面

3.8 パップスの定理の双対を述べよ．

3.9 デザルグの定理の逆が成り立つことを示せ．

第4章

1次不等式と凸多面体

CHAPTER 4

連立1次方程式の解集合は線形部分空間・アフィン部分空間であったが，不等式にすると凸多面錐・凸多面集合が対応する．

4.1 凸多面体

$\boldsymbol{R}^n$ の部分集合 C が凸 (convex) であるとは，C の任意の2点 $\boldsymbol{a}, \boldsymbol{b}$ に対し，線分 $(1-t)\boldsymbol{a}+t\boldsymbol{b}$（$0 \leq t \leq 1$）上の点がすべて C に属することをいう．

例 **4.1** 直線，円板は凸である．楔形，円周は凸ではない．

次は定義から明らか．

命題 **4.2** C_λ（$\lambda \in \Lambda$）が凸ならば，共通部分 $\bigcap_{\lambda \in \Lambda} C_\lambda$ も凸である．

凸集合 C の次元 は，$\mathrm{Aff}\, C$ の次元として定める．$\boldsymbol{R}^n$ の部分集合 S に対し，

$$\mathrm{Conv}\, S := \left\{ \sum_{i=0}^{k} t_i \boldsymbol{x}_i \in \boldsymbol{R}^n \;\middle|\; k \geq 0,\ \boldsymbol{x}_i \in S,\ t_i \geq 0,\ \sum_{i=0}^{k} t_i = 1 \right\}$$

を S の凸包 (convex hull) という．$\mathrm{Conv}\, \varnothing = \varnothing$ である．$\sum_{i=0}^{k} t_i \boldsymbol{x}_i$（$t_i \geq 0$，$\sum_{i=0}^{k} t_i = 1$）を $\boldsymbol{x}_0, \ldots, \boldsymbol{x}_k$ の凸結合 (convex combination) という．

命題 **4.3** $\mathrm{Conv}\, S$ は S を含む最小の凸集合である．

証明　定義から $\mathrm{Conv}\, S$ は S を含む．問題1.3と同様にして，凸結合の凸結合は凸結合であるから，$\mathrm{Conv}\, S$ は凸である．S を含む凸集合 S' を任意にとる．$\mathrm{Conv}\, S$ の任意の点 $\boldsymbol{x} = \sum_{i=0}^{k} t_i \boldsymbol{x}_i$ は S' に属することを k に関する帰納法で示す．$k=0$ のときは自明．$k-1$ まで正しいとする．$t_k = 1$ のときは自明．$t_k \neq 1$ のとき

$$\boldsymbol{x}' := \sum_{i=0}^{k-1} \frac{t_i}{1-t_k} \boldsymbol{x}_i$$

とおく．$\sum_{i=0}^{k-1} \frac{t_i}{1-t_k} = 1$ であるから帰納法の仮定により $\boldsymbol{x}' \in S'$．よって $\boldsymbol{x} = (1-t_k)\boldsymbol{x}' + t_k \boldsymbol{x}_k \in S'$．これより $\operatorname{Conv} S \subset S'$． □

アフィン空間において，有限個の点の凸包を**凸多面体** (convex polytope) という．次元が $2, 3, 4$ の凸多面体をそれぞれ**凸多角形** (convex polygon)，**凸多面体** (convex polyhedron)，**凸多胞体** (convex polychoron) という．

例 4.4 $k+1$ 個の独立な点の凸包を，$\boldsymbol{k}$ **単体** (k-simplex) あるいは単に単体という．$k = 0, 1, 2, 3, 4$ のときそれぞれ一点，線分 (segment)，三角形 (triangle)，四面体 (tetrahedron)，五胞体 (pentachoron) という．$\boldsymbol{R}^{n+1}$ での $\boldsymbol{e}_1, \ldots, \boldsymbol{e}_{n+1}$ の凸包を**標準 $\boldsymbol{n}$ 単体** (standard n-simplex) という．

例 4.5 $\boldsymbol{R}^n$ の点 $\boldsymbol{a}$ と，一次独立なベクトル $\boldsymbol{v}_1, \ldots, \boldsymbol{v}_k$ に対し，

$$\left\{ \boldsymbol{a} + \sum_{i=1}^{k} x_i \boldsymbol{v}_i \;\middle|\; 0 \leq x_i \leq 1 \right\} = \operatorname{Conv} \left\{ \boldsymbol{a} + \sum_{j \in J} \boldsymbol{v}_j \;\middle|\; J \subset \{1, \ldots, k\} \right\}$$

を k 次元**平行体** (parallelotope) という．$k = 1, 2, 3$ のときそれぞれ線分，**平行四辺形** (parallelogram)，**平行六面体** (parallelepiped) という．

注意 4.6 命題 2.20 よりアフィン写像 f は凸結合を保つ．よって $f(\operatorname{Conv} S) = \operatorname{Conv} f(S)$ が成り立つ．特に凸多面体 Δ に対し $f(\Delta)$ も凸多面体である．

4.2　同次連立 1 次不等式と凸多面錐

実線形空間 $\boldsymbol{R}^n$ の部分集合 C が**錐** (cone) であるとは，$\boldsymbol{0} \in C$ であり，任意の C の点 $\boldsymbol{v}$ と $t > 0$ に対し $t\boldsymbol{v} \in C$ であることをいう．

注意 4.7 C が $\boldsymbol{a}$ を頂点 (apex) とする錐とは，$\boldsymbol{a} \in C$ であり，任意の C の点 $\boldsymbol{a} + \boldsymbol{v}$ に対し，半直線 $\boldsymbol{a} + t\boldsymbol{v}$ ($t > 0$) が C に含まれることをいう．

容易にわかるように，錐 C が凸であるのは，任意の $\boldsymbol{v}, \boldsymbol{w} \in C$ に対し $\boldsymbol{v} + \boldsymbol{w} \in C$ となることと同値である．このとき C は**凸錐** (convex cone) であるという．

$\boldsymbol{v}_1, \ldots, \boldsymbol{v}_k \in \boldsymbol{R}^n$ とする．$t_1, \ldots, t_k \geq 0$ のとき $\sum_{j=1}^{k} t_j \boldsymbol{v}_j$ を $\boldsymbol{v}_1, \ldots, \boldsymbol{v}_k$ の**非負結合**・**錐結合** (conical combination) という．ただし $k = 0$ のとき $\boldsymbol{0}$ を表

すとする．S を $\boldsymbol{R}^n$ の部分集合とする．S の有限個の元の錐結合の全体を**凸錐包** (convex cone hull)・S で**張られる錐**といい，$\operatorname{Cone} S$ で表す．

次は凸包と同様にして示されるので証明は省略する．

命題 4.8 $\operatorname{Cone} S$ は S を含む最小の凸錐である．

有限個のベクトルで張られる錐を**凸多面錐** (convex polyhedral cone) という．凸多面錐＝同次連立 1 次不等式の解集合，を示そう．A を実 $m \times n$ 行列，$\boldsymbol{v} \in \boldsymbol{R}^n$ とする．ベクトル $A\boldsymbol{v}$ の成分がすべて 0 以上という不等式を $A\boldsymbol{v} \geq \boldsymbol{0}$ と書く．一般にベクトルに対する不等式 $\boldsymbol{v} \geq \boldsymbol{w}$ は，同じ成分同士すべてに対し $v_i \geq w_i$ が成り立つことを表す．

注意 4.9 反対向きの不等式 $\vec{a}\boldsymbol{v} \leq 0$ は $(-\vec{a})\boldsymbol{v} \geq 0$ と書き直せる．等式 $\vec{a}\boldsymbol{v} = 0$ は $\vec{a}\boldsymbol{v} \geq 0$ かつ $(-\vec{a})\boldsymbol{v} \geq 0$ と書き直せる．よって等号・等号付き不等号が混ざった同次連立 1 次不等式は，まとめて $A\boldsymbol{v} \geq \boldsymbol{0}$ の形に書ける．$\vec{a}\boldsymbol{v} > 0$ のような等号の付かない不等式の解集合はここでは扱わない．

定理 4.10 　(1) 実行列 A に対し，$A\boldsymbol{v} \geq \boldsymbol{0}$ の解集合は凸多面錐になる．

(2) Γ を凸多面錐とすると，Γ はある同次連立 1 次不等式の解集合になる．

まず凸多面錐を線形部分空間で切ると，再び凸多面錐になることを示そう．

命題 4.11 写像 ${}^t(x_1, \ldots, x_{n-1}) \mapsto {}^t(x_1, \ldots, x_{n-1}, 0)$ により $\boldsymbol{R}^{n-1}$ を $\{x_n = 0\} \subset \boldsymbol{R}^n$ とみなす．$\Gamma = \operatorname{Cone}\{\boldsymbol{v}_1, \ldots, \boldsymbol{v}_k\} \subset \boldsymbol{R}^n$ とするとき，ベクトル $\boldsymbol{v}'_1, \ldots, \boldsymbol{v}'_{k'} \in \boldsymbol{R}^{n-1}$ が存在して $\Gamma \cap \boldsymbol{R}^{n-1} = \operatorname{Cone}\{\boldsymbol{v}'_1, \ldots, \boldsymbol{v}'_{k'}\}$ となる．

証明 　$\boldsymbol{v}_j = {}^t(v_{1j}, \ldots, v_{nj})$ とおき，一番下の座標 v_{nj} が正・負・0 に応じて，$\boldsymbol{v}_j$ の正の定数倍により v_{nj} は $1, -1, 0$ のいずれかであるとしてよい．それぞれの場合の j を文字 p, q, r で表す．$\boldsymbol{v} = \sum_{j=1}^{k} t_j \boldsymbol{v}_j \in \Gamma \cap \boldsymbol{R}^{n-1}$ $(t_j \geq 0)$ とする．$\boldsymbol{v}$ の x_n 座標が 0 であることから $\sum_p t_p = \sum_q t_q \geq 0$ でありこの値を ξ で表す．$\xi > 0$ のとき

$$\boldsymbol{v} = \frac{1}{\xi} \sum_p \sum_q t_p t_q (\boldsymbol{v}_p + \boldsymbol{v}_q) + \sum_r t_r \boldsymbol{v}_r$$

となる．$t_p t_q / \xi$, $t_r \geq 0$ であるから，$\boldsymbol{v}$ は $\boldsymbol{v}_p + \boldsymbol{v}_q$，$\boldsymbol{v}_r$ たちで張られる錐 Γ' に属する．$\xi = 0$ のときも t_p, t_q は 0 であるから Γ' に属する．

逆に，$\boldsymbol{v}_p + \boldsymbol{v}_q$，$\boldsymbol{v}_r$ の第 n 成分は 0 であるから，それらの任意の非負結合は

$\Gamma \cap \boldsymbol{R}^{n-1}$ に属する．よって $\Gamma \cap \boldsymbol{R}^{n-1}$ は Γ' と一致する． □

次に解集合の射影が再びある不等式の解集合になることを示す．1次方程式の掃き出し法と同様の，変数を消去する方法がある．

命題 4.12 $A = (a_{ij})$ を実 $m \times n$ 行列，$\boldsymbol{v} = {}^t(v_1, \ldots, v_n) \in \boldsymbol{R}^n$ とし，$A\boldsymbol{v} \geq \boldsymbol{0}$ の解集合を Γ とする．$\pi : \boldsymbol{R}^n \to \boldsymbol{R}^{n-1}$ を射影 $\boldsymbol{v} \mapsto \boldsymbol{v}' := {}^t(v_2, \ldots, v_n)$ とすると，ある実行列 A' が存在して，像 $\pi(\Gamma)$ は $A'\boldsymbol{v}' \geq \boldsymbol{0}$ の解集合と一致する．

証明 A の第 i 行を $\vec{a}_i$ で表す．$v_2, \ldots, v_n$ を固定して先頭の成分 v_1 に着目すると，i 番目の不等式 $\vec{a}_i\boldsymbol{v} \geq 0$ は，以下のように変形できる．まず，a_{i1} が正・負・0 に応じて，必要なら $\vec{a}_i$ を正の定数倍することで，$a_{i1} = 1, -1, 0$ としてよい．このとき $\vec{a}_i\boldsymbol{v} \geq 0$ はそれぞれ，$v_1 \geq -\sum_{j=2}^n a_{ij}v_j$，$\sum_{j=2}^n a_{ij}v_j \geq v_1$，$v_1$ は任意で $\sum_{j=2}^n a_{ij}v_j \geq 0$，となる．これらをすべて満たす $\boldsymbol{v}$ が存在するための必要十分条件は，$a_{p1} = 1$ と $a_{q1} = -1$ を満たすすべての (p, q) の組に対し $\sum_{j=2}^n a_{qj}v_j \geq -\sum_{j=2}^n a_{pj}v_j$ すなわち $\sum_{j=2}^n (a_{pj} + a_{qj})v_j \geq 0$ が成り立ち，$a_{r1} = 0$ となるすべての r に対し $\sum_{j=2}^n a_{rj}v_j \geq 0$ が成り立つことである．これは $\boldsymbol{v}' := {}^t(v_2, \ldots, v_n)$ とし，$\vec{a}_p + \vec{a}_q$，$\vec{a}_r$ たちをすべて並べた行列から第1列（成分はすべて0）を除いた行列を A' として，$A'\boldsymbol{v}' \geq 0$ と書ける． □

注意 4.13 係数行列の言葉でも述べておこう．第1列の要素を，各行の正の定数倍で $1, -1, 0$ のいずれかにする．その1と -1 のすべての組合せに対し，和をとった行を追加する．第1列の成分が0である行に対し，第2列以下に対して以上の操作を繰り返す．方程式に定数項がある場合も同様にできる．

A' は $(n-1)$ 列からなるが，行の数は m とは限らない．最悪の場合 A に $m/2$ 個ずつ $1, -1$ の行が存在して，1列目を消すと $m^2/4$ 個の行が増える．

注意 4.14 繰り返して，任意の同次連立1次不等式の解集合に対し，いくつかの成分の組へ射影した像は，ある同次連立1次不等式の解集合になることがわかった．この変数消去法をフーリエ・モツキンの消去法 (Fourier–Motzkin elimination) という．

証明 (定理 4.10) (1) 実 $m \times n$ 行列 A に対して $A\boldsymbol{v} \geq \boldsymbol{0}$ の解集合を Γ とする．

$$\Gamma' := \left\{ \begin{pmatrix} \boldsymbol{v} \\ \boldsymbol{w} \end{pmatrix} \in \boldsymbol{R}^{n+m} \;\middle|\; A\boldsymbol{v} + \boldsymbol{w} \geq \boldsymbol{0} \right\}$$

とおくと，Γ' は次のベクトルで張られる錐である．

$$\begin{pmatrix} \boldsymbol{e}_i \\ -A\boldsymbol{e}_i \end{pmatrix},\ \begin{pmatrix} -\boldsymbol{e}_i \\ A\boldsymbol{e}_i \end{pmatrix}\ (i=1,\ldots,n),\ \begin{pmatrix} \boldsymbol{0} \\ \boldsymbol{e}_j \end{pmatrix}\ (j=1,\ldots,m)$$

Γ' の $\boldsymbol{w}=\boldsymbol{0}$ による切り口が Γ である．よって命題 4.11 を繰り返し用いて，Γ も有限個のベクトルで張られる錐である．

(2) $\Gamma = \mathrm{Cone}\{\boldsymbol{v}_1,\ldots,\boldsymbol{v}_k\} \subset \boldsymbol{R}^n$ に対し，$A := (\boldsymbol{v}_1\ \cdots\ \boldsymbol{v}_k)$ として

$$\tilde{\Gamma} := \left\{ \begin{pmatrix} \boldsymbol{t} \\ \boldsymbol{v} \end{pmatrix} \in \boldsymbol{R}^{k+n} \;\middle|\; A\boldsymbol{t} = \boldsymbol{v},\ \boldsymbol{t} \geq \boldsymbol{0} \right\}$$

とおく．$\tilde{\Gamma}$ は次の同次連立 1 次不等式の解集合である．

$$A\boldsymbol{t} - \boldsymbol{v} \geq \boldsymbol{0},\ -A\boldsymbol{t} + \boldsymbol{v} \geq \boldsymbol{0},\ \boldsymbol{t} \geq \boldsymbol{0}$$

$\tilde{\Gamma}$ を最後の n 成分へ射影した像は Γ に他ならない．よって命題 4.12 を繰り返し用いると，Γ もある同次連立 1 次不等式の解集合である．□

4.3　連立 1 次不等式と凸多面集合

次に定数項が 0 とは限らない一般の不等式を扱う．アフィン空間と線形空間の関係と同様に，1 次元高い空間の超平面 $x_{n+1}=1$ として埋め込むことで同次不等式の理論に帰着でき，ミンコフスキーとワイルによる構造定理が得られる．

$\boldsymbol{R}^n$ の部分集合 X, Y に対し，$X+Y$ で $\{\boldsymbol{x}+\boldsymbol{y} \mid \boldsymbol{x}\in X,\ \boldsymbol{y}\in Y\}$ を表し，X と Y のミンコフスキー和 (Minkowski sum) という．

定理 4.15 A を実 $m\times n$ 行列，$\boldsymbol{b}\in\boldsymbol{R}^m$ とする．$\boldsymbol{x}\in\boldsymbol{R}^n$ に対する不等式 $A\boldsymbol{x}+\boldsymbol{b}\geq\boldsymbol{0}$ の解集合 Π は，ある凸多面体 Δ と，凸多面錐 $\Gamma := \{\boldsymbol{v} \mid A\boldsymbol{v}\geq\boldsymbol{0}\}$ により，$\Pi = \Delta + \Gamma$ と表せる．

逆に，$\boldsymbol{R}^n$ の任意の凸多面体 Δ と凸多面錐 Γ に対し，$\Delta+\Gamma$ を解集合とする連立 1 次不等式が存在する．

証明　$(A\ \boldsymbol{b})\tilde{\boldsymbol{v}} \geq \boldsymbol{0}$ $(\tilde{\boldsymbol{v}}\in\boldsymbol{R}^{n+1})$ の解集合 $\tilde{\Gamma}$ を定理 4.10 より $\mathrm{Cone}\{\tilde{\boldsymbol{v}}_j\}_{1\leq j\leq k}$ と表す．正の定数倍により $\tilde{\boldsymbol{v}}_j$ の最後の成分は $1, -1, 0$ のいずれかとしてよい．1 のもの $\tilde{\boldsymbol{v}}_p$ と -1 のもの $\tilde{\boldsymbol{v}}_q$ のすべての組に対し $\tilde{\boldsymbol{v}}_p+\tilde{\boldsymbol{v}}_q$ を作り，$\{\tilde{\boldsymbol{v}}_j\}$ に付け加える．付け加えたベクトルは $\tilde{\Gamma}$ に属するから，張る錐を変えない．これらを含めて最後の成分が 0 であるものを $\tilde{\boldsymbol{v}}_r$ と書く．$\tilde{\boldsymbol{v}}_p = \begin{pmatrix} \boldsymbol{x}_p \\ 1 \end{pmatrix}$，$\tilde{\boldsymbol{v}}_r = \begin{pmatrix} \boldsymbol{v}_r \\ 0 \end{pmatrix}$ として，$\Delta := \mathrm{Conv}\{\boldsymbol{x}_p\}$，$\Gamma := \mathrm{Cone}\{\boldsymbol{v}_r\}$ とする．

$\tilde{\boldsymbol{v}} = \begin{pmatrix} \boldsymbol{x} \\ 1 \end{pmatrix}$ とおくと，$\boldsymbol{x}$ が $A\boldsymbol{x} + \boldsymbol{b} \geq \boldsymbol{0}$ を満たすことと $\tilde{\boldsymbol{v}} \in \tilde{\Gamma}$ は同値である．このとき $\tilde{\boldsymbol{v}} = \sum_j t_j \tilde{\boldsymbol{v}}_j$ $(t_j \geq 0)$ と表せる．$x_{n+1} = 1$ であるから，最後の成分が負の $\sum_q t_q \tilde{\boldsymbol{v}}_q$ より，正の $\sum_p t_p \tilde{\boldsymbol{v}}_p$ の方が，最後の成分が 1 大きい．適当に相殺して $\tilde{\boldsymbol{v}} = \sum_p t_p \tilde{\boldsymbol{v}}_p + \sum_r t_r \tilde{\boldsymbol{v}}_r$ $(\sum_p t_p = 1)$ と表し直すことができる．最後以外の成分を見ると，$\boldsymbol{x} = \sum_p t_p \boldsymbol{x}_p + \sum_r t_r \boldsymbol{v}_r$ $(\sum_p t_p = 1)$．これは $\boldsymbol{x} \in \Delta + \Gamma$ に他ならない．$\boldsymbol{x} \in \Delta + \Gamma$ ならば $\tilde{\boldsymbol{v}} \in \tilde{\Gamma}$，したがって $A\boldsymbol{x} + \boldsymbol{b} \geq \boldsymbol{0}$ も成り立つ．$\Pi = \varnothing$ のときは $\Delta = \varnothing$ とすればよい．

逆を示す．$\Delta = \mathrm{Conv}\{\boldsymbol{x}_p |\ 0 \leq p \leq k\}$，$\Gamma = \mathrm{Cone}\{\boldsymbol{v}_r \mid 1 \leq r \leq l\}$ とする．$\begin{pmatrix} \boldsymbol{x}_p \\ 1 \end{pmatrix}$ $(0 \leq p \leq k)$ および $\begin{pmatrix} \boldsymbol{v}_r \\ 0 \end{pmatrix}$ $(1 \leq r \leq l)$ で張られる錐を $\tilde{\Gamma}$ とする．$\tilde{\boldsymbol{v}} = \begin{pmatrix} \boldsymbol{x} \\ 1 \end{pmatrix}$ に対し，$\tilde{\boldsymbol{v}} \in \tilde{\Gamma}$ と $\boldsymbol{x} \in \Delta + \Gamma$ とは同値．定理 4.10 より $\tilde{\Gamma}$ はある同次連立 1 次不等式 $\tilde{A}\tilde{\boldsymbol{v}} \geq \boldsymbol{0}$ の解集合として与えられる．係数行列を $\tilde{A} = (A\ \boldsymbol{b})$ とすると，$\Delta + \Gamma$ は $A\boldsymbol{x} + \boldsymbol{b} \geq \boldsymbol{0}$ の解集合である． □

連立 1 次不等式の解集合，すなわち $\Delta + \Gamma$ の形に表される集合を**凸多面集合** (convex polyhedral set) という．凸多面集合が**有界** (bounded) とは，半直線を 1 つも含まない[*1)]ことをいう．$\Delta + \Gamma$ が有界であることは $\Gamma = \{\boldsymbol{0}\}$ と同値であるから，次がわかる．

系 4.16 有界な凸多面集合は凸多面体である．逆もまた成り立つ．

系 4.17 凸多面体 Δ と凸多面集合 Π に対し，共通部分 $\Delta \cap \Pi$ は凸多面体である．

証明 Δ, Π それぞれを定める連立 1 次不等式を合わせると $\Delta \cap \Pi$ を定める連立 1 次不等式になる．また，有界な集合の部分集合は有界である． □

4.4 面　　束

n 次元行ベクトルの全体を $(\boldsymbol{R}^n)^*$ で表す．

$\vec{a} \in (\boldsymbol{R}^n)^*$ と実数 b に対し $H(\vec{a}, b) := \{\boldsymbol{x} \in \boldsymbol{R}^n \mid \vec{a}\boldsymbol{x} + b = 0\}$，$H_{\geq}(\vec{a}, b) := \{\boldsymbol{x} \in \boldsymbol{R}^n \mid \vec{a}\boldsymbol{x} + b \geq 0\}$ と定める．$\vec{a} \neq \vec{0}$ のときそれぞれ超

*1) ユークリッド空間の閉凸集合に対し，普通の有界と同値になる．例えば[22] 2.5.1.

平面と（閉）半空間 (half-space) である．

Δ を $\boldsymbol{R}^n$ の凸多面体とする．Δ が $H_{\geq}(\vec{a}, b)$ に含まれるとき，$\Delta \cap H(\vec{a}, b)$ は Δ の面 (face) であるという．$\vec{a} = \vec{0}$，$b = -1, 0$ のときを考えると $\varnothing$ と Δ 自身も Δ の面である．$\varnothing, \Delta$ 以外の面を真の面 (proper face) という．真の面 F に対し上の $H(\vec{a}, b)$ は超平面になり，F の支持超平面 (supporting hyperplane) と呼ばれる．Δ の真の面全体の和集合を Δ の境界 (boundary) といい，Δ における境界の補集合を内部 (interior) という[*2)]．内部に属する点を内点 (interior point) という．次元が $0, 1, 2, 3$ の面を頂点 (vertex)，辺 (edge)，面 (face)，胞 (cell) と呼び，余次元が $1, 2$ の面を大面 (facet)，稜 (ridge) と呼ぶ[*3)]．

$\alpha \in (\boldsymbol{R}^n)^*$ に対し，閉半空間 $\alpha^\vee := \{\boldsymbol{v} \in \boldsymbol{R}^n \mid \alpha\boldsymbol{v} \geq 0\}$，線形部分空間 $\alpha^\perp := \{\boldsymbol{v} \in \boldsymbol{R}^n \mid \alpha\boldsymbol{v} = 0\}$ を定める．$\boldsymbol{R}^n$ の凸多面錐 Γ に対し，$\Gamma \subset \alpha^\vee$ のとき $\Gamma \cap \alpha^\perp$ を Γ の面という．面である半直線を端射線 (extremal ray) という．

補題 4.18 Δ を $\boldsymbol{R}^n$ の n 次元凸多面体とする．Δ の内点 $\boldsymbol{a}$ を始点とする半直線 $L : \boldsymbol{x} = \boldsymbol{a} + t\boldsymbol{v}$（$t \geq 0$）は，$\Delta$ の境界とちょうど 1 点で交わる．

証明　系 4.16 より L の点で Δ に含まれないものが存在する．そのような t の下限を t_0 とする．Δ は等号付き不等式の共通部分であるから，$\boldsymbol{x}_0 := \boldsymbol{a} + t_0\boldsymbol{v}$ は Δ に属する．$t > t_0$ のとき Δ を定める有限個の 1 次不等式のうち少なくとも 1 つがずっと成り立たないから，対応する支持超平面上に $\boldsymbol{x}_0$ は属する．よって $\boldsymbol{x}_0$ は Δ の境界に属する．$t > t_0$ のとき $\boldsymbol{a} + t\boldsymbol{v} \notin \Delta$ である．$t = 0$ で正となりある $0 < t < t_0$ で 0 となる 1 次方程式は $t = t_0$ において負であるから支持超平面にならない．よって $0 < t < t_0$ のときも境界に属さない．　□

命題 4.19 $\alpha \in (\boldsymbol{R}^n)^*$，$S$ を $\boldsymbol{R}^n$ の部分集合とし，$\Gamma = \mathrm{Cone}\, S$，$\Gamma \subset \alpha^\vee$，$E = \Gamma \cap \alpha^\perp$ とする．このとき $E = \mathrm{Cone}(S \cap \alpha^\perp)$，$S \cap \alpha^\perp = S \cap E$.

証明　$\boldsymbol{v}_1, \ldots, \boldsymbol{v}_k \in S \cap \alpha^\perp$ ならばその錐結合は $\Gamma \cap \alpha^\perp = E$ に含まれる．よって $\mathrm{Cone}(S \cap \alpha^\perp) \subset E$．逆を示す．$\boldsymbol{w} = \sum_{j=1}^k t_j\boldsymbol{v}_j$（$\boldsymbol{v}_j \in S$，$t_j \geq 0$）をとる．$\boldsymbol{v}_j \in \alpha^\vee$ である．$\boldsymbol{w} \in E$ ならば，$\boldsymbol{w} \in \alpha^\perp$ であるから，$t_j > 0$ となる

---

*2)　$n > \dim \Delta$ のときは厳密にはそれぞれ相対境界 (relative boundary)，相対内部 (relative interior) という．

*3)　凸多面体・面など，特定の次元の概念を任意次元に流用する用語があるので注意．この章では主に任意次元で用いる．稜は edge の訳にも用いられる．

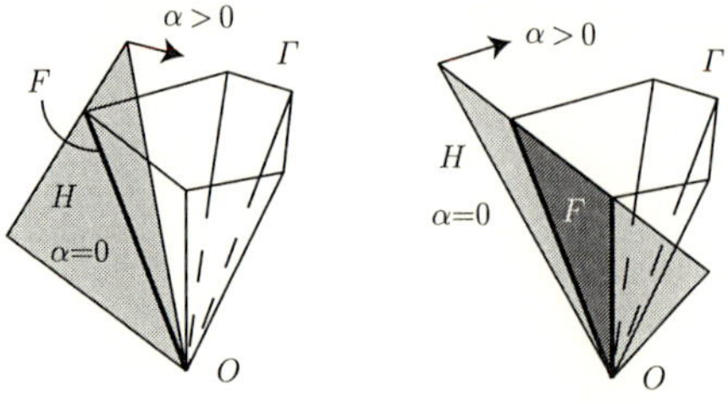

図 **4.1**　面

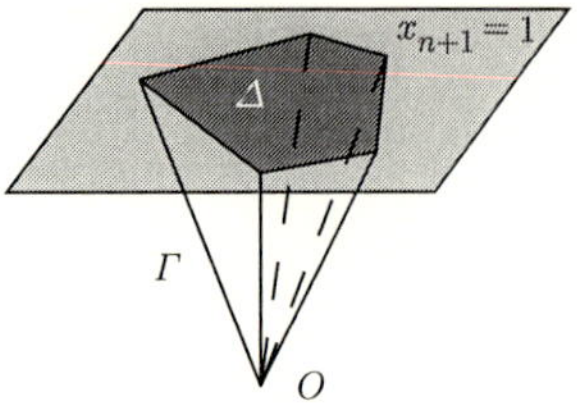

図 **4.2**　凸多面錐と凸多面体

すべての j に対し $\boldsymbol{v}_j \in \alpha^\perp$．よって $\boldsymbol{w} \in \mathrm{Cone}(S \cap \alpha^\perp)$．$S \subset \Gamma$ であるから $\boldsymbol{v}_j \in \alpha^\perp \iff \boldsymbol{v}_j \in E$．　□

命題 4.20 Γ を凸多面錐とし，E を Γ の面とする．

(1) Γ の面は有限個である．E は凸多面錐である．

(2) E' を Γ の面とすると，$E \cap E'$ は E の面である．特に，E に含まれる Γ の面は E の面である．

(3) E' を E の面とすると，E' は Γ の面である．

証明　$\Gamma \subset \alpha^\vee$，$E = \Gamma \cap \alpha^\perp$ とする．ある有限集合 S により $\Gamma = \mathrm{Cone}\, S$ となる．命題 4.19 より $S' := S \cap \alpha^\perp$ に対し $E = \mathrm{Cone}\, S'$．

(1) S' のとり方は有限通りしかないから面は有限個．S' は有限集合であるから E は凸多面錐である．

(2) E' は Γ の面であるから，$\Gamma \subset \beta^\vee$，$E' = \Gamma \cap \beta^\perp$ となる β が存在する．E との交わりをとると，$E \subset \beta^\vee$，$E \cap E' = E \cap \beta^\perp$．

(3) E' は E の面であるから，$E \subset \beta^\vee$，$E' = E \cap \beta^\perp$ となる β が存在する．命題 4.19 より $S'' := S' \cap \beta^\perp$ に対し $E' = \mathrm{Cone}\, S''$ である．各 $\boldsymbol{v} \in S \setminus S'$ に対し，$\alpha\boldsymbol{v} > 0$ であり，$t > -\beta\boldsymbol{v}/\alpha\boldsymbol{v}$ を満たす t が存在する．このとき $(t\alpha + \beta)\boldsymbol{v} > 0$ が満たされる．$S \setminus S'$ は有限集合であるから，$S \setminus S'$ のすべての元 $\boldsymbol{v}$ に対し上を満たす t をとれる．$S' \setminus S''$ の元 $\boldsymbol{v}$ は，$\beta\boldsymbol{v} > 0$ および $S' \subset \alpha^\perp$ より，$(t\alpha + \beta)\boldsymbol{v} > 0$ を満たす．S'' の元 $\boldsymbol{v}$ に対しては $(t\alpha + \beta)\boldsymbol{v} = 0$ である．以上より $\Gamma \subset (t\alpha + \beta)^\vee$，$E' = \mathrm{Cone}\, S'' = \Gamma \cap (t\alpha + \beta)^\perp$．　□

凸多面錐 Γ の面全体の集合を $\mathscr{E}(\Gamma)$ で表す．E を Γ の面とすると命題より $\mathscr{E}(E) = \{E' \in \mathscr{E}(\Gamma) \mid E' \subset E\}$ となる．面 E, E' に対し $E \cap E' \in \mathscr{E}(E) \cap \mathscr{E}(E')$ が成り立つ．

$\boldsymbol{x} \in \boldsymbol{R}^n$ に対し，$\tilde{\boldsymbol{x}}$ で $\begin{pmatrix} \boldsymbol{x} \\ 1 \end{pmatrix} \in \boldsymbol{R}^{n+1}$ を表す．

$\boldsymbol{R}^{n+1}$ の凸多面錐で，条件 $(*)$「$x_{n+1} = 1$ となるベクトル有限個で張られる」を満たすものの全体を $\mathscr{C}$ とする．容易にわかるように，条件 $(*)$ は「頂点 $\mathbf{0}$ 以外は $x_{n+1} > 0$」と同値である．$\boldsymbol{R}^n$ の凸多面体の全体を $\mathscr{D}$ で表す．$\Gamma \in \mathscr{C}$ に対し，$\Phi(\Gamma) = \{\boldsymbol{x} \mid \tilde{\boldsymbol{x}} \in \Gamma\}$，$\Delta \in \mathscr{D}$ に対し，$\Psi(\Delta) = \{t\tilde{\boldsymbol{x}} \mid t > 0,\ \boldsymbol{x} \in \Delta\} \cup \{\mathbf{0}\}$ と定める．$\Phi(\{\mathbf{0}\}) = \varnothing$，$\Psi(\varnothing) = \{\mathbf{0}\}$ である．凸多面体 Δ の面全体の集合を $\mathscr{F}(\Delta)$ と表す．

定理 4.21 $\boldsymbol{x}_j \in \boldsymbol{R}^n$ $(0 \le j \le k)$，$\Gamma = \mathrm{Cone}\{\tilde{\boldsymbol{x}}_j \mid 0 \le j \le k\}$，$\Delta = \mathrm{Conv}\{\boldsymbol{x}_j \mid 0 \le j \le k\}$ とするとき，次が成り立つ．

(1) $\Phi(\Gamma) = \Delta$，$\Psi(\Delta) = \Gamma$．特に，Φ は $\mathscr{C}$ から $\mathscr{D}$ への，Ψ は $\mathscr{D}$ から $\mathscr{C}$ への写像になり，$\Psi \circ \Phi = \mathrm{id}_{\mathscr{C}}$，$\Phi \circ \Psi = \mathrm{id}_{\mathscr{D}}$．

(2) $\Gamma' \subsetneq \Gamma$ ならば $\Phi(\Gamma') \subsetneq \Phi(\Gamma)$，$\Delta' \subsetneq \Delta$ ならば $\Psi(\Delta') \subsetneq \Psi(\Delta)$．

(3) $\mathscr{E}(\Gamma)$ と $\mathscr{F}(\Delta)$ の間に包含関係を保つ全単射が存在する．

証明　(1) $\boldsymbol{x} \in \Phi(\Gamma) \iff \tilde{\boldsymbol{x}} \in \Gamma \iff \tilde{\boldsymbol{x}} = \sum_j t_j \tilde{\boldsymbol{x}}_j$ $(t_j \ge 0)$ と表せる $\iff \boldsymbol{x} = \sum_j t_j \boldsymbol{x}_j$ $(t_j \ge 0,\ \sum_j t_j = 1)$ と表せる $\iff \boldsymbol{x} \in \Delta$．

$t\tilde{\boldsymbol{x}} \in \Psi(\Delta)$ に対し，$\boldsymbol{x} \in \Delta$ より $\boldsymbol{x} = \sum_j t_j \boldsymbol{x}_j$ $(t_j \ge 0,\ \sum_j t_j = 1)$ とおける．$\sum_j t_j = 1$ より $t\tilde{\boldsymbol{x}} = \sum_j t t_j \tilde{\boldsymbol{x}}_j \in \Gamma$．また錐の定義より $\mathbf{0} \in \Gamma$．よって $\Psi(\Delta) \subset \Gamma$．逆に，$\Gamma$ の元 $\boldsymbol{v} = \sum_j s_j \tilde{\boldsymbol{x}}_j$ $(s_j \ge 0)$ を考える．$t := \sum_j s_j = 0$ ならば $\boldsymbol{v} = \mathbf{0}$．そうでなければ $t_j := s_j/t$ とおくと $t_j \ge 0$，$\sum_j t_j = 1$ であり，$\boldsymbol{x} = \sum_j t_j \boldsymbol{x}_j$ とおくと $\boldsymbol{v} = t\sum_j t_j \tilde{\boldsymbol{x}}_j = t\tilde{\boldsymbol{x}} \in \Psi(\Delta)$．よって $\Gamma \subset \Psi(\Delta)$．

(2) $\Phi(\Gamma') \subset \Phi(\Gamma)$，$\Psi(\Delta') \subset \Psi(\Delta)$ は定義より明らか．(1) より Φ，Ψ は全単射．

(3) $\alpha = (\vec{a}, b) \in (\boldsymbol{R}^{n+1})^*$ とし，Γ の面 $E = \Gamma \cap \alpha^\perp$，$\Delta$ の面 $F = \Delta \cap H(\vec{a}, b)$ を考える．$\alpha\tilde{\boldsymbol{x}} = \vec{a}\boldsymbol{x} + b$ に注意すると，$\Phi(E) = F$，$\Psi(F) = E$ であるから，Φ, Ψ は面を面に移す．よって (2) より従う．　□

系 4.22 Δ を凸多面体とする．

(1) $\mathscr{F}(\Delta)$ は有限集合である．$F \in \mathscr{F}(\Delta)$ は凸多面体である．

(2) 面 F に対し，$\mathscr{F}(F) = \{F' \in \mathscr{F}(\Delta) \mid F' \subset F\}$．

(3) 面 F, F' に対し，$F \cap F' \in \mathscr{F}(F) \cap \mathscr{F}(F')$．

$\Delta, \varnothing \in \mathscr{F}(\Delta)$ が包含関係に関する最大元・最小元であり，$\mathscr{F}(\Delta)$ を Δ の面束 (face lattice) という．F, F' を異なる面とする．$F \subset F'$ または $F \supset F'$ となるとき F と F' は接続する (incident) という．1つの辺の両端の頂点は隣接するという．一般に，$\dim F = \dim F'$ であり，F, F' をともに含む次元が1つ大きい面と，F, F' の両方に含まれる次元が1つ小さい面があるとき，F と F' は隣接する (adjacent) という．

$g : \boldsymbol{R}^n \to \boldsymbol{R}^n$ をアフィン同型，Δ を $\boldsymbol{R}^n$ の凸多面体とする．注意 4.6 により $g(\Delta)$ は凸多面体である．

命題 4.23 (1) Δ の面 F に対し $g(F)$ は $g(\Delta)$ の面であり，$\dim g(F) = \dim F$.

(2) $F \mapsto g(F)$ による写像 $\mathscr{F}(\Delta) \to \mathscr{F}(g(\Delta))$ は包含関係を保つ全単射である．

(3) $g(\Delta) = \Delta$ のとき，$F \mapsto g(F)$ は $\mathscr{F}(\Delta)$ の包含関係を保つ全単射変換である．

証明 (1) 適当に枠を定め，逆変換 g^{-1} を $\boldsymbol{x} = g^{-1}(\boldsymbol{y}) = A\boldsymbol{y} + \boldsymbol{b}$ と表す．Δ はいくつかの不等式 $\vec{a}_i\boldsymbol{x} + b_i \geq 0$ で定義され，$g(\Delta)$ は g^{-1} の式を代入して $\vec{a}_iA\boldsymbol{y} + (\vec{a}_i\boldsymbol{b} + b_i) \geq 0$ で定まる．面 F の支持超平面を $H(\vec{a}, b)$ とすると，$g(F)$ は $H(\vec{a}A, \vec{a}\boldsymbol{b} + b)$ を支持超平面とする $g(\Delta)$ の面になる．アフィン変換でアフィン結合はアフィン結合に移るから，点集合のアフィン包は像のアフィン包に移る．よって $f(F)$ のアフィン包は $f(\mathrm{Aff}\,F)$ である．アフィン同型に同伴する線形写像は可逆であるから，部分空間の次元を変えない．よって $f(\mathrm{Aff}\,F)$ は k 次元である．

(2) (1) は g^{-1} に関しても同様であり，面束に対しても逆写像を引き起こす．g は写像なので $A \subset B$ ならば $g(A) \subset g(B)$ より g は包含関係を保つ．

(3) は (2) から従う． □

2つの凸多面体 Δ, Δ' が組合せ同値 (combinatorially equivalent) であるとは，包含関係を保つ全単射 $\mathscr{F}(\Delta) \to \mathscr{F}(\Delta')$ が存在することをいう．

例 4.24 Δ, Δ' を $\boldsymbol{R}^n$ の任意の2つの k 単体とする．頂点をアフィン枠に延長し命題 2.17 を用いると，$\boldsymbol{R}^n$ のアフィン同型 f で $f(\Delta) = \Delta'$ となるものが存在する．特に組合せ同値である．平面の凸四角形の場合，そのようなアフィン同型は一般に存在しないが，どれも組合せ同値である．

注意 4.25 コーシーの剛性定理によると，3 次元凸多面体は，面束と面の合同から，存在すれば一意的に定まる. [3, 15] を参照.

4.5 双　　対

命題 4.26 (ファルカシュの補題，Farkas' lemma) $n \times k$ 行列 A，$\boldsymbol{v} \in \boldsymbol{R}^n$ に対し，次のちょうど 1 つが成り立つ.

(1) $A\boldsymbol{t} = \boldsymbol{v}$，$\boldsymbol{t} \geq \boldsymbol{0}$ を満たす $\boldsymbol{t} \in \boldsymbol{R}^k$ が存在する.

(2) $\alpha A \geq \vec{0}$，$\alpha \boldsymbol{v} < 0$ を満たす $\alpha \in (\boldsymbol{R}^n)^*$ が存在する.

証明　$\boldsymbol{t} \geq \boldsymbol{0}$ を動かすとき，$A\boldsymbol{t}$ の全体は A の列ベクトルで張られる錐 Γ に他ならない. (1) は $\boldsymbol{v} \in \Gamma$ と同値. 定理 4.10 より Γ は同次連立 1 次不等式の解集合として表されるから，(1) でない：$\boldsymbol{v} \notin \Gamma$ とは，その中のある不等式 $\alpha \boldsymbol{v} \geq 0$ を満たさないことと同値である. A の各列ベクトル $\boldsymbol{a}_j$ は Γ に入るから $\alpha \boldsymbol{a}_j \geq 0$ を満たす. すなわち (2) が成り立つ. (1) かつ (2) とすると $0 \leq (\alpha A)\boldsymbol{t} = \alpha \boldsymbol{v} < 0$ より矛盾. □

系 4.27 $\boldsymbol{x}, \boldsymbol{x}_1, \ldots, \boldsymbol{x}_k \in \boldsymbol{R}^n$ に対し，次は同値である.

(1) $\boldsymbol{x}$ は $\boldsymbol{x}_1, \ldots, \boldsymbol{x}_k$ の凸結合に表せない.

(2) $\vec{a} \in (\boldsymbol{R}^n)^*$，$b \in \boldsymbol{R}$ で，$\vec{a}\boldsymbol{x}_j + b \geq 0$ $(1 \leq j \leq k)$，$\vec{a}\boldsymbol{x} + b < 0$ を満たすものが存在する.

証明　(1) の否定は $(\widetilde{\boldsymbol{x}_1} \ \cdots \ \widetilde{\boldsymbol{x}_k})\tilde{\boldsymbol{t}} = \tilde{\boldsymbol{x}}$ を満たす $\tilde{\boldsymbol{t}} \geq \boldsymbol{0}$ が存在することであるから，命題 4.26 を適用すればよい. □

凸錐 $\Gamma \subset \boldsymbol{R}^n$ の双対錐 (dual cone) を $\Gamma^\vee := \{\alpha \in (\boldsymbol{R}^n)^* \mid$ 任意の $\boldsymbol{v} \in \Gamma$ に対し $\alpha \boldsymbol{v} \geq 0\}$ と定める. $\Gamma^\vee$ は凸錐である（正の実数倍と和で閉じている). $(\boldsymbol{R}^n)^*$ 内の錐に対しても転置で同様に双対を定めると，$\boldsymbol{v} \in \Gamma$ ならば $\alpha \in \Gamma^\vee$ に対し $\alpha \boldsymbol{v} \geq 0$ を満たすから，$\Gamma \subset (\Gamma^\vee)^\vee$ が成り立つ.

命題 4.28 凸多面錐 Γ に対し次が成り立つ.

(1) $\Gamma^\vee$ は凸多面錐である.　　(2) $(\Gamma^\vee)^\vee = \Gamma$.

証明　$\Gamma = \mathrm{Cone}\{\boldsymbol{v}_1, \ldots, \boldsymbol{v}_k\}$ とする.

(1) $\Gamma^\vee$ は $\alpha \boldsymbol{v}_j \geq 0$ $(1 \leq j \leq k)$ という有限個の同次不等式で定まるから定

理 4.10 より凸多面錐である．

(2) $\boldsymbol{v} \notin \Gamma$ とするとファルカシュの補題から $\alpha(\boldsymbol{v}_1 \ \cdots \ \boldsymbol{v}_k) \geq \vec{0}$，$\alpha\boldsymbol{v} < 0$ となる α が存在する．$t_j \geq 0$（$1 \leq j \leq k$）に対し $\alpha(\sum_j t_j\boldsymbol{v}_j) \geq 0$ であるから $\alpha \in \Gamma^\vee$ である．$\alpha\boldsymbol{v} \geq 0$ でないから，$\boldsymbol{v} \notin (\Gamma^\vee)^\vee$． □

命題 4.29 (凸多面体は頂点集合の凸包) $\boldsymbol{R}^n$ の凸多面体 Δ の頂点集合を V とするとき次が成り立つ．

(1) V は有限集合であり，$\Delta = \operatorname{Conv} V$．

(2) $\boldsymbol{R}^n$ の部分集合 S に対し，$\Delta = \operatorname{Conv} S$ ならば $V \subset S$．

証明 (1) 系 4.22(1) より V は有限である．$\Delta = \operatorname{Conv}\{\boldsymbol{x}_1, \ldots, \boldsymbol{x}_k\}$ とする．どの $\boldsymbol{x}_i$ も他の $\boldsymbol{x}_j$（$j \neq i$）たちの凸結合に表せないとしてよい（表せれば取り除いても凸包は変わらない）．系 4.27 より，$\vec{a}\boldsymbol{x}_j + b \geq 0$，$c := \vec{a}\boldsymbol{x}_i + b < 0$ となる $\vec{a} \in (\boldsymbol{R}^n)^*$，$b \in \boldsymbol{R}$ が存在する．$\vec{a}\boldsymbol{x}_j + b - c > 0$，$\vec{a}\boldsymbol{x}_i + b - c = 0$ であるから，Δ 上 $(\vec{a}, b-c)$ は非負であり，$H(\vec{a}, b-c)$ は $\boldsymbol{x}_i$ の支持超平面である．よって $\boldsymbol{x}_i$ は Δ の頂点であるから，$\Delta = \operatorname{Conv}\{\boldsymbol{x}_1, \ldots, \boldsymbol{x}_k\} \subset \operatorname{Conv} V \subset \Delta$．

(2) $\boldsymbol{x} \in V$ の支持超平面を $H(\vec{a}, b)$（$\Delta \subset H_{\geq}(\vec{a}, b)$）とする．$\boldsymbol{x} = \sum_{j=1}^k t_j\boldsymbol{x}_j$（$\boldsymbol{x}_j \in S$）と凸結合に表す．ある t_i は正である．$\vec{a}\boldsymbol{x} + b = 0$，$\vec{a}\boldsymbol{x}_j + b \geq 0$ より $\boldsymbol{x}_i \in H(\vec{a}, b) \cap \Delta$ であるから $\boldsymbol{x} = \boldsymbol{x}_i$．よって $V \subset S$． □

凸多面体の重心 (centroid) とは，頂点すべての重心のこととする[*4)]．

命題 4.30 凸多面体の重心は相対内部に属する．

証明 凸多面体 Δ の頂点を $\boldsymbol{v}_j$（$j \in J$）とする．Δ は凸であるから重心は Δ に含まれる．ある真の面の支持超平面 $H(\vec{a}, b)$ が重心を含むと仮定する．すべての $j \in J$ に対し $\vec{a}\boldsymbol{v}_j + b \geq 0$ かつ $\vec{a}\left(\frac{1}{|J|}\sum_j \boldsymbol{v}_j\right) + b = 0$ ならば，すべての j に対し $\vec{a}\boldsymbol{v}_j + b = 0$ である．$\boldsymbol{v}_j \in H(\vec{a}, b)$（$j \in J$）であるから命題 4.29 より $\Delta \subset H(\vec{a}, b)$ となり，真の面であることに矛盾． □

極　双　対

凸多面錐 Γ の面 E に対し，$E^\diamond := \{\alpha \in \Gamma^\vee \mid$ 任意の $\boldsymbol{v} \in E$ に対し $\alpha\boldsymbol{v} = 0\}$ と定める．

---

*4) 通常の剛体の重心とは必ずしも一致しないので頂点重心などの方が正確ではある．

命題 4.31 $E^\diamond$ は $\Gamma^\vee$ の面であり，$(E^\diamond)^\diamond = E$ が成り立つ．$E_1 \subsetneq E_2$ ならば $E_1^\diamond \supsetneq E_2^\diamond$ である．

証明　$\Gamma = \mathrm{Cone}\{\boldsymbol{v}_1, \ldots, \boldsymbol{v}_k\}$ とおく．E に含まれる $\boldsymbol{v}_j$ の和を $\boldsymbol{v}_E$ とする．任意の $\alpha \in \Gamma^\vee$ に対し，$\alpha\boldsymbol{v}_E \geq 0$ であり，次が成り立つ．$\alpha\boldsymbol{v}_E = 0 \iff \forall\boldsymbol{v}_j \in E,\ \alpha\boldsymbol{v}_j = 0$．命題 4.19 より $E = \mathrm{Cone}\{\boldsymbol{v}_j \mid \boldsymbol{v}_j \in E\}$ であるから，これは $\iff \forall\boldsymbol{v} \in E,\ \alpha\boldsymbol{v} = 0 \iff \alpha \in E^\diamond$．よって $\Gamma^\vee \subset \boldsymbol{v}_E^\vee$，$E^\diamond = \boldsymbol{v}_E^\perp \cap \Gamma^\vee$ であり，$E^\diamond$ は $\Gamma^\vee$ の面である．

命題 4.28 より $\Gamma^\vee$ も凸多面錐であり $\Gamma^\vee = \mathrm{Cone}\{\alpha_1, \ldots, \alpha_l\}$ とおける．$E \subset \alpha_i^\perp$ となる α_i たちの和を α_E とする．$E \subset \alpha_E^\perp$ である．E は Γ の面であるから，ある $\alpha \in \Gamma^\vee$ により $E = \alpha^\perp \cap \Gamma$ と書ける．$\alpha = \sum_i s_i\alpha_i$ $(s_i \geq 0)$ と表すと，$s_i > 0$ ならば $E \subset \alpha_i^\perp$ である．よってこれらの α_i は α_E に現れるから，$E = \alpha^\perp \cap \Gamma \supset (\alpha_E)^\perp \cap \Gamma \supset E$．これより $(\alpha_E)^\perp \cap \Gamma = E$．$\alpha_E \in E^\diamond$ より，$\boldsymbol{v} \in (E^\diamond)^\diamond$ ならば $\alpha_E\boldsymbol{v} = 0$ であり，$\boldsymbol{v} \in (\alpha_E)^\perp \cap \Gamma = E$．よって $(E^\diamond)^\diamond \subset E$．$E \subset (E^\diamond)^\diamond$ は明らか．ゆえに $E_1 \neq E_2$ ならば $E_1^\diamond \neq E_2^\diamond$．$E_1 \subset E_2$ ならば $E_1^\diamond \supset E_2^\diamond$ は定義から明らか．　□

$\boldsymbol{R}^{n+1}$ の凸多面錐について，条件 $(**)$ を「任意の $\boldsymbol{v} \in \boldsymbol{R}^n$ に対し，ある正数 t が存在して $\widetilde{t\boldsymbol{v}} \in \Gamma$」とし，$(\boldsymbol{R}^{n+1})^*$ の凸多面錐に対しても転置により定める．

命題 4.32 Γ を $\boldsymbol{R}^{n+1}$ の凸多面錐とする．

(1) Γ が条件 $(*)$ を満たすならば，$\Gamma^\vee$ は条件 $(**)$ を満たす．

(2) Γ が条件 $(**)$ を満たすならば，$\Gamma^\vee$ は条件 $(*)$ を満たす．

証明　(1) Γ が $(*)$ を満たすとする．$\Gamma = \mathrm{Cone}\{\tilde{\boldsymbol{x}}_j\ (0 \leq j \leq k)\}$ とおける．各 $\vec{v} \in (\boldsymbol{R}^n)^*$ に対し $(t\vec{v}, 1)\tilde{\boldsymbol{x}}_j = t\vec{v}\boldsymbol{x}_j + 1$．$\boldsymbol{x}_j$ は有限個であるから，十分 t を小さくすれば正になる．

(2) Γ が $(**)$ を満たすとする．$(\vec{a}, b) \in \Gamma^\vee$ とする．$\vec{a} \neq \vec{0}$ とし j 番目の成分が 0 でないとする．$\widetilde{t\boldsymbol{e}_j}, \widetilde{-t\boldsymbol{e}_j} \in \Gamma$ となる $t > 0$ が存在する．$0 \leq (\vec{a}, b)\widetilde{\pm t\boldsymbol{e}_j} = \pm t\vec{a}\boldsymbol{e}_j + b$ であるが，$b \leq 0$ とするとどちらかは負であり矛盾．よって $b > 0$．$\vec{a} = \vec{0}$ のとき同じ式から $b \geq 0$．$\Gamma^\vee$ は凸多面錐であるから，これら $(\vec{a}, b)$ $(b > 0)$ の有限個で張られる．正の実数倍により，$b = 1$ としてよい．　□

$\boldsymbol{R}^n$ の凸集合 C に対して $\Gamma = \mathrm{Cone}\{\tilde{\boldsymbol{x}} \mid \boldsymbol{x} \in C\}$ とおく．$\Gamma^\vee \cap \{y_{n+1} = 1\} = \{(\vec{y}, 1) \mid$ すべての $\boldsymbol{x} \in C$ に対し $\vec{y}\boldsymbol{x} + 1 \geq 0\}$ である．$C^\circ := \{\vec{y} \in (\boldsymbol{R}^n)^* \mid$ すべての $\boldsymbol{x} \in C$ に対し $\vec{y}\boldsymbol{x} + 1 \geq 0\}$ は凸集合であり，C の**極双対** (polar dual) と呼ばれる．極双対はアフィン座標のとり方に依存する．C が凸多面体のとき特に断らない限り重心を原点にとり，極双対を**双対多面体** (dual polytope, reciprocal polytope) という．

凸多面体 Δ に対し，$\Gamma = \mathrm{Cone}\{\tilde{\boldsymbol{x}} \mid \boldsymbol{x} \in \Delta\}$ とおく．Δ が条件 $(**)'$「任意の $\boldsymbol{v} \in \boldsymbol{R}^n$ に対し，ある正数 t が存在して $t\boldsymbol{v} \in \Delta$」を満たすことは Γ が $(**)$ を満たすことと同値である．このとき Γ は条件 $(*)(**)$ を満たすから，$\Gamma^\vee$ もそうである．$\Delta^\circ = \Gamma^\vee \cap \{y_{n+1} = 1\}$ である．$\mathscr{F}(\Delta) \cong \mathscr{E}(\Gamma) \overset{\diamond}{\leftrightarrow} \mathscr{E}(\Gamma^\vee) \cong \mathscr{F}(\Delta^\circ)$ により，次がわかった．

系 4.33 条件 $(**)'$ を満たす凸多面体 Δ に対し，Δ° は条件 $(**)'$ を満たす凸多面体である．$F \in \mathscr{F}(\Delta)$ に対し $F^\diamond := \{\vec{y} \in \Delta^\circ \mid$ 任意の $\boldsymbol{x} \in F$ に対し $\vec{y}\boldsymbol{x}+1 = 0\}$ を対応させることで，$\mathscr{F}(\Delta)$ と $\mathscr{F}(\Delta^\circ)$ の間に包含関係を逆転する全単射が存在する．$(F^\diamond)^\diamond = F$ である．

Δ の面 F に対し，$\mathscr{F}(\Delta)/F := \{F' \in \mathscr{F}(\Delta) \mid F' \supset F\}$ と定める．上の系より，$\mathscr{F}(\Delta)/F$ と $\mathscr{F}(F^\diamond)$ との間に包含関係を逆転する全単射が存在する．$(F^\diamond)^\circ$ を F の**面形** (face figure) といい，Δ/F で表す．ただし Δ および $F^\diamond$ の極双対はそれぞれの重心を原点としてとる．F が頂点 $\{\boldsymbol{x}\}$ のときは**頂点形** (vertex figure) といい $\Delta/\boldsymbol{x}$ とも表す．

命題 4.34 $\dim \Delta/F = \dim \Delta - \dim F - 1$，$\mathscr{F}(\Delta/F)$ と $\mathscr{F}(\Delta)/F$ の間に包含関係を保つ全単射が存在する．

証明　$\dim(F^\diamond)^\circ = \dim F^\diamond = \dim \Delta - \dim F - 1$．$\mathscr{F}(\Delta/F) = \mathscr{F}((F^\diamond)^\circ)$ は $\mathscr{F}(F^\diamond)$ の包含関係を逆転したものであるから従う．　□

系 4.35 (1) 次元が 2 違う面 $F' \subsetneq F$ に対し，$F' \subsetneq F'' \subsetneq F$ となる面 F'' はちょうど 2 個ある．

(2) 次元が 3 違う面 $F' \subsetneq F$ に対し，$F' \subsetneq F'' \subsetneq F$ となる面 F'' の個数は，$\dim F'' = \dim F - 1, \dim F - 2$ で一致する．

証明　$\mathscr{F}(F)/F' = \mathscr{F}(F/F')$ であり，F/F' はそれぞれ 1，2 次元であるから，

線分，凸多角形である．線分の頂点は 2 個であり（問題 4.13(1)），凸多角形の辺の数は頂点の数と等しい（問題 4.14）． □

凸多面体 Δ の頂点 $\boldsymbol{x}$ に対し，$\Delta \subset H_{\geq}(\vec{a}, b)$，$\{\boldsymbol{x}\} = \Delta \cap H(\vec{a}, b)$ とする．頂点は有限個であるから，十分小さな $\varepsilon > 0$ をとると $\boldsymbol{x}$ 以外のすべての頂点 $\boldsymbol{x}'$ に対し $\vec{a}\boldsymbol{x}' + b > \varepsilon$ が成り立つ．$\Delta' := \Delta \cap H(\vec{a}, b - \varepsilon)$ は有界な凸多面集合であるから凸多面体である．以下で示すように，$\mathscr{F}(\Delta')$ は $\mathscr{F}(\Delta)$ の $\boldsymbol{x}$ を含む面の全体（$\mathscr{F}(\Delta)/\boldsymbol{x}$ と書く）と一対一に対応する．Δ' は頂点形と呼ばれるが，$\vec{a}, b, \varepsilon$ のとり方に依存し，アフィン変換で互いに移りあう（アフィン同値）とは限らない（射影同値にはなる）ため，本書では頂点形の別の定義を与えた．

$\alpha = (\vec{a}, b)$（$\vec{a} \neq \vec{0}$）とし，$\alpha_{>} = \{\boldsymbol{x} \mid \vec{a}\boldsymbol{x} + b > 0\}$, $\alpha_{<} = \{\boldsymbol{x} \mid \vec{a}\boldsymbol{x} + b < 0\}$ と書く．$\alpha^{\perp} = H(\vec{a}, b)$ は超平面である．

補題 4.36 点 $\boldsymbol{x}$ を通らない超平面 $\alpha^{\perp}$ と，点 $\boldsymbol{x}$ を通る k 次元空間 W が交わるとき，$\alpha^{\perp} \cap W$ は $k-1$ 次元である．

証明　$\alpha^{\perp} \vee W$ は $\boldsymbol{x}$ を含むから $\alpha^{\perp}$ より真に大きくなるので全体に一致する．交わることから次元公式より $\dim \alpha^{\perp} + \dim W = \dim(\alpha^{\perp} \vee W) + \dim(\alpha^{\perp} \cap W)$．これより $\dim(\alpha^{\perp} \cap W) = \dim W - 1$． □

命題 4.37 $\boldsymbol{x}$ を凸多面体 Δ の頂点とする．$\boldsymbol{x} \in \alpha_{>}$ であり，$\alpha_{>}$ に $\boldsymbol{x}$ と隣接する頂点は含まれないとする．$\Delta' := \Delta \cap \alpha^{\perp}$ に対し次が成り立つ．

(1) Δ' は凸多面体である．

(2) Δ の $\boldsymbol{x}$ を含む面 F に対し，$F' := F \cap \alpha^{\perp}$ は Δ' の面である．

(3) Δ' の真の面 F' に対し，F' の $\alpha^{\perp}$ における支持超平面 H' と $\{\boldsymbol{x}\}$ との結びを H とする．H は超平面であり，$F := \Delta \cap H$ は Δ の面である．$F' = \Delta', \varnothing$ のときそれぞれ $F := \Delta, \{\boldsymbol{x}\}$ とする．

(4) $\alpha_{>}$ に含まれる Δ の頂点は $\boldsymbol{x}$ のみである．

(5) (2)(3) において，$\dim F = \dim F' + 1$，$\mathrm{Aff}\, F = \mathrm{Aff}\, F' \vee \{\boldsymbol{x}\}$ が成り立つ．(3) の F は H' のとり方によらない．

(6) (2)(3) の対応は互いに他の逆対応であり，$\mathscr{F}(\Delta)/\boldsymbol{x}$ と $\mathscr{F}(\Delta \cap \alpha^{\perp})$ の包含関係を保つ全単射を与える．

証明　(1) 有界な連立 1 次不等式の解集合であるから従う．

(2) F の支持超平面 H を $H=\beta^\perp$, β は Δ 上非負とする．$F\cap\alpha^\perp = H\cap\Delta\cap\alpha^\perp$ であり，β は $\Delta\cap\alpha^\perp$ 上非負であるから，H は $F\cap\alpha^\perp$ の Δ' における支持超平面である．

(3) F' は真の面であるとする．$\boldsymbol{x}\notin\alpha^\perp$ より H は超平面である．$H=\beta^\perp$ とし，β は $\Delta\cap\alpha^\perp$ 上非負とする．$\{\boldsymbol{x}\}^\diamond$ で張られる錐 $\mathrm{Cone}\,\widetilde{\{\boldsymbol{x}\}^\diamond}$ の双対錐，すなわち $\boldsymbol{x}$ を原点として見たとき，$\boldsymbol{x}$ を境界に含み Δ を含む閉半空間の交わりは，命題 4.34 より，$\boldsymbol{x}$ を含む Δ の辺を含む端射線で張られる凸多面錐である．よって $\beta_<\cap\Delta=\varnothing$ が成り立つ．

(4) (3) の証明の後半から従う．

(5) $\boldsymbol{x}$ を原点とする線形空間で考えると，F は頂点の凸包であり，k 次元であるから $\boldsymbol{x}$ 以外に k 個の一次独立な頂点が存在する．(3) より，これらの頂点と $\boldsymbol{x}$ と結ぶ線分と $\alpha^\perp$ との交点が存在する．k 個の交点も一次独立であるから $\alpha^\perp$ の点と見て独立であり，しかも $F\cap\alpha^\perp$ に属するから，$F\cap\alpha^\perp$ の次元は $k-1$ 以上．$\mathrm{Aff}(F\cap\alpha^\perp)\subset\mathrm{Aff}\,F\cap\alpha^\perp$ であり補題 4.36 より $\dim(\mathrm{Aff}\,F\cap\alpha^\perp)=k-1$ であるから，$F\cap\alpha^\perp$ の次元は $k-1$ 以下．よって $k-1$ に等しい．$\boldsymbol{x}\notin\alpha^\perp\supset\mathrm{Aff}\,F'$ であり次元の差が 1 であるから $\mathrm{Aff}\,F=\mathrm{Aff}\,F'\vee\{\boldsymbol{x}\}$.

$F\subset\mathrm{Aff}\,F\cap\Delta\subset H\cap\Delta=F$ であるから $F=\mathrm{Aff}\,F\cap\Delta=(\mathrm{Aff}\,F'\vee\{\boldsymbol{x}\})\cap\Delta$ は H' のとり方によらない．

(6) (2) の F' に対し，$F\cap\alpha^\perp=\beta^\perp\cap\Delta\cap\alpha^\perp=F'$.

(3) の F に対し，F の支持超平面を H とする．$H\cap\alpha^\perp$ は $F\cap\alpha^\perp$ の支持超平面であり，$\boldsymbol{x}$ との結びは H に一致する．その Δ との交わりは F に戻る．□

n 次元凸多面体は，すべての大面がちょうど n 個の頂点をもつとき単体的 (simplicial) であるという．すべての頂点がちょうど n 枚の大面で共有されるとき単純 (simple) であるという．一次独立なベクトルで張られる錐を単体的錐 (simplicial cone) という．

命題 4.38 $\boldsymbol{R}^n$ の n 次元単体的錐の双対は n 次元単体的錐である．

証明　Γ を基底 $\boldsymbol{v}_1,\ldots,\boldsymbol{v}_n\in\boldsymbol{R}^n$ で張られる凸多面錐とする．$\boldsymbol{v}_i$ 以外の $\boldsymbol{v}_j$ たちと直交し $\vec{0}$ でない $\alpha_i\in(\boldsymbol{R}^n)^*$ が存在する．$\alpha_i\boldsymbol{v}_i=0$ ならば $\alpha_i=\vec{0}$ となり矛盾．よって定数倍で $\alpha_i\boldsymbol{v}_i=1$ にできる．$\alpha_i\in\Gamma^\vee$ となるから $\mathrm{Cone}\{\alpha_1,\ldots,\alpha_n\}\subset\Gamma^\vee$．$\alpha_i$ が他の α_j たちの一次結合で書けるとすると，$\boldsymbol{v}_i$ との積が 0 になり矛

盾．よって $\alpha_1, \ldots, \alpha_n$ は一次独立．$\alpha \in \Gamma^\vee$ とする．$\alpha - \sum_j (\alpha \boldsymbol{v}_j)\alpha_j$ は任意の $\boldsymbol{v}_j$ との積が 0 であるから $\vec{0}$．よって $\alpha = \sum_j (\alpha \boldsymbol{v}_j)\alpha_j \in \mathrm{Cone}\{\alpha_1, \ldots, \alpha_n\}$．$\Gamma^\vee$ は（双対基底）$\alpha_1, \ldots, \alpha_n$ で張られる単体的錐である． □

演 習 問 題

4.1 次の集合は凸であることを示せ．

(1) $\boldsymbol{R}^n$ の単位球 $\{\boldsymbol{x} \in \boldsymbol{R}^n \mid |\boldsymbol{x}| \leq 1\}$

(2) 凸集合 $C \subset \boldsymbol{R}^m$ と凸集合 $C' \subset \boldsymbol{R}^n$ の直積 $C \times C' \subset \boldsymbol{R}^{m+n}$

(3) $f : \boldsymbol{R}^n \to \boldsymbol{R}^m$ をアフィン写像とするとき，

$\boldsymbol{R}^n$ の凸集合 C の像 $f(C)$，　$\boldsymbol{R}^m$ の凸集合 C' の逆像 $f^{-1}(C')$

(4) $\boldsymbol{R}^n$ の 2 つの凸集合 C, C' のミンコフスキー和 $C + C'$

4.2 S が凸であるのは，次と同値であることを示せ：S の任意の有限部分集合 S' に対し，$\mathrm{Conv}(S') \subset S$ が成り立つ．

4.3 C を $\boldsymbol{R}^n$ の凸集合とする．$f : C \to \boldsymbol{R} \cup \{\infty\}$ が**凸関数** (convex function) とは，任意の $\boldsymbol{x}_0, \boldsymbol{x}_1 \in C$，$0 < t < 1$ に対し，$f((1-t)\boldsymbol{x}_0 + t\boldsymbol{x}_1) \leq (1-t)f(\boldsymbol{x}_0) + tf(\boldsymbol{x}_1)$ を満たすことと定める．ただし ∞ は任意の実数より大きく，任意の実数 $a > 0$，b に対し $a\infty + b = \infty = \infty + \infty$ とする．

(1) $E(f) := \{(\boldsymbol{x}, y) \in \boldsymbol{R}^{n+1} \mid \boldsymbol{x} \in C,\ y \geq f(\boldsymbol{x})\}$ と定める．f が凸関数であるのは，$E(f)$ が凸集合であるのと同値であることを示せ．

(2) C を $\boldsymbol{R}$ の区間とし，$y = f(x)$ を C 上の C^2 級関数とする．f が凸関数であるのはいたるところ $f''(x) \geq 0$ であるのと同値であることを示せ．

(3) C を $\boldsymbol{R}^n$ の n 次元凸集合とする．n 次実対称行列 A，$\vec{b} \in (\boldsymbol{R}^n)^*$，$c \in \boldsymbol{R}$ に対し，$f(x) = \frac{1}{2}\,{}^t\boldsymbol{x}A\boldsymbol{x} + \vec{b}\boldsymbol{x} + c$ とおく．f が C 上の凸関数であるのは A が非負定値であるのと同値であることを示せ．

(4) $C \subset \boldsymbol{R}^n$ に対し，$\boldsymbol{R}^n$ 上の関数 $\delta_C(\boldsymbol{x})$ を，$\boldsymbol{x} \in C$ のとき 0，$\boldsymbol{x} \notin C$ のとき ∞ と定める．C が凸集合であるのは，δ_C が凸関数であることと同値であることを示せ．

4.4 $\boldsymbol{R}$ 内の凸多面体は，$\varnothing$，一点，線分（一点でない有界閉区間），のいずれかであることを示せ．

4.5 $\boldsymbol{R}^n$ において，原点を 1 つの頂点とし $\boldsymbol{e}_1, \ldots, \boldsymbol{e}_n$ で張られる平行体を I とする．I は，頂点が I の頂点に含まれる単体のうち $n!$ 個の和集合に表せることを示せ．

4.6 線形空間 $\boldsymbol{R}^n$ の部分集合 C に対し，$\boldsymbol{R}_{\geq 0}C := \{t\boldsymbol{v} \mid t > 0,\ \boldsymbol{v} \in C\} \cup \{\boldsymbol{0}\}$ を C の**錐包** (cone hull) という．C が凸集合のとき $\boldsymbol{R}_{\geq 0}C$ は凸錐であることを示せ．

4.7 標準 n 単体を解集合とする連立 1 次不等式を一組与えよ．

4.8 $\Pi = \Delta + \Gamma$（Δ は凸多面体，Γ は凸多面錐）に対し，Π の頂点（凸多面体と同様に支持超平面で定める）は Δ の頂点であることを示せ．特に Π の頂点は有限個である．

4.9 $\boldsymbol{R}^n$ 内の凸多面錐 Γ_1, Γ_2 に対し次を示せ．

$(\Gamma_1 \cap \Gamma_2)^\vee = \Gamma_1^\vee + \Gamma_2^\vee, \qquad (\Gamma_1 + \Gamma_2)^\vee = \Gamma_1^\vee \cap \Gamma_2^\vee.$

4.10 $\mathscr{F}(\Delta)$ において，Δ の面を「頂点」とし，次元が 1 違うとき「辺」で結んでできるグラフ（便宜上，空集合の次元は -1 とする．次元が高い方を上に描く）を $\mathscr{F}(\Delta)$ のハッセ図 (Hasse diagram) という．三角形・四面体の面束のハッセ図を描け．

4.11 $\Delta := \mathrm{Conv}\{(\pm1, \pm1, 0), (\pm1, 0, \pm1), (0, \pm1, \pm1)\}$ とする．Δ° の頂点を求めよ．

4.12 凸錐は，原点を通る直線を含まないとき**強凸** (strongly convex) であるという．$\boldsymbol{R}^n$ の凸多面錐 Γ に対し次を示せ．

(1) $\Gamma^\vee$ が n 次元 $\Longleftrightarrow$ Γ は強凸，$\Gamma^\vee$ が強凸 $\Longleftrightarrow$ Γ は n 次元．

(2) Γ が $(*)$ を満たすならば強凸．

4.13 (1) 1 次元凸多面体 Δ の境界はちょうど 2 点からなることを示せ．

(2) 次元が 1 以上の凸多面体において，任意の 1 つの稜を含む大面はちょうど 2 個であることを示せ．

4.14 凸多角形において，頂点数と辺数が等しいことを証明せよ．

4.15 (1) n 次元凸多面体 Δ に対し，単体 $\Longleftrightarrow$ 大面が $n+1$ 枚，を示せ．

(2) 単純凸多面体の頂点形は単体であることを示せ．

第 5 章

計量線形空間

CHAPTER 5

5.1　内積，長さ，角度

$\boldsymbol{R}^n$ の 2 つのベクトル $\boldsymbol{a} = {}^t(a_1, \ldots, a_n)$，$\boldsymbol{b} = {}^t(b_1, \ldots, b_n)$ に対し，標準内積 (standard (Euclidean) inner product, dot product) $\boldsymbol{a} \cdot \boldsymbol{b} = \sum_{i=1}^n a_i b_i$ が定まる．次が成り立つ．

命題 5.1　(1) $\boldsymbol{a} \cdot \boldsymbol{a} \geq 0$ であり，$\boldsymbol{a} \cdot \boldsymbol{a} = 0$ ならば $\boldsymbol{a} = \boldsymbol{0}$（正値性）．

(2) $\boldsymbol{b} \cdot \boldsymbol{a} = \boldsymbol{a} \cdot \boldsymbol{b}$（対称性）．

(3) $(\lambda \boldsymbol{a} + \mu \boldsymbol{b}) \cdot \boldsymbol{c} = \lambda(\boldsymbol{a} \cdot \boldsymbol{c}) + \mu(\boldsymbol{b} \cdot \boldsymbol{c})$，$\boldsymbol{a} \cdot (\lambda \boldsymbol{b} + \mu \boldsymbol{c}) = \lambda(\boldsymbol{a} \cdot \boldsymbol{b}) + \mu(\boldsymbol{a} \cdot \boldsymbol{c})$（双線形性）．

一般に実線形空間 V において，任意の $\boldsymbol{a}, \boldsymbol{b} \in V$ に対し $\boldsymbol{a} \cdot \boldsymbol{b} \in \boldsymbol{R}$ が定まり，上の (1)(2)(3) を満たすとき，$\cdot$ を内積 (inner product) といい，V を計量線形空間 (metric linear space)・内積空間 (inner product space) などという．

(1) より，非負実数 $|\boldsymbol{a}| := \sqrt{\boldsymbol{a} \cdot \boldsymbol{a}}$ が定まる．これを $\boldsymbol{a}$ の長さ (length)・ノルム (norm) という．$\|\boldsymbol{a}\|$ と書くこともある．

内積と長さの間には次のコーシー・シュワルツの不等式 (Cauchy–Schwarz inequality) が成り立つ．

定理 5.2 $|\boldsymbol{a} \cdot \boldsymbol{b}| \leq |\boldsymbol{a}||\boldsymbol{b}|$．等号成立は $\boldsymbol{a} /\!/ \boldsymbol{b}$ と同値．

証明　$\boldsymbol{a} = \boldsymbol{0}$ のとき明らか．$\boldsymbol{a} \neq \boldsymbol{0}$ のとき $0 \leq |t\boldsymbol{a} - \boldsymbol{b}|^2 = |\boldsymbol{a}|^2 t^2 - 2\boldsymbol{a} \cdot \boldsymbol{b} t + |\boldsymbol{b}|^2$ の判別式 $D \leq 0$ から従う．$D = 0$ は $|t\boldsymbol{a} - \boldsymbol{b}| = 0$ が成り立つときである．

（$\boldsymbol{R}^n$ のときの別証明）次が展開して確かめられる．

$$\left(\sum_{i=1}^{n} a_i^2\right)\left(\sum_{i=1}^{n} b_i^2\right) = \left(\sum_{i=1}^{n} a_i b_i\right)^2 + \sum_{1\le i<j\le n} (a_i b_j - b_i a_j)^2.$$

最後の項が 0 となるのは $\boldsymbol{a}/\!/\boldsymbol{b}$ ということである． □

よってある実数 θ $(0 \le \theta \le \pi)$ を用いて $\boldsymbol{a}\cdot\boldsymbol{b} = |\boldsymbol{a}||\boldsymbol{b}|\cos\theta$ と表せる．θ を $\boldsymbol{a}$ と $\boldsymbol{b}$ のなす角 (angle) という．ただし，$\boldsymbol{a}$ または $\boldsymbol{b}$ が $\boldsymbol{0}$ のときは任意の θ で上の関係式は成り立つので，θ は不定とする．$\boldsymbol{a}/\!/\boldsymbol{b}$ は，$\boldsymbol{a}$ と $\boldsymbol{b}$ のなす角が 0 または π（または不定）と同値である．$\boldsymbol{a}\cdot\boldsymbol{b} = 0$ のとき $\boldsymbol{a}$ と $\boldsymbol{b}$ は直交 (orthogonal) する・垂直 (perpendicular) であるといい，$\boldsymbol{a}\perp\boldsymbol{b}$ と書く．

命題 5.3 (三平方の定理・ピタゴラスの定理，Pythagorean theorem)
計量線形空間で次が成り立つ：$\boldsymbol{a}\perp\boldsymbol{b}$ ならば $|\boldsymbol{a}+\boldsymbol{b}|^2 = |\boldsymbol{a}|^2 + |\boldsymbol{b}|^2$.

証明　$\boldsymbol{a}\cdot\boldsymbol{b} = 0$ より $(\boldsymbol{a}+\boldsymbol{b})\cdot(\boldsymbol{a}+\boldsymbol{b}) = \boldsymbol{a}\cdot\boldsymbol{a} + \boldsymbol{b}\cdot\boldsymbol{b}$. □

命題 5.4 長さ $|\cdot|$ は次の 3 つを満たす．

(1) $|\boldsymbol{a}| \ge 0$，もし $|\boldsymbol{a}| = 0$ ならば $\boldsymbol{a} = \boldsymbol{0}$.

(2) 実数 λ に対し $|\lambda\boldsymbol{a}| = |\lambda||\boldsymbol{a}|$.

(3) $|\boldsymbol{a}+\boldsymbol{b}| \le |\boldsymbol{a}| + |\boldsymbol{b}|$（三角不等式, triangle inequality）.

証明　(1) $|\boldsymbol{a}| = \sqrt{\boldsymbol{a}\cdot\boldsymbol{a}} \ge 0$ であり，$|\boldsymbol{a}| = 0 \iff \boldsymbol{a}\cdot\boldsymbol{a} = 0 \iff \boldsymbol{a} = \boldsymbol{0}$.

(2) $|\lambda\boldsymbol{a}| = \sqrt{(\lambda\boldsymbol{a})\cdot(\lambda\boldsymbol{a})} = |\lambda|\sqrt{\boldsymbol{a}\cdot\boldsymbol{a}} = |\lambda||\boldsymbol{a}|$ である．

(3) コーシー・シュワルツの不等式より従う：実際, $|\boldsymbol{a}+\boldsymbol{b}|^2 = (\boldsymbol{a}+\boldsymbol{b})\cdot(\boldsymbol{a}+\boldsymbol{b}) = |\boldsymbol{a}|^2 + 2\boldsymbol{a}\cdot\boldsymbol{b} + |\boldsymbol{b}|^2 \le |\boldsymbol{a}|^2 + 2|\boldsymbol{a}||\boldsymbol{b}| + |\boldsymbol{b}|^2 = (|\boldsymbol{a}| + |\boldsymbol{b}|)^2$. □

命題 5.5 (パップスの中線定理・平行四辺形の法則，parallelogram law)
計量線形空間で次が成り立つ：$|\boldsymbol{a}+\boldsymbol{b}|^2 + |\boldsymbol{a}-\boldsymbol{b}|^2 = 2(|\boldsymbol{a}|^2 + |\boldsymbol{b}|^2)$.

証明　内積で表すと $(\boldsymbol{a}+\boldsymbol{b})\cdot(\boldsymbol{a}+\boldsymbol{b}) + (\boldsymbol{a}-\boldsymbol{b})\cdot(\boldsymbol{a}-\boldsymbol{b}) = 2(\boldsymbol{a}\cdot\boldsymbol{a} + \boldsymbol{b}\cdot\boldsymbol{b})$. □

注意 5.6 三角形 ABC において，BC の中点を M とするとき，$\boldsymbol{a} = \overrightarrow{AM}$，$\boldsymbol{b} = \overrightarrow{MB}$ とすれば，上の命題は $AB^2 + AC^2 = 2(AM^2 + BM^2)$ と書かれる．

一般に実線形空間 V に命題 5.4 の 3 つを満たす関数 $|\cdot| : V \to \boldsymbol{R}$ が定まっているとき，$|\cdot|$ を長さ・ノルムという．

実線形空間に内積 $\boldsymbol{a}\cdot\boldsymbol{b}$ が与えられているとき，$|\boldsymbol{a}| := \sqrt{\boldsymbol{a}\cdot\boldsymbol{a}}$ は長さ（ノル

ム）になる．逆にノルムが与えられたときに $|\boldsymbol{a}| = \sqrt{\boldsymbol{a} \cdot \boldsymbol{a}}$ を満たす内積を定めることは，一般にはできない．

例 5.7 $\boldsymbol{R}^n$ において次はすべてノルムであることが確かめられる．

$$|\boldsymbol{a}|_p := \left(\sum_{i=1}^n |a_i|^p\right)^{\frac{1}{p}} \quad (p \geq 1), \quad |\boldsymbol{a}|_\infty := \max_{1 \leq i \leq n}\{|a_i|\}.$$

しかしパップスの中線定理を満たすものは $p = 2$ のみである（問題 5.1）．$|\cdot|_p$ の三角不等式はミンコフスキーの不等式 (Minkowski inequality) と呼ばれる．

一般にノルムに対し，中線定理を満たすことが，$|\boldsymbol{a}| = \sqrt{\boldsymbol{a} \cdot \boldsymbol{a}}$ を満たす内積が存在することと同値である：

定理 5.8 実線形空間 V にノルムが与えられ，任意の $\boldsymbol{a}, \boldsymbol{b} \in V$ に対し

$$|\boldsymbol{a} + \boldsymbol{b}|^2 + |\boldsymbol{a} - \boldsymbol{b}|^2 = 2(|\boldsymbol{a}|^2 + |\boldsymbol{b}|^2)$$

を満たすとき，

$$\boldsymbol{a} \cdot \boldsymbol{b} := \frac{1}{2}(|\boldsymbol{a} + \boldsymbol{b}|^2 - |\boldsymbol{a}|^2 - |\boldsymbol{b}|^2)$$

により V に内積 $\cdot$ が定まる．この内積は $|\boldsymbol{a}| = \sqrt{\boldsymbol{a} \cdot \boldsymbol{a}}$ を満たす．

証明 最後の主張をまず示す．$\cdot$ の定義より，$\boldsymbol{a} \cdot \boldsymbol{a} = \frac{1}{2}(|2\boldsymbol{a}|^2 - |\boldsymbol{a}|^2 - |\boldsymbol{a}|^2) = \frac{4-1-1}{2}|\boldsymbol{a}|^2 = |\boldsymbol{a}|^2$ である．またノルムの性質からこの値は 0 以上で，0 になるのは $\boldsymbol{a} = \boldsymbol{0}$ と同値である．よって $\cdot$ は正値である．対称性 $\boldsymbol{b} \cdot \boldsymbol{a} = \boldsymbol{a} \cdot \boldsymbol{b}$ は $\cdot$ の定義より明らか．

次に加法性 $\boldsymbol{a} \cdot (\boldsymbol{b} + \boldsymbol{c}) = \boldsymbol{a} \cdot \boldsymbol{b} + \boldsymbol{a} \cdot \boldsymbol{c}$ を示す．$\cdot$ の定義より，この式は次と同値であることがすぐわかる．

$$|\boldsymbol{a} + \boldsymbol{b} + \boldsymbol{c}|^2 - |\boldsymbol{a} + \boldsymbol{b}|^2 - |\boldsymbol{a} + \boldsymbol{c}|^2 - |\boldsymbol{b} + \boldsymbol{c}|^2 + |\boldsymbol{a}|^2 + |\boldsymbol{b}|^2 + |\boldsymbol{c}|^2 = 0$$

この式は，中線定理より従う以下の 4 つの式を辺々加え 2 で割ると得られる．

$$|\boldsymbol{a} + \boldsymbol{b} + \boldsymbol{c}|^2 + |\boldsymbol{a} + \boldsymbol{b} - \boldsymbol{c}|^2 = 2(|\boldsymbol{a} + \boldsymbol{b}|^2 + |\boldsymbol{c}|^2)$$

$$2(|\boldsymbol{a} - \boldsymbol{c}|^2 + |\boldsymbol{b}|^2) = |\boldsymbol{a} + \boldsymbol{b} - \boldsymbol{c}|^2 + |\boldsymbol{a} - \boldsymbol{b} - \boldsymbol{c}|^2$$

$$|\boldsymbol{a} - \boldsymbol{b} - \boldsymbol{c}|^2 + |\boldsymbol{a} + \boldsymbol{b} + \boldsymbol{c}|^2 = 2(|\boldsymbol{a}|^2 + |\boldsymbol{b} + \boldsymbol{c}|^2)$$

$$4(|\boldsymbol{a}|^2 + |\boldsymbol{c}|^2) = 2(|\boldsymbol{a} + \boldsymbol{c}|^2 + |\boldsymbol{a} - \boldsymbol{c}|^2)$$

最後に $\boldsymbol{a} \cdot (\lambda \boldsymbol{b}) = \lambda(\boldsymbol{a} \cdot \boldsymbol{b})$ を示す．まず $\lambda = 0$ のときは，$\boldsymbol{a} \cdot \boldsymbol{0} = \frac{1}{2}(|\boldsymbol{a} +$

$\mathbf{0}|^2 - |\boldsymbol{a}|^2 - |\mathbf{0}|^2) = 0$ により成り立つ．λ が正の整数 n のときは，加法性から $\boldsymbol{a}\cdot(n\boldsymbol{b}) = \boldsymbol{a}\cdot(\boldsymbol{b}+\cdots+\boldsymbol{b}) = \boldsymbol{a}\cdot\boldsymbol{b}+\cdots+\boldsymbol{a}\cdot\boldsymbol{b} = n(\boldsymbol{a}\cdot\boldsymbol{b})$ となり従う（厳密には数学的帰納法）．λ が負の整数 $-n$ のときは，加法性より $\boldsymbol{a}\cdot(-n\boldsymbol{b})+\boldsymbol{a}\cdot(n\boldsymbol{b}) = \boldsymbol{a}\cdot\mathbf{0} = 0$ が成り立つことを用いて，$\boldsymbol{a}\cdot(-n\boldsymbol{b}) = -(\boldsymbol{a}\cdot(n\boldsymbol{b})) = -(n(\boldsymbol{a}\cdot\boldsymbol{b})) = (-n)(\boldsymbol{a}\cdot\boldsymbol{b})$ となり成り立つ．λ が有理数 $\frac{m}{n}$（n は正の整数，m は整数）のときは，$\boldsymbol{a}\cdot(m\boldsymbol{b}) = n(\boldsymbol{a}\cdot\frac{m}{n}\boldsymbol{b})$ より $\boldsymbol{a}\cdot\left(\frac{m}{n}\boldsymbol{b}\right) = \frac{1}{n}(\boldsymbol{a}\cdot(m\boldsymbol{b})) = \frac{m}{n}(\boldsymbol{a}\cdot\boldsymbol{b})$.

$$f(\lambda) := \boldsymbol{a}\cdot(\lambda\boldsymbol{b}) - \lambda(\boldsymbol{a}\cdot\boldsymbol{b}) = \frac{1}{2}(|\boldsymbol{a}+\lambda\boldsymbol{b}|^2 - |\boldsymbol{a}|^2 - \lambda^2|\boldsymbol{b}|^2) - \lambda(\boldsymbol{a}\cdot\boldsymbol{b})$$

とおく．

$|\boldsymbol{a}+\lambda\boldsymbol{b}|$ は λ に関して連続な関数である．実際，実数 ε に対し，三角不等式より

$$\big|\,|\boldsymbol{a}+(\lambda+\varepsilon)\boldsymbol{b}| - |\boldsymbol{a}+\lambda\boldsymbol{b}|\,\big| \leq |\varepsilon||\boldsymbol{b}|$$

であり，右辺は $\varepsilon \to 0$ のとき 0 に収束する．

したがって $f(\lambda)$ も λ に関して連続な関数である．$f(\lambda)$ は λ が有理数のとき 0 であり，有理数は実数の中で稠密であるから，連続性より $f(\lambda)$ は任意の実数 λ に対して 0 である．以上によって示された． □

5.2 空間ベクトルの外積

空間ベクトル $\boldsymbol{a} = \begin{pmatrix} a_1 \\ a_2 \\ a_3 \end{pmatrix}$，$\boldsymbol{b} = \begin{pmatrix} b_1 \\ b_2 \\ b_3 \end{pmatrix}$ に対し，外積 (exterior product)・ベクトル積 (vector product) と呼ばれるベクトル $\boldsymbol{a}\times\boldsymbol{b}$ を次で定める．

$$\boldsymbol{a}\times\boldsymbol{b} := \begin{pmatrix} \begin{vmatrix} a_2 & b_2 \\ a_3 & b_3 \end{vmatrix} \\ \begin{vmatrix} a_3 & b_3 \\ a_1 & b_1 \end{vmatrix} \\ \begin{vmatrix} a_1 & b_1 \\ a_2 & b_2 \end{vmatrix} \end{pmatrix} = \begin{pmatrix} a_2b_3 - b_2a_3 \\ a_3b_1 - b_3a_1 \\ a_1b_2 - b_1a_2 \end{pmatrix}.$$

第 2 成分の符号に注意すること．

命題 5.9 (1) $\boldsymbol{e}_1 \times \boldsymbol{e}_2 = \boldsymbol{e}_3$ (2) $\boldsymbol{b}\times\boldsymbol{a} = -\boldsymbol{a}\times\boldsymbol{b}$（交代性）

(3) $\lambda, \lambda' \in \boldsymbol{R}$ に対し，$(\lambda\boldsymbol{a} + \lambda'\boldsymbol{a}')\times\boldsymbol{b} = \lambda(\boldsymbol{a}\times\boldsymbol{b}) + \lambda'(\boldsymbol{a}'\times\boldsymbol{b})$, $\boldsymbol{a}\times(\lambda\boldsymbol{b}+\lambda'\boldsymbol{b}') = \lambda(\boldsymbol{a}\times\boldsymbol{b}) + \lambda'(\boldsymbol{a}\times\boldsymbol{b}')$（双線形性）

証明　(1), (2) は定義から明らか．(3) は外積の成分は元のベクトルの成分の 1 次式であることから従う．□

命題 5.10　(1) $|\boldsymbol{a}\times\boldsymbol{b}| = |\boldsymbol{a}||\boldsymbol{b}|\sin\theta$.

(2) $(\boldsymbol{a}\times\boldsymbol{b})\cdot\boldsymbol{c} = \det(\boldsymbol{a}\ \boldsymbol{b}\ \boldsymbol{c})$.

(3) $\boldsymbol{a}\times\boldsymbol{b}$ は $\boldsymbol{a},\boldsymbol{b}$ の両方に直交する：$\boldsymbol{a}\perp\boldsymbol{a}\times\boldsymbol{b}$，$\boldsymbol{b}\perp\boldsymbol{a}\times\boldsymbol{b}$.

(4) $\boldsymbol{a}/\!/\boldsymbol{b}$ でないとき，$\boldsymbol{a}$，$\boldsymbol{b}$，$\boldsymbol{a}\times\boldsymbol{b}$ は右手系をなす．

証明　(1) 命題 5.2 の証明より次の恒等式が成り立つ．

$(a_1^2+a_2^2+a_3^2)(b_1^2+b_2^2+b_3^2) = (a_1b_1+a_2b_2+a_3b_3)^2+(a_1b_2-b_1a_2)^2+(a_1b_3-b_1a_3)^2+(a_2b_3-b_2a_3)^2$.

これは $|\boldsymbol{a}|^2|\boldsymbol{b}|^2 = (\boldsymbol{a}\cdot\boldsymbol{b})^2+|\boldsymbol{a}\times\boldsymbol{b}|^2$ に他ならない．$\boldsymbol{a}\cdot\boldsymbol{b} = |\boldsymbol{a}||\boldsymbol{b}|\cos\theta$ であるから，$|\boldsymbol{a}\times\boldsymbol{b}| = |\boldsymbol{a}||\boldsymbol{b}|\sqrt{1-\cos^2\theta} = |\boldsymbol{a}||\boldsymbol{b}|\sin\theta$ が成り立つ．

(2) 右辺を第 3 列で余因子展開すればよい．

(3) (2) の $\boldsymbol{c}$ に $\boldsymbol{a},\boldsymbol{b}$ を代入すると 0.

(4) $\boldsymbol{a}/\!/\boldsymbol{b}$ でないから $\boldsymbol{a}\times\boldsymbol{b}\neq\boldsymbol{0}$．$|\boldsymbol{a}\ \boldsymbol{b}\ \boldsymbol{a}\times\boldsymbol{b}| = (\boldsymbol{a}\times\boldsymbol{b})\cdot(\boldsymbol{a}\times\boldsymbol{b}) > 0$.

□

注意 5.11 $\boldsymbol{R}^2$ で $\begin{pmatrix} a \\ c \end{pmatrix}$ と $\begin{pmatrix} b \\ d \end{pmatrix}$ で張られる（広義の）平行四辺形の面積は $\begin{vmatrix} a & b \\ c & d \end{vmatrix} = ad-bc$ の絶対値になる．広義としたのはつぶれる場合もあるからであるが，以下略する．

注意 5.12 $\boldsymbol{R}^3$ において通常の面積・体積の定義で，$\boldsymbol{a}\times\boldsymbol{b}$ の大きさは，$\boldsymbol{a}$ と $\boldsymbol{b}$ で張られる平行四辺形 D の面積 S に等しい．$\boldsymbol{a}\times\boldsymbol{b}$ の各成分は，D を，yz 平面，zx 平面，xy 平面に正射影してできる平行四辺形の符号付き面積に他ならない．それらを S_{yz}, S_{zx}, S_{xy} とするとき，(1) より $S_{yz}^2+S_{zx}^2+S_{xy}^2 = S^2$ が成り立つ（ピタゴラスの定理の面積版）．

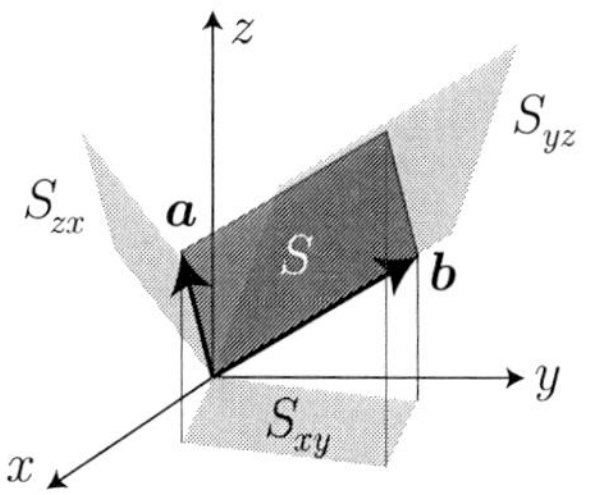

図 5.1　ピタゴラスの定理の面積版

また，$(\boldsymbol{a} \times \boldsymbol{b}) \cdot \boldsymbol{c}$ の絶対値は，$\boldsymbol{a}, \boldsymbol{b}, \boldsymbol{c}$ で張られる平行六面体の体積に等しい．実際，$\boldsymbol{a} \times \boldsymbol{b}$ と $\boldsymbol{c}$ のなす角を φ とすると，$(\boldsymbol{a} \times \boldsymbol{b}) \cdot \boldsymbol{c} = |\boldsymbol{a} \times \boldsymbol{b}||\boldsymbol{c}| \cos\varphi$ である．$\boldsymbol{a}, \boldsymbol{b}$ で張られる平行四辺形を底面と見ると，$|\boldsymbol{a} \times \boldsymbol{b}|$ は底面積に等しく，$|\boldsymbol{c}| \cos\varphi$ の絶対値は高さに等しい．

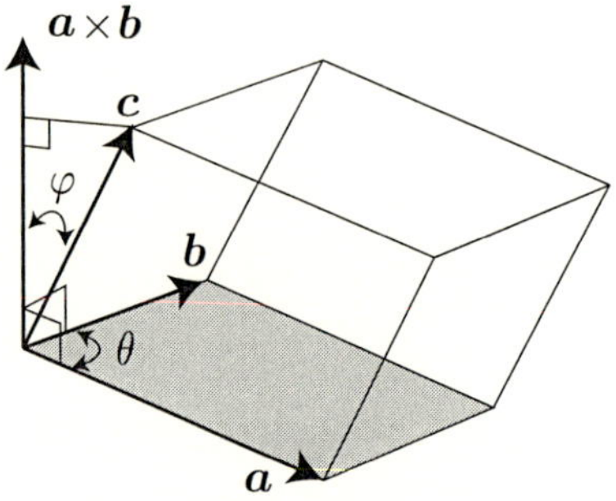

図 5.2　平行六面体の体積

注意 5.13 $n \geq 4$ のときも，$a_i b_j - b_i a_j$ たちを成分とするベクトルを考えることができる（適当に符号を付けて，適当な順番に並べることにする）．次元は ${}_nC_2$ 次元と大きくなるが，定理 5.2 の別証明より長さはやはり $|\boldsymbol{a}||\boldsymbol{b}| \sin\theta$ である．

$\boldsymbol{a}, \boldsymbol{b}, \boldsymbol{c} \in \boldsymbol{R}^3$ とする．行列式 $|\boldsymbol{a}\ \boldsymbol{b}\ \boldsymbol{c}| = \boldsymbol{a} \cdot (\boldsymbol{b} \times \boldsymbol{c})$ を**スカラー三重積** (scalar triple product) ともいい，$\boldsymbol{a} \times (\boldsymbol{b} \times \boldsymbol{c})$ を**ベクトル三重積** (vector triple product) という．次が成分計算により示される．

命題 5.14 (ラグランジュの恒等式, Lagrange identity)

$$\boldsymbol{a} \times (\boldsymbol{b} \times \boldsymbol{c}) = \boldsymbol{b}(\boldsymbol{a} \cdot \boldsymbol{c}) - \boldsymbol{c}(\boldsymbol{a} \cdot \boldsymbol{b})$$

系 5.15 $\boldsymbol{a}, \boldsymbol{b}, \boldsymbol{c}, \boldsymbol{d} \in \boldsymbol{R}^3$ に対し次が成り立つ．

(1) $(\boldsymbol{a} \times \boldsymbol{b}) \times (\boldsymbol{c} \times \boldsymbol{d}) = \boldsymbol{c}|\boldsymbol{a}\ \boldsymbol{b}\ \boldsymbol{d}| - \boldsymbol{d}|\boldsymbol{a}\ \boldsymbol{b}\ \boldsymbol{c}|$

(2) $(\boldsymbol{a} \times \boldsymbol{b}) \cdot (\boldsymbol{c} \times \boldsymbol{d}) = \begin{vmatrix} \boldsymbol{a} \cdot \boldsymbol{c} & \boldsymbol{a} \cdot \boldsymbol{d} \\ \boldsymbol{b} \cdot \boldsymbol{c} & \boldsymbol{b} \cdot \boldsymbol{d} \end{vmatrix}$

証明　(1) $\boldsymbol{a} \times \boldsymbol{b}$ を 1 つと見て命題 5.14 から直ちに従う．

(2) 左辺 $= \boldsymbol{c} \cdot (\boldsymbol{d} \times (\boldsymbol{a} \times \boldsymbol{b})) = \boldsymbol{c} \cdot (\boldsymbol{a}(\boldsymbol{d} \cdot \boldsymbol{b}) - \boldsymbol{b}(\boldsymbol{d} \cdot \boldsymbol{a})) = (\boldsymbol{a} \cdot \boldsymbol{c})(\boldsymbol{b} \cdot \boldsymbol{d}) - (\boldsymbol{a} \cdot \boldsymbol{d})(\boldsymbol{b} \cdot \boldsymbol{c}) =$ 右辺．□

注意 5.16 $\boldsymbol{a} \times (\boldsymbol{b} \times \boldsymbol{c}) = (\boldsymbol{a} \times \boldsymbol{b}) \times \boldsymbol{c}$ は一般に成り立たないが，$(\boldsymbol{a} \times \boldsymbol{b}) \times \boldsymbol{a} = \boldsymbol{a} \times (\boldsymbol{b} \times \boldsymbol{a})$ は成り立つ（問題 5.2）．これは $|\boldsymbol{a}| = 1$ のとき $\boldsymbol{b} - \boldsymbol{a}(\boldsymbol{a} \cdot \boldsymbol{b})$ に等しく，$\boldsymbol{b}$ の $\boldsymbol{a}^{\perp}$ 成分

に他ならない．$\boldsymbol{b} = \boldsymbol{a}(\boldsymbol{b}\cdot\boldsymbol{a}) + \boldsymbol{a}\times(\boldsymbol{b}\times\boldsymbol{a})$ は $\boldsymbol{b}$ を $\boldsymbol{a}$ と平行なベクトルおよび直交するベクトルの和に分ける式である[*1)]．

5.3 体積とグラム行列式

V を計量線形空間とする．$\boldsymbol{a}_1,\ldots,\boldsymbol{a}_k$（$k \leq \dim V$）を含む k 次元部分空間 W の正規直交基底を一組とり，$\boldsymbol{b}_1,\ldots,\boldsymbol{b}_k$ とする．$\boldsymbol{a}_j = \sum_{i=1}^k \boldsymbol{b}_i x_{ij}$ と表し，係数から k 次正方行列 $X := (x_{ij})$ を定める．$(\boldsymbol{a}_1 \ \cdots \ \boldsymbol{a}_k) = (\boldsymbol{b}_1 \ \cdots \ \boldsymbol{b}_k)X$ である．$\boldsymbol{a}_1,\ldots,\boldsymbol{a}_k$ で張られる k 次元平行体の体積 (volume) を $|X|$ の絶対値として定める．$\boldsymbol{a}_1,\ldots,\boldsymbol{a}_k$ が一次従属のとき W は一意的とは限らないが常に $|X| = 0$ である．一次独立のとき W は一意的であり，正規直交基底の基底変換行列は直交行列であり行列式は ± 1 であるから，体積は正規直交基底のとり方によらない．また行列の列の置換は行列式の符号を変えるだけだから，$\boldsymbol{a}_1,\ldots,\boldsymbol{a}_k$ の並べ替えにもよらない．$\boldsymbol{a}_1,\ldots,\boldsymbol{a}_k$ が正規直交系のとき（例えば $\boldsymbol{e}_1,\ldots,\boldsymbol{e}_k$），$\boldsymbol{b}_i = \boldsymbol{a}_i$，$X = E_k$ ととれるので体積は 1 である．

計量線形空間 V のベクトル $\boldsymbol{a}_1,\ldots,\boldsymbol{a}_k$ に対し，(i,j) 成分が $\boldsymbol{a}_i\cdot\boldsymbol{a}_j$ である k 次正方行列 G を $\boldsymbol{a}_1,\ldots,\boldsymbol{a}_k$ のグラム行列 (Gram matrix) という．$|G|$ をグラム行列式 (Gramian) という．

注意 5.17 $\boldsymbol{R}^n$ では，ベクトルを並べてできる行列 $A = (\boldsymbol{a}_1 \ \cdots \ \boldsymbol{a}_k)$ に対して，$G = {}^t\!AA$ と書ける．実際，右辺の (i,j) 成分は ${}^t\!A$ の第 i 行（A の第 i 列）と A の第 j 列の積だから，$\boldsymbol{a}_i\cdot\boldsymbol{a}_j$ に等しい．

命題 5.18 $\boldsymbol{a}_1,\ldots,\boldsymbol{a}_k$ のグラム行列を G とするとき次が成り立つ．

(1) $\boldsymbol{a}_1,\ldots,\boldsymbol{a}_k$ が一次独立 $\iff |G| \neq 0$.

(2) $\boldsymbol{a}_1,\ldots,\boldsymbol{a}_k$ で張られる k 次元平行体の体積は $\sqrt{|G|}$ に等しい．

証明 $(\boldsymbol{a}_1 \ \cdots \ \boldsymbol{a}_k) = (\boldsymbol{b}_1 \ \cdots \ \boldsymbol{b}_k)X$ とする．$\boldsymbol{b}_1,\ldots,\boldsymbol{b}_k$ は一次独立であるから，自明でない 1 次関係式 $\sum_{j=1}^k \boldsymbol{a}_j v_j = \boldsymbol{0}$ がある $\iff X\,{}^t(v_1,\ldots,v_k) = \boldsymbol{0}$ が自明でない解をもつ $\iff |X| = 0$．また，$\boldsymbol{a}_i\cdot\boldsymbol{a}_j = \sum_{l=1}^k x_{li}x_{lj}$ が成り立つので，$G = {}^tXX$．特に，$|G| = |X|^2$ が成り立つ． □

---

*1) $|\boldsymbol{a}| = 1$ と限らない場合，例えば次のように覚える．$|\boldsymbol{a}|\boldsymbol{b}|\boldsymbol{a}| = \boldsymbol{a}\cdot\boldsymbol{b}\cdot\boldsymbol{a} + \boldsymbol{a}\times\boldsymbol{b}\times\boldsymbol{a}$.

5.4 直交変換と鏡映

V を計量線形空間とする．V の線形変換 f が**直交変換** (orthogonal transformation) であるとは，内積を保つ，すなわち，任意の $\boldsymbol{v}, \boldsymbol{w} \in V$ に対し，$f(\boldsymbol{v}) \cdot f(\boldsymbol{w}) = \boldsymbol{v} \cdot \boldsymbol{w}$ を満たすことをいう．

命題 5.19 $\boldsymbol{R}^n$ の線形変換 f に対し，次は同値である．

(1) 直交変換である．

(2) 等長変換である．（任意のベクトルの長さを保つ．）

(3) 任意の正規直交基底を正規直交基底に移す．

(4) ある正規直交基底を正規直交基底に移す．

(5) 任意の正規直交基底による表現行列が直交行列である．

(6) ある正規直交基底による表現行列が直交行列である．

証明 (1) $\iff$ (2)：内積から定まる長さについては，長さを保つことと内積を保つことは同値である．(1) $\Rightarrow$ (3)：内積を保てば任意の正規直交基底を正規直交基底に移す．(3) $\Rightarrow$ (4)：明らか．(4) $\Rightarrow$ (5)：任意の正規直交基底に関する表現行列を A とする．ある正規直交基底（を並べた行列）P を正規直交基底 Q に移すとき，$AP = Q$ であるから，$A = QP^{-1}$ も直交行列である．(5) $\Rightarrow$ (6)：明らか．(6) $\Rightarrow$ (1)：ある正規直交基底 P による表現行列が直交行列 A で表されるとき，標準基底に関する表現行列は PAP^{-1} である．$PAP^{-1}\boldsymbol{v} \cdot PAP^{-1}\boldsymbol{w} = P\,{}^t\!AP^{-1}PAP^{-1}\boldsymbol{v} \cdot \boldsymbol{w} = \boldsymbol{v} \cdot \boldsymbol{w}$. □

$\boldsymbol{0}$ でないベクトル $\boldsymbol{v}$ に対し，

$$\rho_{\boldsymbol{v}} : \boldsymbol{x} \mapsto \boldsymbol{x} - 2\boldsymbol{v}\frac{\boldsymbol{v} \cdot \boldsymbol{x}}{\boldsymbol{v} \cdot \boldsymbol{v}}$$

を $\boldsymbol{v}$ に関する（超平面）**鏡映** (reflection) という．定義より $\boldsymbol{x} \perp \boldsymbol{v}$ のとき $\rho_{\boldsymbol{v}}(\boldsymbol{x}) = \boldsymbol{x}$ である．$\boldsymbol{v}$ は $-\boldsymbol{v}$ に移される．$\rho_{\boldsymbol{v}}$ は線形変換であり，$\rho_{\boldsymbol{v}}^2 = \mathrm{id}$ である．

$V = \boldsymbol{R}^n$ のとき表現行列 $E_n - 2\frac{\boldsymbol{v}\,{}^t\boldsymbol{v}}{{}^t\boldsymbol{v}\boldsymbol{v}}$ を**ハウスホルダー行列** (Householder matrix) という．

命題 5.20 $|\boldsymbol{a}| = |\boldsymbol{b}|$，$\boldsymbol{a} \neq \boldsymbol{b}$ ならば $\boldsymbol{a}$ と $\boldsymbol{b}$ を入れ替える鏡映が存在する．

証明　$\boldsymbol{u} := \boldsymbol{a} + \boldsymbol{b}$，$\boldsymbol{v} := \boldsymbol{a} - \boldsymbol{b}$ とすると，$\boldsymbol{a} := \frac{1}{2}(\boldsymbol{u} + \boldsymbol{v})$，$\boldsymbol{b} := \frac{1}{2}(\boldsymbol{u} - \boldsymbol{v})$ である．$\boldsymbol{v} \neq \boldsymbol{0}$ より $\boldsymbol{v}$ に関する鏡映 ρ が存在し，$\boldsymbol{u} \cdot \boldsymbol{v} = |\boldsymbol{a}|^2 - |\boldsymbol{b}|^2 = 0$ であるから，$\rho(\boldsymbol{u}) = \boldsymbol{u}$ である．よって ρ で $\boldsymbol{a}$ と $\boldsymbol{b}$ は入れ替わる． □

命題 5.21 鏡映は直交変換である．

証明　直交直和 $V = \langle \boldsymbol{v} \rangle \oplus \boldsymbol{v}^{\perp}$ において，任意のベクトルを $\boldsymbol{x} = \boldsymbol{a} + \boldsymbol{b}$ と分解すると，$\rho_{\boldsymbol{v}}(\boldsymbol{x}) = -\boldsymbol{a} + \boldsymbol{b}$ である．三平方の定理より $|\rho_{\boldsymbol{v}}(\boldsymbol{x})|^2 = |\boldsymbol{a}|^2 + |\boldsymbol{b}|^2 = |\boldsymbol{x}|^2$．よって $\rho_{\boldsymbol{v}}$ は等長線形変換であるから直交変換である． □

例 5.22 与えられた（正規直交とは限らない）基底 $\boldsymbol{v}_1, \ldots, \boldsymbol{v}_n$ を，並べると上三角行列となる基底に変換する直交変換を作る．

$\boldsymbol{v}_1$ を $|\boldsymbol{v}_1|\boldsymbol{e}_1$ に移すハウスホルダー行列（$\boldsymbol{v}_1 = \boldsymbol{e}_1$ のときは E）を H_1 とする．以下同様に，E_{k-1} と，$H_{k-1} \cdots H_1(\boldsymbol{v}_{k+1})$ の k 番目以下の成分を $\boldsymbol{e}_k$（の k 番目以下）の定数倍に移す行列との直和行列を H_k とする．$X := (\boldsymbol{v}_1 \ \cdots \ \boldsymbol{v}_n)$ として $R := H_n \cdots H_1 X$ は上三角行列であり，$Q = H_1 \cdots H_n$ は鏡映の積だから直交行列である．$X = QR$ である．

一般に $m \geq n$ として，(m, n) 行列 X に対し，列ベクトルが正規直交系である (m, n) 行列 Q と n 次上三角行列 R により $X = QR$ と表すことを X の **QR 分解** (QR decomposition) という．上の方法で，最後に Q の右 $m - n$ 列と R の下 $m - n$ 行を切り落とすことで得られる．

定理 5.23 n 次直交変換 f の固有値 1 に対する固有空間が k 次元ならば，f は $(n-k)$ 個の鏡映の合成に書ける．また $(n-k)$ 個未満の合成には書けない．

証明　固有値 1 の固有空間の正規直交基底 $\boldsymbol{a}_1, \ldots, \boldsymbol{a}_k$ をとり，延長して $\boldsymbol{R}^n$ の正規直交基底 $\boldsymbol{a}_1, \ldots, \boldsymbol{a}_n$ を作る．$f(\boldsymbol{a}_j) = \boldsymbol{a}_j$（$1 \leq j \leq k$）である．残りの $\boldsymbol{a}_j$（$k+1 \leq j \leq n$）を 1 つずつ $f(\boldsymbol{a}_j)$ に鏡映で合わせていく．

直交変換は内積を保つから，$f(\boldsymbol{a}_{k+1})$ は $\boldsymbol{a}_1, \ldots, \boldsymbol{a}_k$ と直交し，よって $\boldsymbol{a}_{k+1}, \ldots, \boldsymbol{a}_n$ の一次結合で表せる．したがって $\boldsymbol{b}_1 := f(\boldsymbol{a}_{k+1}) - \boldsymbol{a}_{k+1}$ もそうである．$\boldsymbol{b}_1 \neq \boldsymbol{0}$ のとき $\boldsymbol{b}_1$ に関する鏡映を ρ_1 とする．ρ_1 は $\boldsymbol{a}_{k+1}$ と $f(\boldsymbol{a}_{k+1})$ を入れ替える．$\boldsymbol{b}_1 = \boldsymbol{0}$ のときは ρ_1 は恒等変換とする．$\boldsymbol{a}_1, \ldots, \boldsymbol{a}_k$ は $\boldsymbol{b}_1$ と直交するので ρ_1 で動かない．よって $\rho_1 \circ f$ は $\boldsymbol{a}_1, \ldots, \boldsymbol{a}_{k+1}$ を固定する．以下 ρ_j

を，$\boldsymbol{b}_j := (\rho_{j-1} \circ \cdots \circ \rho_1 \circ f)(\boldsymbol{a}_{k+j}) - \boldsymbol{a}_{k+j}$ が $\boldsymbol{0}$ でなければ $\boldsymbol{b}_j$ に関する鏡映とし，$\boldsymbol{0}$ ならば恒等変換とする．$\rho_{n-k} \circ \cdots \rho_1 \circ f$ はすべての $\boldsymbol{a}_1, \ldots, \boldsymbol{a}_n$ を固定するので恒等変換である．鏡映の逆変換は自分自身であるから，$f = \rho_1 \circ \cdots \circ \rho_{n-k}$ である．よって f は高々 $(n-k)$ 個の鏡映の合成である．

鏡映 $\rho'_1, \ldots, \rho'_m$ により $f = \rho'_1 \circ \cdots \circ \rho'_m$ となるとする．ρ'_i $(1 \leq i \leq m)$ の鏡映超平面の共通部分は，m 個の同次連立 1 次方程式の解空間であるから $(n-m)$ 次元以上あり，f で固定される．よって $k \geq n-m$ より $m \geq n-k$． □

系 5.24 (カルタンの定理，Cartan's theorem) [7]

n 次直交変換は高々 n 個の鏡映の合成に書ける．

注意 5.25 鏡映の行列式は -1 であるから，鏡映の個数の偶奇は f から定まる．向きを保つ直交変換は偶数個の鏡映の合成に書ける．

5.5　正規行列のユニタリ対角化

この節では線形空間は複素数係数とし，$\boldsymbol{C}^n$ には標準エルミート内積 (standard Hermitian inner product) $\boldsymbol{x} \cdot \boldsymbol{y} := {}^t\bar{\boldsymbol{x}}\boldsymbol{y}$ を入れて考える（$\bar{\boldsymbol{x}}$ は複素共役）．

n 次複素正方行列 A は，あるユニタリ行列 U が存在して $U^{-1}AU$ が対角行列になるとき，**ユニタリ対角化可能** (unitarily diagonalizable) であるという．

命題 5.26 n 次複素正方行列 A に対し次は同値である．

(1) A がユニタリ対角化可能である．

(2) $\boldsymbol{C}^n$ の正規直交基底で，すべて A の固有ベクトルであるものが存在する．

証明　行列 U がユニタリ行列であることは，U の列ベクトルが正規直交基底であることと同値である．また，$U^{-1}AU$ が対角行列であることは，U の列ベクトルがすべて A の固有ベクトルであることと同値である（容易）．

したがって A がユニタリ対角化可能ならば，U の列ベクトルを並べると固有ベクトルからなる正規直交基底になる．逆にそのような基底があれば，並べた行列を U とすると，U はユニタリ行列であり $U^{-1}AU$ は対角行列になる． □

対角成分が $\alpha_1, \ldots, \alpha_n$ である対角行列を $\mathrm{diag}(\alpha_1, \ldots, \alpha_n)$ で表すことにする．$U^{-1}AU = \mathrm{diag}(\alpha_1, \ldots, \alpha_n)$ とする．両辺の随伴行列（エルミート共役行

列）をとると，$U^*A^*(U^{-1})^* = U^{-1}A^*U = \mathrm{diag}(\overline{\alpha_1},\ldots,\overline{\alpha_n})$ となるから，特に，$A^*A = U\,\mathrm{diag}(|\alpha_1|^2,\ldots,|\alpha_n|^2)U^{-1} = AA^*$ を満たす．

複素正方行列 A は，$A^*A = AA^*$ を満たすとき**正規行列** (normal matrix) であるという．

例 5.27 次は正規行列である：エルミート行列（$A^* = A$），歪エルミート行列（$A^* = -A$），ユニタリ行列（$AA^* = A^*A = E$）．実正方行列 A に対し，次は正規行列である：実対称行列（${}^t\!A = A$），実交代行列（${}^t\!A = -A$），直交行列（${}^t\!AA = A\,{}^t\!A = E$）

上の議論から，ユニタリ対角化可能であれば正規行列であるが，実は逆も成り立つことを示す．

定理 5.28 複素正方行列 A に対し次は同値である．

(1) ユニタリ対角化可能である．　(2) 正規行列である．

n 次複素行列 A の固有値 α に対応する固有空間 $\{\boldsymbol{x} \in \boldsymbol{C}^n \mid A\boldsymbol{x} = \alpha\boldsymbol{x}\}$ を V_α で表すことにする．

補題 5.29 正規行列 A の固有値 α に対し，$\boldsymbol{y} \in V_\alpha^\perp$ ならば $A\boldsymbol{y} \in V_\alpha^\perp$ である．

証明 $\boldsymbol{x}$ を V_α の任意のベクトルとする．$A(A^*\boldsymbol{x}) = A^*(A\boldsymbol{x}) = \alpha(A^*\boldsymbol{x})$ より $A^*\boldsymbol{x} \in V_\alpha$ である．よって $\boldsymbol{x}\cdot A\boldsymbol{y} = A^*\boldsymbol{x}\cdot\boldsymbol{y} = 0$ であるから $A\boldsymbol{y} \in V_\alpha^\perp$． □

証明 (定理 5.28) 正規行列 A はユニタリ対角化可能であることを示せばよい．n に関する帰納法による．$n = 1$ のときは自明．$n > 1$ とする．代数学の基本定理により，複素正方行列に対して固有方程式は複素数の範囲に必ず根をもち，ゆえに固有ベクトルが必ず存在することに注意する．α を A の 1 つの固有値とする．V_α と $V_\alpha^\perp$ のそれぞれの正規直交基底を適当にとり，$\boldsymbol{v}_1,\ldots,\boldsymbol{v}_m$ および $\boldsymbol{v}_{m+1},\ldots,\boldsymbol{v}_n$ とする．$\boldsymbol{C}^n = V_\alpha \overset{\perp}{\oplus} V_\alpha^\perp$ であるから，合わせて $\boldsymbol{C}^n$ の正規直交基底が得られ，並べてできるユニタリ行列を $P = (\boldsymbol{v}_1,\ldots,\boldsymbol{v}_n)$ とする．A を掛ける一次変換は，V_α 上 α 倍であり，補題より $V_\alpha^\perp$ を保つから，$P^{-1}AP = \alpha E_m \oplus A'$（$A'$ は $n-m$ 次行列）となる．$(P^{-1}AP)^*(P^{-1}AP) = P^{-1}A^*AP = P^{-1}AA^*P = (P^{-1}AP)(P^{-1}AP)^*$ が成り立つから $P^{-1}AP$ は正規行列であり，A' も正規行列である．A' の次数 $n-m$ は A の次数 n より

小さいから，帰納法の仮定より $Q^{-1}A'Q$ が対角行列となるような $n-m$ 次ユニタリ行列 Q が存在する．$U := P(E_m \oplus Q)$ とおく．$U^* = (E_m \oplus Q^*)P^* = (E_m \oplus Q^{-1})P^{-1} = (E_m \oplus Q)^{-1}P^{-1} = U^{-1}$ であるから U はユニタリ行列である．また，$U^{-1}AU = (E_m \oplus Q^{-1})(\alpha E_m \oplus A')(E_m \oplus Q) = \alpha E_m \oplus (Q^{-1}A'Q)$ は対角行列である．よって A はユニタリ対角化可能である． □

系 5.30 正規行列の異なる固有値に対する固有空間は直交する．

系 5.31 A がユニタリ対角化可能ですべての固有値が実数（純虚数・絶対値 1 の複素数） $\iff$ A はエルミート行列（歪エルミート行列・ユニタリ行列）

証明 エルミート行列（歪エルミート行列・ユニタリ行列）は正規行列であるから，定理よりユニタリ対角化可能である．よっていずれの方向の証明においても，あるユニタリ行列 U に対し $U^{-1}AU = \mathrm{diag}(\alpha_1, \ldots, \alpha_n)$ としてよい．

$A = U\,\mathrm{diag}(\alpha_1, \ldots, \alpha_n)U^{-1}$ より $A^* = U\,\mathrm{diag}(\overline{\alpha_1}, \ldots, \overline{\alpha_n})U^{-1}$.

複素数 α が実数・純虚数・絶対値 1 の複素数であることは，それぞれ $\bar{\alpha}$ が α・$-\alpha$・α^{-1} に等しいことと同値である．よって A^* がそれぞれ A・$-A$・A^{-1} に等しいことと同値である． □

系 5.32 実正方行列 A に対し，次はそれぞれ同値である．

(1) ユニタリ対角化可能ですべての固有値が実数（純虚数・絶対値 1 の複素数）．

(2) A は実対称行列（実交代行列・直交行列）．

証明 実正方行列に対し，エルミート行列であることと対称行列であることは同値である．他の 2 つも同様． □

実正方行列 A が**直交対角化可能** (orthogonally diagonalizable) であるとは，ある直交行列 P に対して $P^{-1}AP$ が対角行列になることである．

系 5.33 実正方行列 A に対し，次は同値である．

(1) 直交対角化可能である．　(2) 実対称行列である．

証明 (1) ⇒ (2) 直交行列 P に対し $P^{-1}AP$ が対角行列であるとする．転置しても対角行列は変わらないから，${}^tP = P^{-1}$ に注意して $P^{-1}\,{}^tAP = P^{-1}AP$, よって ${}^tA = A$. (2) ⇒ (1) A が実対称行列ならば系 5.32 より固有値 α はすべて実数である．固有空間は $(A-\alpha E)\boldsymbol{x}=\boldsymbol{0}$ の解空間であるが，$A-\alpha E$ は実行列なので，実で考えても複素で考えても階数は等しい．よって固有空間の次元は実でも複素でも同じであり，実固有ベクトルからなる基底が存在する．これに $\boldsymbol{R}^n$ の内積に関するグラム・シュミットの直交化を施して正規直交基底を作っても実ベクトルである．よって A の実固有ベクトルからなる $\boldsymbol{R}^n$ の正規直交基底が存在する． □

命題 5.34 A を実正方行列とする．

(1) α を A の固有値とするとき，$\bar{\alpha}$ も A の固有値である．

(2) V_α の基底 $\boldsymbol{v}_1,\ldots,\boldsymbol{v}_k$ に対し，複素共役 $\overline{\boldsymbol{v}_1},\ldots,\overline{\boldsymbol{v}_k}$ は $V_{\bar{\alpha}}$ の基底である．

証明 (1) 固有多項式 $\varphi_A(x)$ は実数係数であるから，$\varphi_A(\alpha)=0$ ならば共役をとって $\varphi_A(\bar{\alpha})=0$ である．よって $\bar{\alpha}$ も A の固有値である．

(2) $A\boldsymbol{v}_j=\alpha\boldsymbol{v}_j$ の共役をとると $A\overline{\boldsymbol{v}_j}=\bar{\alpha}\overline{\boldsymbol{v}_j}$ となるから，$\overline{\boldsymbol{v}_j}$ は $V_{\bar{\alpha}}$ に属する．複素共役 $\overline{\boldsymbol{v}_1},\ldots,\overline{\boldsymbol{v}_k}$ は $V_{\bar{\alpha}}$ の独立系である．実際，複素数 $\lambda_1,\ldots,\lambda_k$ に対し $\lambda_1\overline{\boldsymbol{v}_1}+\cdots+\lambda_k\overline{\boldsymbol{v}_k}=\boldsymbol{0}$ となったとすると，共役をとって $\overline{\lambda_1}\boldsymbol{v}_1+\cdots+\overline{\lambda_k}\boldsymbol{v}_k=\boldsymbol{0}$ となり，$\boldsymbol{v}_1,\ldots,\boldsymbol{v}_k$ の独立性からすべての $\overline{\lambda_i}$ は 0，したがって $\lambda_i=0$ である．よって $\dim V_\alpha\leq\dim V_{\bar{\alpha}}$．$\bar{\alpha}$ から始めても同様であるから，$\dim V_\alpha=\dim V_{\bar{\alpha}}$ であり，$\overline{\boldsymbol{v}_1},\ldots,\overline{\boldsymbol{v}_k}$ は $V_{\bar{\alpha}}$ の基底である． □

例 5.35 θ が π の整数倍ではない実数のとき，R_θ の固有値 $\cos\theta+i\sin\theta$ に対応する固有ベクトル（の 1 つ）は $\boldsymbol{e}_1-i\boldsymbol{e}_2$ であり，$\cos\theta-i\sin\theta$ に対応するのは $\boldsymbol{e}_1+i\boldsymbol{e}_2$ である（確かめよ）．

以下，A が実正規行列であるとする．複素数の範囲では A の固有ベクトルからなる正規直交基底が存在する．基底の順番の並べ替えは直交変換でできることに注意しておく．直交対角化の議論と同様にして，実固有値に対しては固有ベクトルも実にとれる．α を A の虚固有値とする．$\boldsymbol{v}_1,\ldots,\boldsymbol{v}_k$ を V_α の正規直交基底とし，$\boldsymbol{v}$ をその 1 つとする．$\boldsymbol{v}=\boldsymbol{x}+i\boldsymbol{y}$，$\boldsymbol{x},\boldsymbol{y}\in\boldsymbol{R}^n$ と実部・虚部に分ける．$\overline{\boldsymbol{v}}=\boldsymbol{x}-i\boldsymbol{y}$ より $\boldsymbol{x}=\frac{1}{2}(\boldsymbol{v}+\overline{\boldsymbol{v}})$，$\boldsymbol{y}=\frac{1}{2i}(\boldsymbol{v}-\overline{\boldsymbol{v}})$ であるから，複素線形空間として $\langle\boldsymbol{x},\boldsymbol{y}\rangle=\langle\boldsymbol{v},\overline{\boldsymbol{v}}\rangle$．

補題 5.36 $|\boldsymbol{x}|=|\boldsymbol{y}|=\frac{1}{\sqrt{2}}|\boldsymbol{v}|$，$\boldsymbol{x}\perp\boldsymbol{y}$ である．

証明 正規行列の異なる固有空間は直交するから，$(\boldsymbol{x}+i\boldsymbol{y})\cdot(\boldsymbol{x}-i\boldsymbol{y})=0$．実

部より $\boldsymbol{x}\cdot\boldsymbol{x}-\boldsymbol{y}\cdot\boldsymbol{y}=0$，虚部より $\boldsymbol{x}\cdot(-\boldsymbol{y})+(-\boldsymbol{y})\cdot\boldsymbol{x}=0$ を得る．また $|\boldsymbol{v}|^2=(\boldsymbol{x}+i\boldsymbol{y})\cdot(\boldsymbol{x}+i\boldsymbol{y})=|\boldsymbol{x}|^2+|\boldsymbol{y}|^2=2|\boldsymbol{x}|^2$. □

よって $\boldsymbol{v}$ を $\sqrt{2}$ 倍することにより，$\boldsymbol{x},\boldsymbol{y}$ は直交する単位実ベクトルであるとしてよい．$\alpha=a-ib\,(a,b$ は実数, $b\neq 0)$ とおくと[*2]，$A(\boldsymbol{x}+i\boldsymbol{y})=(a-ib)(\boldsymbol{x}+i\boldsymbol{y})$ である．実部から $A(\boldsymbol{x})=a\boldsymbol{x}+b\boldsymbol{y}$，虚部から $A(\boldsymbol{y})=-b\boldsymbol{x}+a\boldsymbol{y}$．よって，正規直交基底として $\boldsymbol{v},\overline{\boldsymbol{v}}$ の部分の代わりに $\boldsymbol{x},\boldsymbol{y}$ をとれば，$\langle\boldsymbol{x},\boldsymbol{y}\rangle$ における表現行列は $\begin{pmatrix} a & -b \\ b & a \end{pmatrix} =: R(a,b)$ となる．実固有値の実固有ベクトルと虚固有値の $\boldsymbol{x},\boldsymbol{y}$ を並べて実ベクトルからなる正規直交基底を得る．並べた行列 P は直交行列である．正の向き（$\det P=1$）とするため，必要なら 1 つの実固有値の固有ベクトルの符号，あるいは，1 つの虚固有値 α と $\bar{\alpha}$（よって $\boldsymbol{y}$ と $-\boldsymbol{y}$）を入れ替えてよい．よって次が示された．

定理 5.37 (実正規行列の標準形) 実正規行列 A は，適当な行列式 1 の直交行列 P により，$P^{-1}AP=\begin{pmatrix} D & & & \\ & R(a_1,b_1) & & \\ & & \ddots & \\ & & & R(a_k,b_k) \end{pmatrix}$（$D$ は実対角行列，a_j,b_j は実数で $b_j\neq 0$）の形にできる．

系 5.38 直交行列 A に対し，ある行列式 1 の直交行列 P が存在して $P^{-1}AP$ はいくつかの 1・-1・回転行列の直和になる．

証明 直交行列は実正規行列であり，しかも固有値は絶対値 1 の複素数である．絶対値 1 の実数は ± 1 に限る．$R(a,b)$ の固有値は $a\pm ib$ であり，この絶対値が 1 のとき実数 θ により $a=\cos\theta$，$b=\sin\theta$ と表せるから，$R(\cos\theta,\sin\theta)$ は回転行列である． □

系 5.39 直交変換 f は，恒等変換と，鏡映と，平面の回転のいくつかの直交直和である．つまり適当な正の向きの正規直交基底のもとで f の表現行列 A は次の形になる：$A=E_k\oplus(-E_l)\oplus\bigoplus_{i=1}^m R_{\theta_i}$（$0<|\theta_i|<\pi$，$k+l+2m=n$）．$k,l,m$ および $\theta_1,\dots,\theta_m$（順序を除く）は f から一意的に定まる．f が向きを保つことは，l が偶数であることと同値である．

---

*2) 虚部に符号を付けた理由は例 5.35 を参照.

注意 5.40 同じ角度の回転があるとき 2 次元回転面は一意的に定まらない.

例 5.41 平面の鏡映はある正規直交基底で $(1) \oplus (-1)$ で表される.

例 5.42 $\boldsymbol{R}^3$ の向きを保つ直交変換 f に対し，ある正の向きの正規直交基底 $\boldsymbol{v}_1, \boldsymbol{v}_2, \boldsymbol{v}_3$ に関する表現行列が $R_\theta \oplus (1)$（$0 \leq \theta < 2\pi$）となる．必要なら $\boldsymbol{v}_2, \boldsymbol{v}_1, -\boldsymbol{v}_3$ に取り換えて $0 \leq \theta \leq \pi$ としてよい．$\theta = 0$ のとき f は恒等変換である．$\theta \neq 0$ のとき f を空間の**回転** (rotation) といい，直線 $V_1 = \langle \boldsymbol{v}_3 \rangle$ を**回転軸** (axis of rotation) という．$\theta = \pi$ のときは回転軸に関する線対称変換である．向きを保つ直交変換は積で保たれるから，次がいえた．

命題 5.43 空間の原点に関する回転の積は原点に関する回転（または恒等変換）である．

演 習 問 題

5.1 $n \geq 2$ とする．$\boldsymbol{R}^n$ のノルム $|\cdot|_p$（$1 \leq p \leq \infty$）のうちパップスの中線定理を満たすものは $p = 2$ のみであることを示せ．

5.2 (1) $\boldsymbol{a} \times (\boldsymbol{b} \times \boldsymbol{a}) = (\boldsymbol{a} \times \boldsymbol{b}) \times \boldsymbol{a}$ を示せ．

(2) 一般には $\boldsymbol{a} \times (\boldsymbol{b} \times \boldsymbol{c}) = (\boldsymbol{a} \times \boldsymbol{b}) \times \boldsymbol{c}$ は成り立たないことを具体例で示せ．

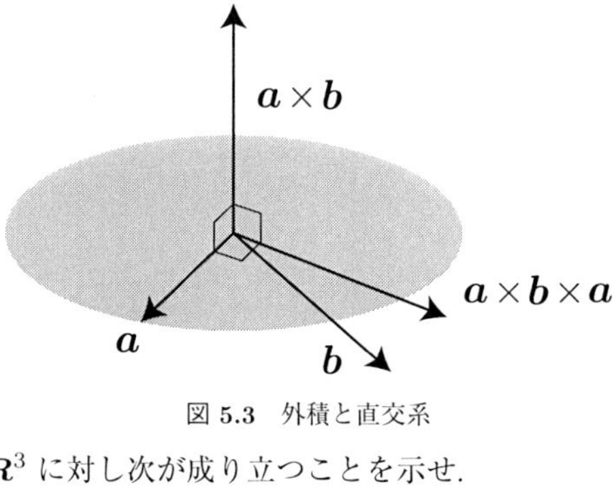

図 5.3 外積と直交系

5.3 $\boldsymbol{a}, \boldsymbol{b}, \boldsymbol{c}, \boldsymbol{d} \in \boldsymbol{R}^3$ に対し次が成り立つことを示せ．

(1) $\boldsymbol{a} \times (\boldsymbol{b} \times \boldsymbol{c}) + \boldsymbol{b} \times (\boldsymbol{c} \times \boldsymbol{a}) + \boldsymbol{c} \times (\boldsymbol{a} \times \boldsymbol{b}) = \boldsymbol{0}$（ヤコビの恒等式, Jacobi identity）

(2) $\boldsymbol{a}|\boldsymbol{b}\ \boldsymbol{c}\ \boldsymbol{d}| - \boldsymbol{b}|\boldsymbol{a}\ \boldsymbol{c}\ \boldsymbol{d}| + \boldsymbol{c}|\boldsymbol{a}\ \boldsymbol{b}\ \boldsymbol{d}| - \boldsymbol{d}|\boldsymbol{a}\ \boldsymbol{b}\ \boldsymbol{c}| = \boldsymbol{0}$

(3) $(\boldsymbol{a} \times \boldsymbol{b}) \times (\boldsymbol{a} \times \boldsymbol{c}) = \boldsymbol{a}|\boldsymbol{a}\ \boldsymbol{b}\ \boldsymbol{c}|$

(4) $|\boldsymbol{b} \times \boldsymbol{c}\ \ \boldsymbol{c} \times \boldsymbol{a}\ \ \boldsymbol{a} \times \boldsymbol{b}| = |\boldsymbol{a}\ \boldsymbol{b}\ \boldsymbol{c}|^2$

5.4 $\boldsymbol{R}^n$（$n \geq 2$）のベクトル $\boldsymbol{a}, \boldsymbol{b}$ のなす角を θ とする．$\boldsymbol{a}, \boldsymbol{b}$ の張る平行四辺形の

（グラム行列式を用いた）面積は $|\boldsymbol{a}||\boldsymbol{b}|\sin\theta$ に等しいことを示せ．

5.5 点 $\boldsymbol{a}_0,\ldots,\boldsymbol{a}_k$ を頂点とする k 単体の k 次元体積を，$\boldsymbol{v}_i=\boldsymbol{a}_i-\boldsymbol{a}_0$ $(1\le i\le k)$ として，$\boldsymbol{v}_1,\ldots,\boldsymbol{v}_k$ の張る平行体の体積の $1/k!$ と定める．この定義は頂点の並べ方によらないことを示せ．

5.6 $\boldsymbol{v}={}^t(1\ 2\ -3)$ に対し，ハウスホルダー行列を計算せよ．

5.7 ハウスホルダー行列は対称直交行列であることを示せ．

5.8 実 n 次行列 A に対し，次は同値であることを示せ．

(1) A は超平面鏡映を表す．

(2) A は直交行列であり，$A^2=E$，$\mathrm{rank}(A-E)=1$．

(3) $\boldsymbol{R}^n=V_1\overset{\perp}{\oplus}V_{-1}$，$\dim V_{-1}=1$ が成り立つ．

5.9 (1) 実行列 $A=\begin{pmatrix}a&b\\c&d\end{pmatrix}$ に対し，正規で実固有値をもたないための必要十分条件は $b=-c\neq0$，$a=d$ であることを示せ．

(2) (1) が成り立つとき，正数 r と $\theta\in(0,2\pi)$，$\theta\neq\pi$ が存在して $A=r\begin{pmatrix}\cos\theta&-\sin\theta\\\sin\theta&\cos\theta\end{pmatrix}$ と表せることを示せ．

5.10 A を n 次実べき等行列とし，A で表される $\boldsymbol{R}^n$ の一次変換を f とする．

(1) $\mathrm{tr}\,A=k$ のとき k 次元線形部分空間 V が存在し，$\mathrm{im}\,f=V$，$f|_V=\mathrm{id}_V$ となることを示せ．

(2) A が対称行列であることと，f が V への正射影（この場合 $\ker f\perp V$）であることは同値であることを示せ．

(3) (2) のとき，V の一組の正規直交基底 $\boldsymbol{v}_1,\ldots,\boldsymbol{v}_k$ をとり，$P=(\boldsymbol{v}_1\ \cdots\ \boldsymbol{v}_k)$ とおく．$A=P\,{}^tP$ を示せ．

5.11 n 次正規行列 A は $A^2=A$ を満たすならエルミート行列であり，$\boldsymbol{C}^n$ からある線形部分空間への（エルミート内積に関する）正射影を表すことを示せ．ただし，恒等変換は全体空間への正射影とみなす．

5.12 $1\le p<q\le n$ とする．n 次行列 $G(p,q,\theta)=(g_{ij})$ で，$g_{pp}=g_{qq}=\cos\theta$，$g_{pq}=-g_{qp}=\sin\theta$，$g_{ii}=1$ $(i\neq p,q)$，他の成分は 0，となるものをギブンス回転行列 (Givens rotation matrix) という．

(1) $G(p,q,\theta)$ は行列式が 1 の直交行列であることを示せ．

(2) $n=2$ とする．任意の ${}^t(x,y)$ に対し，ある θ に対し $G(1,2,\theta)\,{}^t(x,y)$ の y 座標を 0 にできることを示せ．

(3) A を行列式が 1 の直交行列とする．A はギブンス回転行列の積に書けることを示せ．

5.13 n が正の奇数のとき，$\boldsymbol{R}^n$ の向きを保つ直交変換は，固有値 1 をもつことを示せ．

第6章 ユークリッド空間

CHAPTER 6

ユークリッド空間では，アフィン空間の部分空間・枠・重心座標などの概念に加えて，長さや角度の概念が定まる．

6.1 直交座標・極座標

（実）アフィン空間で，同伴する線形空間 V に内積が入っているものをユークリッド空間 (Euclidean space) という．本書では V は有限次元とする．ユークリッド空間の枠 $(\boldsymbol{x}_0, \boldsymbol{v}_1, \ldots, \boldsymbol{v}_n)$ で，$\boldsymbol{v}_1, \ldots, \boldsymbol{v}_n$ が正規直交基底であるものを，**直交枠** (orthogonal frame) といい，対応するアフィン座標を**直交座標** (orthogonal coordinates)・**デカルト座標** (Cartesian coordinates) という．以後 $\boldsymbol{R}^n$ は標準内積でユークリッド空間であるとする．有限次元ユークリッド空間は直交座標により $\boldsymbol{R}^n$ と同一視して扱うことができる．

平面 $\boldsymbol{R}^2$ の点 P を表すとき，位置ベクトルの長さ $r = OP$ と，偏角（x 軸の正の向きから OP への回転角）θ の組を**極座標** (polar coordinates) という．原点では $r = 0$，θ は任意とする．$0 \leq \theta < 2\pi$ などと範囲を決めれば，原点以外では θ は一意的に定まる．

一般に $\boldsymbol{R}^n$ において，直交座標で表された点 $(x_1, \ldots, x_n)$ の極座標 $(r, \theta, \varphi_1, \ldots, \varphi_{n-2})$ を次の関係式から定める．$r_k = \sqrt{x_1^2 + \cdots + x_k^2}$ $(2 \leq k \leq n)$，$r := r_n$ として，$3 \leq k \leq n$ に対しては $x_k = r_k \sin \varphi_{k-2}$ $(|\varphi_{k-2}| \leq \pi/2)$，$k = 2$ に対しては $x_1 = r_2 \cos \theta$，$x_2 = r_2 \sin \theta$ $(0 \leq \theta < 2\pi)$．ただし $r_k = 0$ のときは φ_{k-2} や θ は任意とする．

6.2 距　　離

ユークリッド空間 X において，2 点 P, Q の距離 (distance) あるいは線分 PQ の長さ (length) を，$\overrightarrow{PQ}$ の長さとして定める．2 つの空でない部分集合 C, D の距離とは，C 上の点と D 上の点を結ぶ線分の長さの下限のことをいう．3 点 A, B, C に対し，角 (angle)$\angle BAC$ とはベクトル $\overrightarrow{AB}$ と $\overrightarrow{AC}$ のなす角とする．

X の 2 つの（アフィン）部分空間が直交するとは，それぞれに同伴する線形空間の元がすべて互いに直交することをいう．X の部分空間 $Y = \boldsymbol{x}_0 + W$ に対し，W の正規直交基底を $\boldsymbol{w}_1, \ldots, \boldsymbol{w}_k$ とする．X の点 $\boldsymbol{x} = \boldsymbol{x}_0 + \boldsymbol{v}$ に対し，Y の点 $\boldsymbol{x}_0 + \sum_{i=1}^{k}(\boldsymbol{w}_i \cdot \boldsymbol{v})\boldsymbol{w}_i$ を与える写像を f とする．$1 \leq j \leq k$ に対し，$\boldsymbol{w}_j \cdot (f(\boldsymbol{x}) - \boldsymbol{x}) = \boldsymbol{w}_j \cdot (\sum_{i=1}^{k}(\boldsymbol{w}_i \cdot \boldsymbol{v})\boldsymbol{w}_i - \boldsymbol{v}) = 0$ となるので，$(f(\boldsymbol{x}) - \boldsymbol{x}) \perp W$．逆にたどれば $f(\boldsymbol{x}) \in Y$，$(f(\boldsymbol{x}) - \boldsymbol{x}) \perp W$ から f は一意的に定まる．f を Y への正射影 (orthogonal projection) といい，$f(\boldsymbol{x})$ を $\boldsymbol{x}$ から Y に下ろした垂線の足 (foot of a perpendicular) という．

命題 6.1 点 P からアフィン部分空間 Y に下ろした垂線の足を H とするとき，P と Y の距離は PH に等しい．

証明　任意の $Q \in Y$ に対し，$\overrightarrow{HQ} \perp \overrightarrow{PH}$ であるから，$PQ^2 = PH^2 + HQ^2 \geq PH^2$．$H \in Y$ であるから PH が Y 上の点と P との距離の最小値である．　□

$\boldsymbol{R}^n$ の超平面 α は方程式 $\vec{a}\boldsymbol{x} = b$（$\vec{a}$ は $\vec{0}$ でない n 次元行ベクトル）の解集合である．これは $\boldsymbol{v} := {}^t\vec{a}$ を用いて $\boldsymbol{v} \cdot \boldsymbol{x} = b$ と書ける．α 上の任意の 2 点 $\boldsymbol{x}_1, \boldsymbol{x}_2$ に対し，$\boldsymbol{v} \cdot \boldsymbol{x}_i = b$ $(i = 1, 2)$ から $\boldsymbol{v} \cdot (\boldsymbol{x}_2 - \boldsymbol{x}_1) = 0$．よって $\boldsymbol{v} \perp (\boldsymbol{x}_2 - \boldsymbol{x}_1)$．$\boldsymbol{v}$ は α の法線ベクトル (normal vector) と呼ばれる．

命題 6.2 (点と超平面の距離の公式) $\boldsymbol{R}^n$ で，$\boldsymbol{v} \neq \boldsymbol{0}$ に対し，超平面 $\alpha : \boldsymbol{v} \cdot \boldsymbol{x} = b$ と点 $\boldsymbol{x}_0$ の距離は，$|\boldsymbol{v} \cdot \boldsymbol{x}_0 - b| / |\boldsymbol{v}|$ で与えられる．

証明　$\boldsymbol{x}_0$ から α に下ろした垂線の足を $\boldsymbol{h}$ とする．$\boldsymbol{h}$ は $\boldsymbol{x}_0$ を通り $\boldsymbol{v}$ に平行な直線上にあるのである実数 t により $\boldsymbol{h} = \boldsymbol{x}_0 + t\boldsymbol{v}$ と表される．これが α にある条件から $\boldsymbol{v} \cdot (\boldsymbol{x}_0 + t\boldsymbol{v}) = b$．$\boldsymbol{v} \neq \boldsymbol{0}$ よりこれを解いて $t = (b - \boldsymbol{v} \cdot \boldsymbol{x}_0)/|\boldsymbol{v}|^2$.

$\boldsymbol{x}_0$ と $\boldsymbol{h}$ の距離は $|t\boldsymbol{v}| = |b - \boldsymbol{v} \cdot \boldsymbol{x}_0|/|\boldsymbol{v}|$. □

6.3 合 同 変 換

定理 6.3 f を $\boldsymbol{R}^n$ の変換とするとき，次は同値である．

(1) 任意の 2 点 $\boldsymbol{x}, \boldsymbol{y} \in \boldsymbol{R}^n$ に対し $|\boldsymbol{x} - \boldsymbol{y}| = |f(\boldsymbol{x}) - f(\boldsymbol{y})|$（距離を保つ）．

(2) ある n 次直交行列 A と $\boldsymbol{b} \in \boldsymbol{R}^n$ により，$f(\boldsymbol{x}) = A\boldsymbol{x} + \boldsymbol{b}$ と表される．

証明 (1) ⇒ (2): $\boldsymbol{b} := f(\boldsymbol{0})$ とし，$\varphi(\boldsymbol{x}) := f(\boldsymbol{x}) - \boldsymbol{b}$ とおく．φ が線形かどうかはまだ不明である．(1) より任意の $\boldsymbol{x} \in \boldsymbol{R}^n$ に対し，$|\boldsymbol{x}| = |\boldsymbol{x} - \boldsymbol{0}| = |f(\boldsymbol{x}) - f(\boldsymbol{0})| = |\varphi(\boldsymbol{x})|$. すなわち，$\varphi$ は任意のベクトルの長さを保つ．

φ は内積を保つ．実際，任意の $\boldsymbol{x}, \boldsymbol{y} \in \boldsymbol{R}^n$ に対し，$|\varphi(\boldsymbol{y}) - \varphi(\boldsymbol{x})| = |f(\boldsymbol{y}) - f(\boldsymbol{x})| = |\boldsymbol{y} - \boldsymbol{x}|$ が成り立つ．2 乗して $(\varphi(\boldsymbol{y}) - \varphi(\boldsymbol{x})) \cdot (\varphi(\boldsymbol{y}) - \varphi(\boldsymbol{x})) = (\boldsymbol{y} - \boldsymbol{x}) \cdot (\boldsymbol{y} - \boldsymbol{x})$. これより $2\varphi(\boldsymbol{x}) \cdot \varphi(\boldsymbol{y}) = 2\boldsymbol{x} \cdot \boldsymbol{y}$.

特に，$\varphi(\boldsymbol{e}_1), \ldots, \varphi(\boldsymbol{e}_n)$ は互いに直交する n 個の単位ベクトルであり，$\boldsymbol{R}^n$ の正規直交基底である．任意のベクトル $\boldsymbol{v} = \sum x_i \boldsymbol{e}_i$ に対し，$x_i = \boldsymbol{e}_i \cdot \boldsymbol{v} = \varphi(\boldsymbol{e}_i) \cdot \varphi(\boldsymbol{v})$ である．よって $\varphi(\boldsymbol{v}) = \sum x_i \varphi(\boldsymbol{e}_i)$ であり，φ は標準基底に関して $A := (\varphi(\boldsymbol{e}_1) \ \cdots \ \varphi(\boldsymbol{e}_n))$ を表現行列とする一次変換である．これより $f(\boldsymbol{x}) = A\boldsymbol{x} + \boldsymbol{b}$. $\varphi(\boldsymbol{e}_1), \ldots, \varphi(\boldsymbol{e}_n)$ は正規直交基底であるから A は直交行列.

(2) ⇒ (1) は，直交変換・平行移動が長さを変えないことから従う． □

$\boldsymbol{R}^n$ の変換で，任意の 2 点間の距離を変えないものを $\boldsymbol{R}^n$ の**合同変換** (congruent transformation)・**等長変換** (isometry) という．定理 6.3 より，$\boldsymbol{R}^n$ の合同変換とは，アフィン変換で係数行列 A が直交行列であるものである．向きを保つ合同変換を**運動** (motion) という（A の行列式は 1）.

$\boldsymbol{R}^n$ の部分集合 D, D' は，ある合同変換 f により $f(D) = D'$ となるとき，**合同** (congruent) であるという．

例 6.4 恒等変換は合同変換である．ある定ベクトル $\boldsymbol{b} \neq \boldsymbol{0}$ により，$f(\boldsymbol{x}) = \boldsymbol{x} + \boldsymbol{b}$ と表される変換は合同変換であり，**平行移動・並進** (parallel transport) という．

例 6.5 計量線形空間で定義した線形超平面に関する鏡映を拡張する．W をユークリッド空間の真のアフィン部分空間とし，W への正射影を p とする．$f(\boldsymbol{x}) = 2p(\boldsymbol{x}) - \boldsymbol{x}$ を W に関する**鏡映**という．単に鏡映といえば超平面に関する鏡映を指す．W が一点のとき f は点対称変換であり反転 (inversion) ともいう．

命題 6.6 W に関する鏡映 f は合同変換であり，$f \circ f = \mathrm{id}$ を満たす．

証明 W の任意の点 $\boldsymbol{x}_0$ を原点とする直交枠をとる．$\boldsymbol{x}_0$ は f で固定されるから f は線形変換として表される．W の正規直交基底を $\boldsymbol{v}_1, \ldots, \boldsymbol{v}_k$ とし，延長してできる $\boldsymbol{R}^n$ の正規直交基底を $\boldsymbol{v}_1, \ldots, \boldsymbol{v}_n$ とする．この基底に関する p の表現行列は $O_k \oplus E_{n-k}$ であるから，$f = 2p - \mathrm{id}$ の表現行列は $(-E_k) \oplus E_{n-k}$ である．これは 2 乗が E_n の直交行列であり，定理 6.3 より合同変換を表す． □

定理 6.7 $\boldsymbol{R}^n$ の合同変換は高々 $(n+1)$ 個の超平面に関する鏡映の合成になる．

証明 任意の点 $\boldsymbol{x}_0$ を選び，像との垂直二等分面に関する鏡映を後に合成すると，$\boldsymbol{x}_0$ を原点として直交変換になるので，カルタンの定理より従う． □

直線の合同変換

$\boldsymbol{R}$ の合同変換 f は $f(x) = ax + b$ $(|a| = 1)$ と表せる．f に固定点が存在するときそれを原点にとると $f(0) = 0$ より $b = 0$．$f(x) = x$ のとき恒等変換，$f(x) = -x$ のとき鏡映である．鏡映の固定点は 1 個である．一般に点 $x = c$ に関する鏡映は $f(x) = 2c - x$ である．固定点が存在しないとき，$f(x) = x$ に解がないことから $f(x) = x + b$ $(b \neq 0)$ が従う（示せ）．f は並進である．並進は 2 つの鏡映の合成に表せる．実際，鏡映 $f_1(x) = -x$，$f_2(x) = b - x$ に対し $f_2(f_1(x)) = x + b$．移動距離は 2 つの鏡映の中心の間の距離の 2 倍である．

平面の合同変換

定理 6.7 より平面の合同変換は 3 個以下の鏡映の積で表せる．

2 つの鏡映の合成を考える．2 つの鏡映軸が平行であるとき，軸と平行なベクトルは鏡映で固定されるから，軸に直交する直線に正射影して考えると 1 次元の場合に帰着される．合成は軸に直交する方向へ，軸の距離の 2 倍動かす並進になる．鏡映軸が一致するときは恒等変換であり鏡映 0 個の合成とみなす．

2 つの軸が交わるとき，交点を原点にとると鏡映は鏡映行列で表される．$S_{\theta'} S_\theta = R_{2(\theta'-\theta)}$ であるから，2 つの鏡映の合成は，2 つの鏡映軸の交点を中心とする回転である．回転角は鏡映軸のなす角の 2 倍になり，方向は最初の鏡映軸から次の鏡映軸の方向になる．鏡映軸が直交する 2 つの鏡映は可換である．

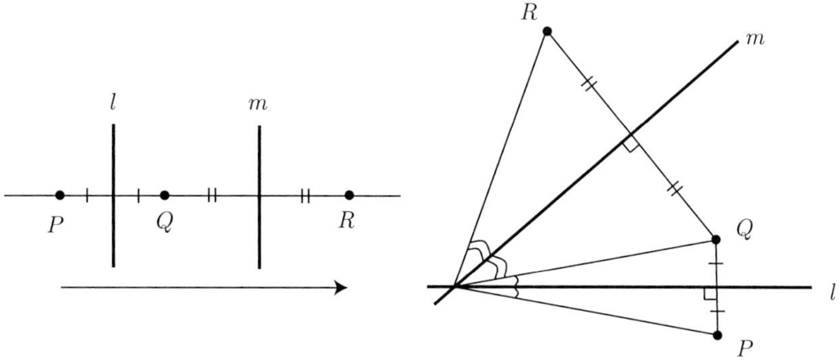

図 6.1 2 つの鏡映の合成

実際，鏡映軸の交点を原点とするとき，合成はいずれも反転 $(x, y) \mapsto (-x, -y)$ で表される．

合同変換 f は 3 つの鏡映の合成が必要であるとし，鏡映軸を l_1, l_2, l_3 とする．もしすべての鏡映軸が平行であれば，合成も 1 個の鏡映である．よって平行な軸は高々一組であり，l_2 は l_1 または l_3 と交わる．後者の場合を考える（前者の場合も同様）．交わる 2 つの鏡映の合成は，2 つの鏡映軸の交点を中心とする回転である．交点と角を保てば，2 つの軸を一緒に回転しても合成は同じであるから，l_2, l_3 を交点を中心に回転し，l_2 が l_1 と直交するようにできる．次に l_1, l_2 を回転して l_1 が l_3 と直交するようにできる．このとき l_1 は l_2, l_3 の両方と直交する．結局，1 番目の鏡映を行い，次いで 2 番目と 3 番目の平行な軸に関する鏡映を行うと，鏡映と，その鏡映軸方向の並進の合成になる．これを，映進 (glide reflection)・滑り鏡映・ずらし鏡映という．並進の距離が 0 の場合は鏡映が 1 回で済むので排除される．よって固定点は存在しない．

図 6.2 映進

一般の合同変換

定理 6.8 $\boldsymbol{R}^n$ の合同変換は，固定点があれば (1)，なければ (2) で表される．

(1) 任意の固定点を原点とする直交変換.

(2) 固有値 1 をもつ直交変換と，固有値 1 の固有ベクトルの並進の合成.

証明　合同変換を f とする．固定点 $\boldsymbol{x}_0$ があるとする．$\boldsymbol{x}_0$ を原点に選び，$f(\boldsymbol{x}) = A\boldsymbol{x} + \boldsymbol{b}$ と表すと $f(\boldsymbol{0}) = \boldsymbol{0}$ より $\boldsymbol{b} = \boldsymbol{0}$．よって f は直交変換.

固定点がないとする．適当な直交座標を選び，$f(\boldsymbol{x}) = A\boldsymbol{x} + \boldsymbol{b}$ と表す．A の固有値 1 に対する固有空間を V_1 とする．直和分解 $V = V_1 \oplus V_1^{\perp}$ に対応する分解 $\boldsymbol{b} = \boldsymbol{b}_1 + \boldsymbol{b}_2$ をとる．A は直交行列であるから $\boldsymbol{v} \in V_1^{\perp}$ に対し $A\boldsymbol{v} \in V_1^{\perp}$ であり $V_1^{\perp}$ の線形変換を引き起こす．A は $V_1^{\perp}$ 上固有値 1 をもたないから，$(A - E)\boldsymbol{x}_0 = -\boldsymbol{b}_2$ となる $\boldsymbol{x}_0 \in V_1^{\perp}$ が存在する．$f(\boldsymbol{x}_0) = A\boldsymbol{x}_0 + \boldsymbol{b} = (\boldsymbol{x}_0 - \boldsymbol{b}_2) + \boldsymbol{b} = \boldsymbol{x}_0 + \boldsymbol{b}_1$．$f$ は固定点をもたないから $\boldsymbol{b}_1 \neq \boldsymbol{0}$．このとき，$f(\boldsymbol{x}) - \boldsymbol{x}_0 = (A\boldsymbol{x} + \boldsymbol{b}) - \boldsymbol{x}_0 = A(\boldsymbol{x} - \boldsymbol{x}_0) + \boldsymbol{b}_1$．よって $\boldsymbol{x}_0$ を原点に選ぶと，f は A による直交変換と $\boldsymbol{b}_1$ を足す並進の合成．　□

A で固定される線形部分空間の次元 $\dim V_1$ を k，f を鏡映の積で表すときの個数の最小値を m とおく．m の偶奇は f が向きを保つ・保たないと一致する.

固定点があるとき，固定点を原点に選ぶと $f(\boldsymbol{x}) = A\boldsymbol{x}$ は直交変換である．定理 5.23 より $m = n - k$．$m = 0, 1, 2, 3, 4$ に対しそれぞれ，恒等変換，鏡映，回転，**回映** (rotatory reflection)，**2 重回転** (double rotation) と呼ばれる.

命題 6.9 f が固定点をもたないとき，$m = n - k + 2$.

証明　定理 5.23 より A は $n - k$ 個の鏡映の積に表せる．並進は 2 回の鏡映の積に表せるから，f は $n - k + 2$ 個の鏡映の積に表せる．m の偶奇は f から決まるから $m = n - k + 1$ はあり得ない．$m \leq n - k$ とする．鏡映超平面の方程式を $\vec{c}_i\boldsymbol{x} = d_i$ $(1 \leq i \leq m)$ とし，縦に並べた連立 1 次方程式を $C\boldsymbol{x} = \boldsymbol{d}$ とする．$C\boldsymbol{v} = \boldsymbol{0}$ を満たす $\boldsymbol{v}$ は A で動かないので，$V_1 \supset \{C\boldsymbol{v} = \boldsymbol{0}\}$．よって $k \geq n - \operatorname{rank} C \geq n - m \geq k$．これより $\operatorname{rank} C = m$ であるから特に $\operatorname{rank}(C\ \boldsymbol{d}) = \operatorname{rank} C$．ゆえに m 個の鏡映超平面は共有点をもち，その点は f で固定される．矛盾.　□

$m = 2, 3, 4$ に対し，それぞれ，並進，映進，**螺旋運動** (skrew displacement) という．A で動くベクトルは，V_1 したがって並進方向と直交する.

それぞれの合同変換が現れる次元の最小値を d とする．$\boldsymbol{R}^n$ では $d \leq n$ とな

表 6.1　ユークリッド空間の合同変換

次元 d	固定点あり	固定点なし
0	恒等変換	-
1	鏡映	並進
2	回転	映進
3	回映	螺旋運動
4	2 重回転	回映進
$\vdots$	$\vdots$	$\vdots$

る d の欄のすべての変換が存在する．固定点ありのとき，$m = d$, $k = n - d$. 固定点なしのとき $m = d + 1$, $k = n - d + 1$. 向きを保つのは，d が偶数で固定点ありのときと，d が奇数で固定点なしのとき．

演習問題

6.1 ユークリッド空間 X のアフィン部分空間 Y と，Y のアフィン部分空間 Z をとる．X の点 P から Y に下ろした垂線の足を Q, Q から Z に下ろした垂線の足を R とする．P から Z に下ろした垂線の足は R になることを示せ．（三垂線の定理，The theorem of three perpendiculars）

6.2 (x, y, z) を次の点に移す $\boldsymbol{R}^3$ の変換の種類を答えよ．

(0) (x, y, z), (1) $(-x, y, z)$, (2) $(x, y, z+1)$, (3) $(-y, x, z)$,
(4) $(-x, y, z+1)$, (5) $(-y, x, -z)$, (6) $(-y, x, z+1)$, (7) $(-x, -y, -z)$

6.3 平面で「さ」は横に並べた「ち」に 1 回の鏡映で移る．では縦に並べると，鏡映を最低で何回合成すれば移るか．

6.4 $\boldsymbol{R}^2$ の直線 l_1, l_2, l_3 は 1 点で交わるとする．l_1, l_2, l_2, l_3 に関する鏡映の合成を考えることにより，回転の合成は回転（または恒等変換）であり，回転角は和になることを説明せよ．

6.5 $\boldsymbol{R}^n$ の異なる 2 点 P, Q に関する反転の合成を f とする．f は $2\overrightarrow{PQ}$ だけの並進であることを示せ．

6.6 $\boldsymbol{R}^n$ の同一直線上にない 3 点 P, Q, R に関する反転の合成を f とする．f は反転であることを示せ．

6.7 (1) $\boldsymbol{R}^3$ の回映は適当な直交座標で行列 $(-1) \oplus R_\theta$（$0 < \theta \leq \pi$）で表される一

次変換であることを示せ．

(2) $\boldsymbol{R}^3$ で，ある直線 l を軸とする回転と l 上の 1 点 P に関する反転の合成を**回反** (rotoinversion) という．回反と回映は同じであることを示せ．

6.8 $\boldsymbol{R}^3$ で，2 本の直線 l, m に関する鏡映の合成を f とする．l, m の位置関係によって f を分類せよ．

6.9 $\boldsymbol{R}^3$ の合同変換 f が，共線でない 3 点を固定するとき，f は恒等変換か鏡映であることを示せ．

6.10 f を $\boldsymbol{R}^4$ の 2 重回転とする．次を示せ．

(1) f は適当な直交座標枠で $R_\theta \oplus R_{\theta'}$（$0 < \theta, \theta' \leq \pi$）と表される．

(2) (1) の $\{\theta, \theta'\}$ は座標のとり方によらず定まる．

(3) $\theta = \theta'$ のとき（**等傾回転** (isoclinic rotation) という）を除くと，2 つの回転面が定まる．

6.11 X をユークリッド空間 $\boldsymbol{R}^n$ のアフィン部分空間とし，f を X の合同変換とする．このとき $\boldsymbol{R}^n$ の合同変換 F で，$F|_X = f$ となるものが存在することを示せ．

6.12 ユークリッド空間の合同変換 f は $f \neq \mathrm{id}$，$f^2 = \mathrm{id}$ のとき，あるアフィン部分空間に関する鏡映であることを示せ．

第7章

球面幾何

CHAPTER 7

$\boldsymbol{R}^3$ の原点を中心とし半径 1 の球面を**単位球面** (unit sphere) といい S^2 で表す．$\boldsymbol{R}^3$ の原点を通る直線は S^2 と 2 点で交わる．射影平面の点が原点を通る直線に対応するように，S^2 の点は原点を端点とする半直線に対応する．一般に，球面上の図形 D から，中心を頂点とする錐を作ると，D は錐と球面との交わりとして復元される．このように球面上の幾何を線形空間に帰着させて考える．

7.1 大　円

球面と，中心 O を通る平面との交わりを**大円** (great circle) という．中心を通る相異なる平面 α, β は中心を通る直線で交わるので，2 つの大円は中心に関して対称な 2 点で交わる．球面上で中心に関して対称な点を**対蹠点**（たいせきてん，antipodal point）という．

注意 7.1 ユークリッド空間で 2 点を結ぶ最短経路を伸ばした線（測地線）は直線であり，球面上の測地線は大円になることが知られている．球面は曲がっているが，大円を「直線」とみなすことで幾何ができる．任意の 2「直線」が交わるので「平行線」は存在しない．この球面幾何はユークリッドの公理系の第 5 公準（平行線の公準）を満たさない，いわゆる非ユークリッド幾何の 1 つである．

交点の 1 つを A とし，A における球面の接平面を π とする．α, β のなす角は，それぞれの π との交線のなす角に等しい．実際，α と β の交線 OA は π と直交するからである．この角を，接平面で球面を近似すると考えて，交点 A における大円のなす角と定義する．

球面では二角形が存在する．端点を共有する 2 つの異なる大円の半分で囲まれる部分のうち小さい方を**球面二角形** (spherical digon) と呼ぶ．交角を θ とす

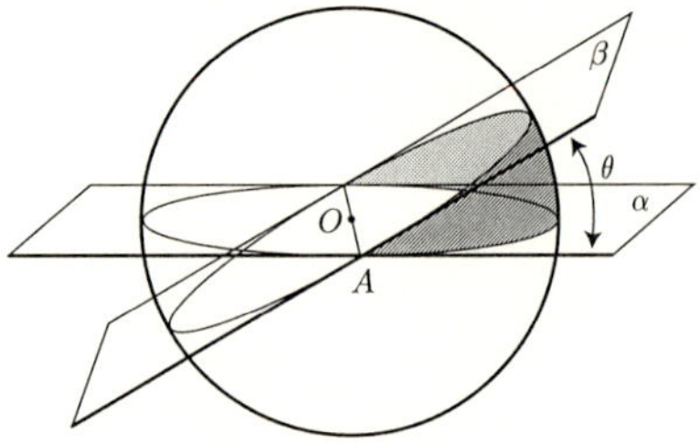

図 7.1 対蹠点，大円の交角，球面二角形

るとき $0 < \theta < \pi$ であり，面積は球の表面積の $\theta/2\pi$ 倍に等しい．半径 1 の場合 2θ であり，これは交角の和でもある．（図 7.1）

7.2 球面三角形

以下，簡単のため，S^2 上で考える．

S^2 の任意の 2 点 A, B に対し，O, A, B を通る平面が存在するから A, B を通る大円が存在する．A, B が対蹠点でなければ 3 点は独立であるから大円はただひとつであり，長さの短い方の劣弧と長い方の優弧が定まる．ここでは前者のみ考え，弧 AB を凸錐 $\mathrm{Cone}\{A, B\}$ と S^2 との交わりと定義する．対蹠点の場合は，2 点を通る大円は無限個存在する．この場合弧 AB とは（北極と南極に対する経線のように）A，B を端点とする任意の半円の 1 つを指す．

S^2 の 1 つの大円上にない相異なる 3 点 A, B, C をとる．O, A, B, C は同一平面上にないから独立であり，O を頂点とし A, B, C で張られる凸錐 $\mathrm{Cone}\{A, B, C\}$ は三角錐である．この三角錐と S^2 との交わりを球面三角形 (spherical triangle)ABC あるいは単に三角形 ABC という．

定理 7.2 (ハリオット・ジラールの公式，**Harriot–Girard formula**)
単位球面上の球面三角形 ABC の面積は，$\angle A + \angle B + \angle C - \pi$ に等しい．

証明　各辺を含む大円で球面を区切る．球面から，三角形を含む半球 3 つを引き，三角形を含む二角形 3 つを足すと，三角形 ABC 自身と，対蹠点を頂点とする合同な三角形が残る．よって三角形の面積は，$\frac{1}{2}\{4\pi - 3\times 2\pi + 2(\angle A + \angle B + \angle C)\}$ $= \angle A + \angle B + \angle C - \pi$ となる． □

注意 7.3 平面では三角形の内角の和は常に π に等しいが，球面では常に π より大き

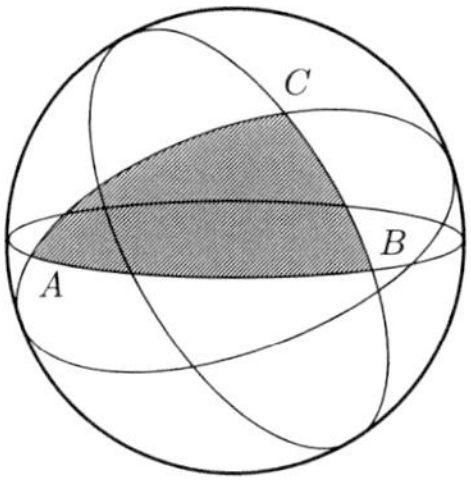

図 7.2 球面三角形

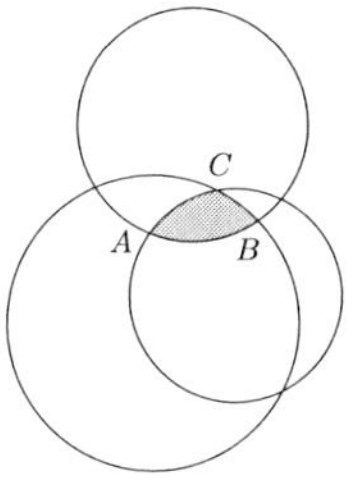

図 7.3 球面三角形の立体射影

い．また，3π より小さい．$\angle A + \angle B + \angle C - \pi$ は**球面過剰** (spherical excess) と呼ばれ，定理 7.2 は**球面過剰公式** (spherical excess formula) とも呼ばれる．

一般に球の半径を r，三角形の面積を S とすると，$S = r^2(\angle A + \angle B + \angle C - \pi)$. よって $\angle A + \angle B + \angle C = \pi + S/r^2$．$S$ に比べて r^2 が十分大きいとき，内角の和は π に近い．

原点を頂点とする強凸多角錐と球面の交わりを**球面凸多角形** (spherical convex polygon) という．強凸 n 角錐をある 1 つの端射線と他の端射線を含む平面により $(n-2)$ 個の三角錐に分割することで，次が従う．

系 7.4 単位球面上の球面凸 n 角形 $A_1 \cdots A_n$ の面積は，$\sum_{i=1}^{n} \angle A_i - (n-2)\pi$ に等しい．

系 7.5 (球面の凸多角形分割に対するオイラーの定理，Euler's theorem) 球面全体を交わりのない有限個の球面凸多角形に分割し，頂点・辺・面の数をそれぞれ V, E, F とするとき，$V - E + F = 2$ が成り立つ．

証明 面を $n_1, \ldots, n_F$ 角形とする．各辺は両隣の面で数えられるので $\sum_{i=1}^{F} n_i = 2E$．面積の総和は 4π であり，内角の和は $2\pi V$ に等しいから，$4\pi = 2\pi V - \sum_{i=1}^{F}(n_i - 2)\pi = 2\pi V - 2\pi E + 2\pi F$．$2\pi$ で割ればよい． □

注意 7.6 $V - E + F$ は球面凸多角形分割によらない定数である．これを球面のオイラー数 (Euler number) という．この数は球面以外でも非常に弱い仮定のもとで分割によらず一定の値になることが知られており，頂点と辺は連結でなければならないが，凸，辺は大円の一部，頂角が π 未満，各頂点に辺が 3 本以上付く，などの仮定は実は不要である．

注意 7.7 $\boldsymbol{R}^{n+1}$ の $n+1$ 次元凸多面体 Δ の重心 O を原点にとり，O を中心とする

n 次元単位（超）球面 S^n を考える．補題 4.18 より O を端点とする半直線 L は Δ の境界と 1 点（P とする）で交わり，L と S も 1 点（Q とする）で交わる．P を Q に対応させることにより，Δ の境界から S への全単射 g ができる（さらに同相写像になる．例えば[28] 参照）.

O を頂点として Δ の真の面 F で張られる凸錐を G とする．命題 4.29，定理 4.21 より G は F の頂点で張られる凸多面錐である．O は内点なので，真の面 F の支持超平面 H に含まれない．H の方程式を $x_{n+1} = 1$ とするアフィン座標をとると，G は 4.4 節の条件 $(*)$ を満たし，強凸である．

例えば $n = 2$ のとき，Δ の辺は S^2 の大円上の弧になり，Δ から S^2 の球面凸多角形による分割を得る．したがって 3 次元凸多面体に対しオイラーの定理が成り立つ[*1]．一般の次元の場合も同様である．

7.3 球 面 三 角 法

球面上の距離などの計算公式は，航海・天体観測に古くから用いられてきた．図を書いて示したり，うまい座標をとり計算して示すこともできるが，ここではベクトルを使い，右手系・左手系の向きもこめて代数的に証明しよう．

S^2 の点 A に対応する位置ベクトルを $\boldsymbol{A}$ のように太字で表すことにする．

S^2 の点 p に対し，$\{\boldsymbol{x} \in S^2 \mid \boldsymbol{p}\cdot\boldsymbol{x} \geq 0\}$ を，p を極 (pole) とする（閉）半球（面）(hemisphere) という．例えば，北半球の極は北極である．$\{\boldsymbol{x} \in S^2 \mid \boldsymbol{p}\cdot\boldsymbol{x} = 0\}$ を p を極とする大円という．例えば，赤道の極は北極と南極である．

以下，球面三角形 ABC を考える．弧 BC, CA, AB の長さをそれぞれ a, b, c と書く．

注意 7.8 球面の 3 点 A, B, C が同一大円上にないとは，同一平面上にないことであるから，$|\boldsymbol{A}\ \boldsymbol{B}\ \boldsymbol{C}| \neq 0$ と同値である．どの角も 0 または π とならないことと同値であるから，$\sin A \sin B \sin C \neq 0$ とも同値である

A, B が対蹠点とは $c = \pi$ となることである．3 点 A, B, C が互いに異なり対蹠点でもないことは $\sin a \sin b \sin c \neq 0$ と同値である．

c は角 AOB の大きさに等しいので，$\boldsymbol{A}\cdot\boldsymbol{B} = \cos c$，$|\boldsymbol{A} \times \boldsymbol{B}| = \sin c > 0$ である．平面 OAB の法線ベクトルは $\boldsymbol{A} \times \boldsymbol{B}$ に平行であるから，$\boldsymbol{A} \times \boldsymbol{B} = \boldsymbol{c}\,\varepsilon \sin c$ により単位法線ベクトル $\boldsymbol{c}$ を定める．ただし $\varepsilon = \pm 1$ であり，符号は $\boldsymbol{c}$ の向き

*1) オイラーの定理を球面過剰に帰着する証明はルジャンドル (Legendre) による．

が $\boldsymbol{c}\cdot\boldsymbol{C}>0$ を満たすように定める．C は平面 OAB 上にないから $\boldsymbol{c}\cdot\boldsymbol{C}\neq 0$ であることに注意する．$\boldsymbol{c}$ は，弧 AB を含む大円を境界とし C を含む半球の極に他ならない．$|\boldsymbol{A}\ \boldsymbol{B}\ \boldsymbol{C}|=(\boldsymbol{c}\cdot\boldsymbol{C})\varepsilon\sin c$ であるから，ε は行列式 $|\boldsymbol{A}\ \boldsymbol{B}\ \boldsymbol{C}|$ の符号と一致し，$\boldsymbol{A},\boldsymbol{B},\boldsymbol{C}$ が右手系・左手系のどちらであるかを示している．A,B,C を巡回的に取り替えることで，平面 OBC，OCA のそれぞれの単位法線ベクトル $\boldsymbol{a},\boldsymbol{b}$ が $\boldsymbol{a}\cdot\boldsymbol{A}>0$，$\boldsymbol{b}\cdot\boldsymbol{B}>0$ を満たすように定まり，同じ ε に対し $\boldsymbol{B}\times\boldsymbol{C}=\boldsymbol{a}\,\varepsilon\sin a$，$\boldsymbol{C}\times\boldsymbol{A}=\boldsymbol{b}\,\varepsilon\sin b$ を満たす．

A における接平面に B,C から下ろした垂線の足をそれぞれ B',C' とする．$OA//BB'//CC'$ であるから，B',C' はそれぞれ平面 OAB，OAC 上にある．$\angle A$ とは $\overrightarrow{AC'}$ と $\overrightarrow{AB'}$ のなす角に他ならない．

命題 7.9 $\boldsymbol{b}$ と $\boldsymbol{c}$ のなす角は $\angle A$ の補角に等しい．

まず次を示す．

補題 7.10 単位ベクトル $\boldsymbol{A}$ に対し，$f:\boldsymbol{v}\mapsto\boldsymbol{A}\times\boldsymbol{v}$ は $\boldsymbol{A}$ と直交する平面 $\boldsymbol{A}^{\perp}$ の変換を与え，90 度回転になる．

証明 $\boldsymbol{v},\boldsymbol{w}\in\boldsymbol{A}^{\perp}$ とする．$(\boldsymbol{A}\times\boldsymbol{v})\perp\boldsymbol{A}$ であるから f は $\boldsymbol{A}^{\perp}$ を保つ．$(\boldsymbol{A}\times\boldsymbol{v})\cdot(\boldsymbol{A}\times\boldsymbol{w})=(\boldsymbol{A}\cdot\boldsymbol{A})(\boldsymbol{v}\cdot\boldsymbol{w})-(\boldsymbol{A}\cdot\boldsymbol{w})(\boldsymbol{A}\cdot\boldsymbol{v})=\boldsymbol{v}\cdot\boldsymbol{w}$ であるから f は内積も保つので平面 $\boldsymbol{A}^{\perp}$ の直交変換である．$(\boldsymbol{A}\times\boldsymbol{v})\perp\boldsymbol{v}$ であるから，$\boldsymbol{0}$ でない不動点はなく鏡映ではない．よって f は回転であり回転角は 90 度． □

証明 (命題 7.9) $\boldsymbol{B}=\boldsymbol{A}+\overrightarrow{AB'}+\overrightarrow{B'B}$（$\boldsymbol{C}$ も同様）に注意すると，平行なベクトルの外積は $\boldsymbol{0}$ であるから，$\boldsymbol{A}\times\boldsymbol{B}=\boldsymbol{A}\times\overrightarrow{AB'}$，$\boldsymbol{A}\times\boldsymbol{C}=\boldsymbol{A}\times\overrightarrow{AC'}$ である．よって補題より $\overrightarrow{AC'}$ と $\overrightarrow{AB'}$ のなす角は，$\boldsymbol{A}\times\boldsymbol{C}$ と $\boldsymbol{A}\times\boldsymbol{B}$ のなす角に等しく，これは $-\boldsymbol{b}\varepsilon$ と $\boldsymbol{c}\varepsilon$ のなす角に等しい． □

系 7.11 $\boldsymbol{b}\cdot\boldsymbol{c}=-\cos A$，$\boldsymbol{b}\times\boldsymbol{c}=\boldsymbol{A}\,\varepsilon\sin A$，$\varepsilon|\boldsymbol{a}\ \boldsymbol{b}\ \boldsymbol{c}|>0$．

証明 命題 7.9 から内積の方は直ちに従う．$(\boldsymbol{C}\times\boldsymbol{A})\times(\boldsymbol{A}\times\boldsymbol{B})=(\boldsymbol{b}\,\varepsilon\sin b)\times(\boldsymbol{c}\,\varepsilon\sin c)=(\boldsymbol{b}\times\boldsymbol{c})\sin b\sin c$ である．系 5.15 より左辺は $\boldsymbol{A}|\boldsymbol{A}\ \boldsymbol{B}\ \boldsymbol{C}|$ に等しいから，$\boldsymbol{b}\times\boldsymbol{c}$ と $\boldsymbol{A}\varepsilon$ は同じ向きに平行である．$|\boldsymbol{b}\times\boldsymbol{c}|=\sin A$ であるから，$\boldsymbol{b}\times\boldsymbol{c}=\boldsymbol{A}\,\varepsilon\sin A$．よって $\varepsilon\boldsymbol{a}\cdot(\boldsymbol{b}\times\boldsymbol{c})=(\boldsymbol{a}\cdot\boldsymbol{A})\sin A>0$． □

ここまでの公式をまとめておく．

命題 7.12 $\boldsymbol{a}\cdot\boldsymbol{A}>0$, $\boldsymbol{b}\cdot\boldsymbol{B}>0$, $\boldsymbol{c}\cdot\boldsymbol{C}>0$, $\varepsilon|\boldsymbol{A}\ \boldsymbol{B}\ \boldsymbol{C}|>0$, $\varepsilon|\boldsymbol{a}\ \boldsymbol{b}\ \boldsymbol{c}|>0$.

$\boldsymbol{B}\cdot\boldsymbol{C}=\cos a$, $\boldsymbol{C}\cdot\boldsymbol{A}=\cos b$, $\boldsymbol{A}\cdot\boldsymbol{B}=\cos c$.

$\boldsymbol{B}\times\boldsymbol{C}=\boldsymbol{a}\,\varepsilon\sin a$, $\boldsymbol{C}\times\boldsymbol{A}=\boldsymbol{b}\,\varepsilon\sin b$, $\boldsymbol{A}\times\boldsymbol{B}=\boldsymbol{c}\,\varepsilon\sin c$.

$\boldsymbol{b}\cdot\boldsymbol{c}=-\cos A$, $\boldsymbol{c}\cdot\boldsymbol{a}=-\cos B$, $\boldsymbol{a}\cdot\boldsymbol{b}=-\cos C$.

$\boldsymbol{b}\times\boldsymbol{c}=\boldsymbol{A}\,\varepsilon\sin A$, $\boldsymbol{c}\times\boldsymbol{a}=\boldsymbol{B}\,\varepsilon\sin B$, $\boldsymbol{a}\times\boldsymbol{b}=\boldsymbol{C}\,\varepsilon\sin C$.

定理 7.13 (正弦定理, law of sines)

$$\frac{\sin a}{\sin A}=\frac{\sin b}{\sin B}=\frac{\sin c}{\sin C}$$

証明 $(\boldsymbol{C}\times\boldsymbol{A})\times(\boldsymbol{A}\times\boldsymbol{B})=(\boldsymbol{b}\,\varepsilon\sin b)\times(\boldsymbol{c}\,\varepsilon\sin c)=\boldsymbol{A}\,\varepsilon\sin A\sin b\sin c$. 左辺は $\boldsymbol{A}|\boldsymbol{A}\ \boldsymbol{B}\ \boldsymbol{C}|$ にも等しい．よって A,B,C を入れ替えた式も合わせて $\sin A\sin b\sin c=\sin B\sin c\sin a=\sin C\sin a\sin b=\varepsilon|\boldsymbol{A}\ \boldsymbol{B}\ \boldsymbol{C}|>0$. $\sin a\sin b\sin c$ をこの値で割ると与式が得られる． □

定理 7.14 (余弦定理, law of cosines)

$$\cos a=\cos b\cos c+\sin b\sin c\cos A$$
$$\cos b=\cos c\cos a+\sin c\sin a\cos B$$
$$\cos c=\cos a\cos b+\sin a\sin b\cos C$$

証明 $(\boldsymbol{C}\times\boldsymbol{A})\cdot(\boldsymbol{A}\times\boldsymbol{B})=(\boldsymbol{b}\,\varepsilon\sin b)\cdot(\boldsymbol{c}\,\varepsilon\sin c)=-\sin b\sin c\cos A$. 一方 $(\boldsymbol{C}\times\boldsymbol{A})\cdot(\boldsymbol{A}\times\boldsymbol{B})=-\boldsymbol{C}\cdot\boldsymbol{B}+(\boldsymbol{C}\cdot\boldsymbol{A})(\boldsymbol{A}\cdot\boldsymbol{B})=-\cos a+\cos b\cos c$. □

注意 7.15 特に，$\angle A=\angle R$ のとき，$\cos a=\cos b\cos c$（球面の三平方の定理）. 球面の半径を r とすると，$\cos\frac{a}{r}=\cos\frac{b}{r}\cos\frac{c}{r}$. 2 乗して書きなおすと，$\sin^2\frac{a}{r}=\sin^2\frac{b}{r}+\sin^2\frac{c}{r}-\sin^2\frac{b}{r}\sin^2\frac{c}{r}$. a,b,c が r に比べて小さいとき，両辺を r^2 倍して $r\to\infty$ とすると $a^2=b^2+c^2$ の近似を得る．

7.4 球面幾何の双対原理

$D\subset S^2$ が測地凸 (geodesically convex) とは，任意の 2 点 $A,B\in D$ に対し，ある弧 AB が D に含まれることをいう．半球，大円は測地凸である．

命題 7.16 球面の部分集合 D が対蹠点を含まないとき，D が測地凸であることと，錐包 $\boldsymbol{R}_{\geq 0}D$ が凸錐であることとは同値である．

証明　$\boldsymbol{R}_{\geq 0}D \setminus \{O\}$ の点はある D の点 A と正の実数 λ により $\lambda\boldsymbol{A}$ と書ける．D が測地凸であるとする．任意の $\lambda\boldsymbol{A}, \mu\boldsymbol{B} \in \boldsymbol{R}_{\geq 0}D$（$A, B \in D$，$\lambda, \mu > 0$）をとる．弧 AB は，D が対蹠点を含まないことから一意的に定まり，D が測地凸であることから D に含まれる．よって弧 AB で張られる錐 C は $\boldsymbol{R}_{\geq 0}D$ に含まれる．$\lambda\boldsymbol{A}$ と $\mu\boldsymbol{B}$ を結ぶ線分は $\mathrm{Cone}\{A, B\}$ に含まれ，よって C に含まれる（$\mathrm{Cone}\{A, B\} \setminus \{O\}$ の任意の元は正の実数倍で S^2 の点になる）から，$\boldsymbol{R}_{\geq 0}D$ は凸錐である．

逆に，$\boldsymbol{R}_{\geq 0}D$ が凸であるとする．任意の $A, B \in D$ に対し，線分 AB したがって $\mathrm{Cone}\{A, B\}$ は $\boldsymbol{R}_{\geq 0}D$ に含まれる．その球面との交わりは D に含まれるが，弧 AB に他ならない．　□

注意 7.17　球面の部分集合で対蹠点を含まない場合，有限個の点の「測地凸包」（つまり有限個のベクトルで張られる凸錐と球面との交わり）と，有限個の閉半球の共通部分（つまり有限個の閉半空間の共通部分と球面との交わり）とは，同じものである．

球面三角形 ABC に対し，系 7.11 より $\boldsymbol{a}, \boldsymbol{b}, \boldsymbol{c}$ は一次独立であるから，これらを頂点とする球面三角形 abc が存在する．三角形 abc を三角形 ABC の極三角形 (polar triangle) という．

命題 7.18　S^2 の点 a, b, c に対し，次は同値．

(1) $\boldsymbol{a}, \boldsymbol{b}, \boldsymbol{c}$ が一次独立である．

(2) 極をそれぞれ $\boldsymbol{a}, \boldsymbol{b}, \boldsymbol{c}$ とする 3 つの半球の共通部分が球面三角形となる．

(3) 極をそれぞれ $\boldsymbol{a}, \boldsymbol{b}, \boldsymbol{c}$ とする 3 つの大円の共通部分が存在しない．

証明　(1) $\Rightarrow$ (2)：$\boldsymbol{a}, \boldsymbol{b}, \boldsymbol{c}$ が一次独立ならば球面三角形 abc が存在する．極三角形 ABC を考える．$\boldsymbol{R}^3$ の点 P に対し，$\boldsymbol{P} = \boldsymbol{A}x + \boldsymbol{B}y + \boldsymbol{C}z$ により (x, y, z) を定める（一次独立性から一意的に定まる）．$\boldsymbol{a} \cdot \boldsymbol{A} > 0$，$\boldsymbol{a} \cdot \boldsymbol{B} = 0$，$\boldsymbol{a} \cdot \boldsymbol{C} = 0$ 等により，$\boldsymbol{a} \cdot \boldsymbol{P} \geq 0$ かつ $\boldsymbol{b} \cdot \boldsymbol{P} \geq 0$ かつ $\boldsymbol{c} \cdot \boldsymbol{P} \geq 0$ が成り立つことは $x \geq 0$，$y \geq 0$，$z \geq 0$ と同値であり，これは $P \in \mathrm{Cone}\{A, B, C\}$ と同値である．よって半球の共通部分は球面三角形 ABC に一致する．(2) $\Rightarrow$ (1)：球面三角形に対し，系 7.11 より $|\boldsymbol{a}\ \boldsymbol{b}\ \boldsymbol{c}| \neq 0$ であるから，$\boldsymbol{a}, \boldsymbol{b}, \boldsymbol{c}$ は一次独立である．(1) $\Leftrightarrow$ (3)：$\boldsymbol{a}, \boldsymbol{b}, \boldsymbol{c}$ が一次独立であることは，それら 3 つに直交するベクトルは $\boldsymbol{0}$ しかない

ことと同値であるから，対応する大円の共通部分が空であることと同値． □

特に，球面三角形は，3 つの半球で 3 つの境界すべてに共通する点がないようなものの共通部分である．

注意 7.19 点（大文字）と極（小文字）を入れ替えることを考える．

点同士・極同士の関係では，2 点を結ぶ弧の長さは半直線のなす角であり，2 つの弧で挟まれた頂角は（半）平面のなす角である．命題 7.9 より平面のなす角は極のなす角の補角になるので，点と極を入れ替えても，なす角を補角にすれば同じ関係式が成り立つ．補角に変えるのは見かけ上の問題であり，球面多角形の頂角を内角ではなく外角（つまり頂点における方向転換の角度）で表すことにすれば対称になる．

点と極との関係では，a を極とする大円が点 A を通ることは，$\boldsymbol{a} \cdot \boldsymbol{A} = 0$ という等式で表される．この式は大文字と小文字の入れ替えに関して対称であるから，射影平面のときと同様に，点と極を入れ替えると包含関係が逆転して成り立つ．A が a を極とする半球上にあることも $\boldsymbol{a} \cdot \boldsymbol{A} \geq 0$ で表されるので同様である．

これらを球面幾何の**双対原理**という．

注意 7.20 球面の合同変換とは，空間の合同変換（の球面への制限）のこととする．合同変換はベクトルの内積を保つから，弧の長さを保つ．平面のなす角を保つから，頂角を保つ．

演 習 問 題

7.1 $\boldsymbol{R}^3$ において $\boldsymbol{a}(\neq \boldsymbol{0})$ と x, y, z 軸のなす角をそれぞれ α, β, γ とすると，$\boldsymbol{a} = |\boldsymbol{a}|\,{}^t(\cos\alpha, \cos\beta, \cos\gamma)$ が成り立つ．$\cos\alpha, \cos\beta, \cos\gamma$ を $\boldsymbol{a}$ のそれぞれの軸に関する**方向余弦** (direction cosine) という．次を示せ．

(1) $\cos\alpha^2 + \cos\beta^2 + \cos^2\gamma = 1$.

(2) $\boldsymbol{a}, \boldsymbol{b}(\neq \boldsymbol{0})$ のなす角を θ，方向余弦をそれぞれ $(l, m, n), (l', m', n')$ とするとき，$\cos\theta = ll' + mm' + nn'$.

7.2 平面と各座標平面 (yz 平面，zx 平面，xy 平面）とのなす角をそれぞれ α, β, γ とすると，

$$\cos^2\alpha + \cos^2\beta + \cos^2\gamma = 1$$

が成り立つことを示せ．

7.3 球面の 3 点 A, B, C は，球面を適当に回転して A を z 軸の正の方向，xz 平面を A, B を含む平面とすることで，$A(0, 0, 1)$，$B(\cos\varphi_1, 0, \sin\varphi_1)$，

$C(\cos\varphi_2\cos\theta, \cos\varphi_2\sin\theta, \sin\varphi_2)$　($\varphi_1, \varphi_2 \in [-\frac{\pi}{2}, \frac{\pi}{2}]$, $\theta \in (-\pi, \pi]$) とおける．これより余弦定理を示せ．

7.4 地球を半径 r の球で近似するとき，経度の差が θ ($0 \le \theta \le \pi$)，緯度がそれぞれ $\varphi_1, \varphi_2 \in [-\pi/2, \pi/2]$ の 2 点 A, B の間の大円による距離を cr とする．$\cos c$ を求めよ．

7.5 東京（北緯 36 度東経 140 度）とロンドン（北緯 51 度東経 0 度）との間の大円上の距離を有効数字 2 桁まで求めよ．ただし，地球は半径 6400km の球であると仮定し，計算機などを使ってよい．

7.6 球面三角形 ABC に対して次を示せ．

(1) $\sin a\cos B = \cos b\sin c - \sin b\cos c\cos A$

(2) $\cos A = -\cos B\cos C + \sin B\sin C\cos a$

7.7 球面三角形 ABC に対し $s = (a+b+c)/2$，$S = (A+B+C)/2$ とおく．次を示せ．

$$\tan\frac{A}{2} = \sqrt{\frac{\sin(s-b)\sin(s-c)}{\sin s\sin(s-a)}}, \quad \tan\frac{a}{2} = \sqrt{\frac{-\cos S\cos(S-A)}{\cos(S-B)\cos(S-C)}}$$

7.8 球面三角形 ABC において，$\angle A = \angle B \iff a = b$ を示せ．

7.9 単位球面上の 2 つの球面三角形 ABC，$A'B'C'$ は，$\angle A = \angle A'$，$\angle B = \angle B'$，$\angle C = \angle C'$ を満たすとする．このとき，ある球面の合同変換によって $f(A) = A'$，$f(B) = B'$，$f(C) = C'$ とできることを示せ．

7.10 $a, b, c \in (0, \pi)$ が球面三角形の三辺の長さとなる必要十分条件は $|b-c| < a < b+c$，$a+b+c < 2\pi$ であることを示せ．また，この条件を満たす球面三角形は合同を除き一意的であることを示せ．

7.11 $\alpha, \beta, \gamma \in (0, \pi)$ が球面三角形の 3 つの角度となる必要十分条件は $\alpha+\pi > \beta+\gamma$，$\beta+\pi > \gamma+\alpha$，$\gamma+\pi > \alpha+\beta$，$\pi < \alpha+\beta+\gamma$ であることを示せ．

7.12 大円 Γ に対し，Γ の極 C を通る任意の大円は Γ と直交することを示せ．

7.13 点 A と大円の法線ベクトル $\boldsymbol{a}$ は $\boldsymbol{a}\cdot\boldsymbol{A} > 0$ を満たすとする．A を通る大円で，$\boldsymbol{a}$ を極とする大円と直交するものが一意的に存在することを示せ．交点のうち A に近い方が一意的に定まり，垂線の足という．A から垂線の足までの距離を h とするとき，$\sin h$ を求めよ．

7.14 原点を通る錐の**立体角** (solid angle) とは，S^2 との交わりの面積をいう．単位はステラジアン (steradian) といい sr と書く．全立体角は 4π sr である．

原点を頂点として，S^2 の 1 点で外接する単位球で生成される錐に対し，立体角を求めよ．これは単位球の表面積のおよそ何分の一か．

7.15 球面の測地凸部分集合の共通部分は測地凸とは限らないことを示せ．

第8章
対称性と変換群

CHAPTER 8

「互いに重なり合うものは相等しい」(ユークリッド,『原論』, 共通概念 7)

8.1　平面図形の合同群の例

蝶が羽を広げた形は, 鏡に映したように左右対称である. ここでは, 対称性をもつ形について考えてみよう.

平面で, $\pm \boldsymbol{e}_1$, $\pm \boldsymbol{e}_2$ を頂点とする正方形を考える. この正方形を保つ回転は次の 4 つの行列の掛け算で表される：$E = \begin{pmatrix} 1 & 0 \\ 0 & 1 \end{pmatrix}$, $J := R_{\frac{\pi}{2}} = \begin{pmatrix} 0 & -1 \\ 1 & 0 \end{pmatrix}$, $J^2 = -E$, $J^3 = -J$. J を 4 回掛けると何もしないのと同じ結果になる ($J^4 = E$). よって $J^3 = J^{-1}$ でもある.

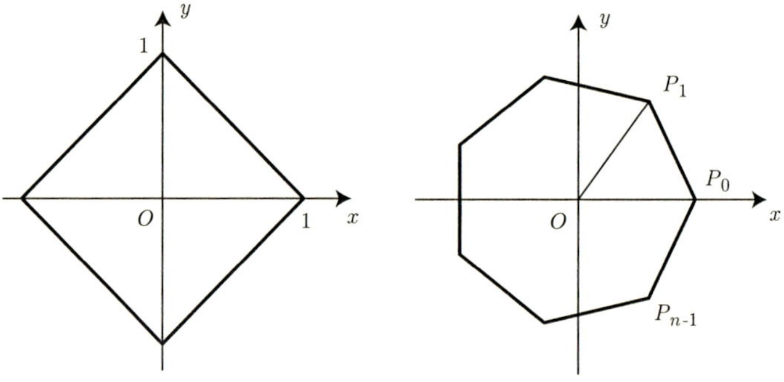

図 8.1　正多角形

一般に, n を 3 以上の整数, $\theta = 2\pi/n$ とする. 原点を中心とする単位円 $\{(x, y) \mid x^2 + y^2 = 1\}$ 上に n 個の点 $P_k(\cos k\theta, \sin k\theta)$ $(k = 0, 1, \ldots, n-1)$ をとると, これらを頂点とする正 n 角形 Δ ができる. Δ を保つ平面の合同変換は頂点集合を保ち, したがってその重心である原点も保つため, 直交行列で表される．2 次の直交行列は，回転行列と鏡映行列からなる．

Δ を保つ回転行列は，1 つの頂点（例えば $P_0 = \boldsymbol{e}_1$）を固定すると，その頂点がどの頂点に移るかで回転角が決まり，$R_{k\theta} = \begin{pmatrix} \cos k\theta & -\sin k\theta \\ \sin k\theta & \cos k\theta \end{pmatrix} = R_\theta^k$ $(0 \leq k \leq n-1)$ である．$C_n := \{R_\theta^k \mid k = 0, 1, \ldots, n-1\}$ とおく．$n = 1, 2$ のときも $C_1 = \{E_2\}$，$C_2 = \{\pm E_2\}$ とおく．C_n は n 次の**巡回群** (cyclic group) と呼ばれる．

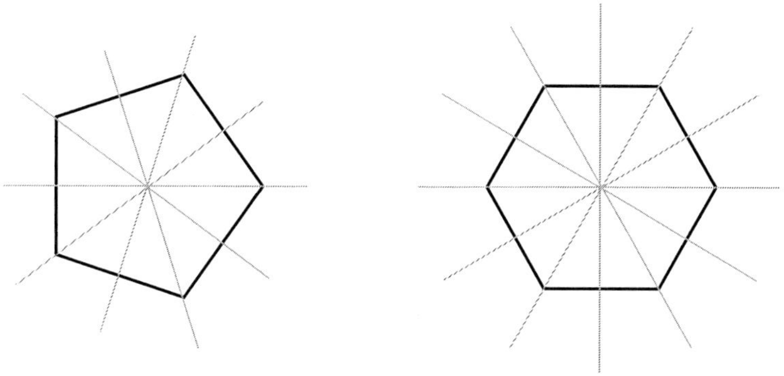

図 **8.2** 正多角形の鏡映軸

Δ の鏡映は，頂点 P_0 が P_k に移る $S_{k\theta} = \begin{pmatrix} \cos k\theta & \sin k\theta \\ \sin k\theta & -\cos k\theta \end{pmatrix}$ $(0 \leq k \leq n-1)$ の n 通りである．n が奇数なら，各頂点と原点を通る直線で n 本の対称軸が尽くされる．n が偶数なら，この軸上には 2 つの頂点があるので $n/2$ 本であるが，その他に対辺の中点を結ぶ直線も $n/2$ 本あり，やはり合計 n 個の鏡映がある．いずれの場合も，n 個の鏡映があり，回転と合わせて $2n$ 個の直交行列からなる．これらの全体 $D_n := \{R_{k\theta}, S_{k\theta} \mid 0 \leq k \leq n-1\}$ を n 次の**二面体群** (dihedral group) という[*1)]．その意味は後述する．

注意 8.1 $S_\theta S_{\theta'} = R_{\theta-\theta'}$ であるから $S_{\pi/3}S_0 \neq S_0 S_{\pi/3}$ であり，合成の結果は順序による．また，$(S_\theta S_{\theta'})^{-1} = S_{\theta'}^{-1}S_\theta^{-1}$ である．一般に，ワイルが述べたように，「服を着るとき，シャツを先にするか，上衣を先にするか，どの順序でおこなうかはどうでもよいとはいえない．服を着るときはシャツからはじめて上衣で終るし，脱ぐときは逆の順序でおこなう」(『シンメトリー』，遠山啓 訳)[58] のである．

このように，ユークリッド空間 $\boldsymbol{R}^n$ の部分集合 X に対し，$\boldsymbol{R}^n$ の合同変換

---

*1) 位数を重視して D_{2n} と表す流儀もあるので注意が必要．

で，X のすべての点を再び X の点に移すものの全体を，X の**合同群** (group of congruences) と呼ぶ．向きを保つ合同変換を**運動** (motion) と呼び，運動の全体を**運動群** (group of motions) という[*2)]．「群」という言葉の正確な定義は次章で述べる．

例 8.2 $\pm 2\boldsymbol{e}_1, \pm \boldsymbol{e}_2$ を頂点とする菱形の運動群は $\pm E$ からなり，合同群は，$\pm E$ と両軸に関する鏡映 $\pm \begin{pmatrix} -1 & \\ & 1 \end{pmatrix}$ の 4 つからなる．すべて対角行列であるから，続けて行うときにその順序によらない，つまり可換である．なお $(\pm\frac{1}{2}, \pm 1)$ を頂点とする長方形に対しても，運動群・合同群は同じである．

例 8.3 円の合同群は，円の中心を原点に取ると，平面の直交変換全体 $O(2)$ に他ならない．単位円に内接する正 n 角形は，n が限りなく大きくなるとき，単位円に近づくように見えるが．$O(2)$ は非可算集合であるから，D_n の「極限」ではなく，もっと大きい．

注意 8.4 回転や並進（平行移動）はその空間内で図形を連続的に動かしていくことで実現されるが，鏡映も考えることにどのような意味があるのだろうか．

正 n 角形の場合に戻る．平面における鏡映は，3 次元空間内では対称軸の回りの半回転と一致する．これにより表面と裏面が入れ替わるので，正 n 角形を，面が 2 つある空間図形，すなわち「二面体」とみなせる．二面体群の呼称はここに由来する．

その意味では，回転だけからなる n 次の巡回群は「一面体群」と呼ぶこともできよう．もっとも，$n \geq 3$ のとき巡回群は正多角錐という普通の立体の運動群でもあるし，二面体群も正多角柱の運動群である．

次元を 1 つ上げれば鏡映を回転で表せることは，ウィトゲンシュタインにより次のように述べられている．

「右手と左手を重ね合わせることができないというカントの問題は，すでに平面において，いや一次元空間でも，問題にできる．

- - - o — x - - x — o - - - -

a b

ここで，2 つの合同な図形 a と b は，この空間の外を移動させなければ重ね合わせられない．右手と左手とは実際まったく合同なのである．つまり，両者を重ね合わせられないということは，それらが合同であることとは別問題なのである．

もし四次元空間において手袋を回転させることができるならば，そのとき，右の手

---

*2) 運動群を合同群と同義に用いる流儀もある．

袋を左手にはめることができよう.」(『論理哲学論考』, 野矢茂樹 訳, 6.36111)[59]

行列の言葉で述べると, 直交行列 A の行列式が -1 ならば, $A \oplus (-1)$ は行列式が 1 の直交行列であり, したがっていくつかの 2 次元平面の回転の合成で表される.

したがって, 図形の, 埋め込み方によらない対称性を考えるならば, 鏡映との合成も含めるべきである.

8.2 整数の合同

整数に対しても「合同」の概念がある.

n を正整数とする. 整数 a を n で割った余りを r とする. ただし, a が負のときも, $a = qn + r$, $q \in \boldsymbol{Z}$, $0 \leq r < n$ となる r を余りという.

整数 a, b は n で割った余りが等しいとき, n を法として合同 (congruent modulo n) であるといい, $a \equiv b \mod n$ と書く. これは, $a - b$ が n の倍数であることと同値である.

以下ここでは $\mod n$ を省略する. 次は易しいので読者に任せる.

命題 8.5 $a, b, c, a', b' \in \boldsymbol{Z}$ に対し次が成り立つ. (1) $a \equiv a$. (2) $a \equiv b$ ならば $b \equiv a$. (3) $a \equiv b$ かつ $b \equiv c$ ならば $a \equiv c$. (4) $a \equiv a'$, $b \equiv b'$ ならば $a + b \equiv a' + b'$, $a - b \equiv a' - b'$, $ab \equiv a'b'$.

n の倍数の全体 $\{nk \mid k \in \boldsymbol{Z}\}$ を $n\boldsymbol{Z}$ と書く. n を法として合同な整数を同一視してできる集合を $\boldsymbol{Z}/n\boldsymbol{Z}$ あるいは $\boldsymbol{Z}_n$ と書く. $k \in \boldsymbol{Z}$ の $\boldsymbol{Z}/n\boldsymbol{Z}$ における像を $\bar{k}$ と書くと, 前命題より, $\boldsymbol{Z}/n\boldsymbol{Z}$ には $\bar{a} \pm \bar{b} := \overline{a \pm b}$, $\bar{a}\bar{b} := \overline{ab}$ で加減乗の演算が定まる.

注意 8.6 整数の合同は, 数直線上で (n の倍数だけ) 平行移動して重なる点を同じとみなすという意味で, 三角形の合同の類似である. ただし三角形の場合と異なり, 折り返しは考えない.

注意 8.7 a, b, n が実数でも同様である. 実数 a, b は $a - b$ が実数 n で割り切れるとき n を法として合同といい, $a \equiv b \mod n$ で表す. 命題 8.5 はそのまま成り立つ. $n \neq 0$ のとき, n を法として合同な実数を同一視してできる集合は, 数直線の区間 $[0, |n|]$ をとり, 両端を同じ点としてつなげた, 円 (いわば「数円」) である. 例えば $n = 1$ のとき, $\boldsymbol{R}$ から複素平面内の単位円への写像 $f(t) = e^{2\pi i t} = \cos 2\pi t + i \sin 2\pi t$ を考えると, 1 を法として合同とは f による像が等しいことである.

8.3 正 多 角 形

平面において，有限個の相異なる点 $\boldsymbol{x}_i$（$1 \leq i \leq p$）に対し，隣接する番号の点を順につなげた線分 $\boldsymbol{x}_i\boldsymbol{x}_{i+1}$ の集合（ただし $\boldsymbol{x}_{p+1} := \boldsymbol{x}_1$）を，$\boldsymbol{x}_1, \ldots, \boldsymbol{x}_p$ を頂点とする $\boldsymbol{p}$ **角形** (p-gon) あるいは単に**多角形** (polygon) という．ただし，隣接する線分は平行でないとする．線分 $\boldsymbol{x}_i\boldsymbol{x}_{i+1}$ を**辺** (side) といい，隣接しない頂点をつなぐ線分は**対角線** (diagonal) という．定義から p 角形の辺の数は p であるので，特に $p = 4$ のとき四角形を**四辺形** (quadrilateral) ともいう．辺が交わらないとき**単純多角形** (simple polygon) という．

隣り合う辺の長さが等しくかつ一定の角をなす，という局所的な等質性から，ある点を中心として各頂点までの距離は等しくかつ一定の角をなす，という大域的な対称性が従うことを示そう．

命題 8.8 p を 2 以上の整数，$\boldsymbol{x}_1, \ldots, \boldsymbol{x}_p$ を平面の相異なる点とし $\boldsymbol{c} := \frac{1}{p}\sum_{j=1}^{p} \boldsymbol{x}_j$ と定める．$\theta \in [-\pi, \pi)$ と $i = 1, \ldots, p$ に対し $R_\theta(\boldsymbol{x}_i - \boldsymbol{x}_{i-1}) = \boldsymbol{x}_{i+1} - \boldsymbol{x}_i$ を満たすとする．ただし点の添え字は p を法として考えて，$\boldsymbol{x}_0 = \boldsymbol{x}_p$, $\boldsymbol{x}_{p+1} = \boldsymbol{x}_1$ とみなす．このとき次が成り立つ．

(1) $0 < d \leq \frac{p}{2}$ かつ p と互いに素な整数 d が存在して $|\theta| = \frac{2d\pi}{p}$.

(2) $R_\theta(\boldsymbol{x}_i - \boldsymbol{c}) = \boldsymbol{x}_{i+1} - \boldsymbol{c}$（$i = 1, \ldots, p$）.

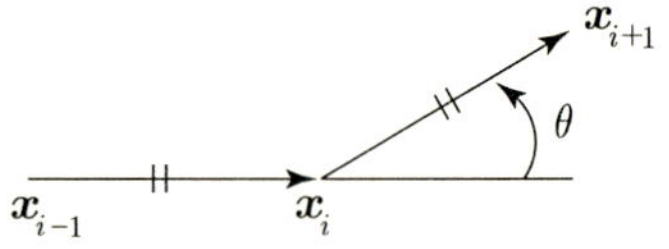

図 8.3　条件：隣接する辺は長さが等しく，なす角が一定

証明 (1) $p \geq 2$ のとき $\boldsymbol{x}_2 - \boldsymbol{x}_1 \neq \boldsymbol{0}$ である．$(R_\theta)^p(\boldsymbol{x}_2 - \boldsymbol{x}_1) = \boldsymbol{x}_2 - \boldsymbol{x}_1$ より $(R_\theta)^p$ は回転角 0 の回転行列すなわち単位行列．$p|\theta| = 2d\pi$（$0 < d \leq \frac{p}{2}$）と表せる．d と p に 1 以外の公約数があれば，ある m（$1 < m < p$）に対し $R_\theta^m = E$ となる．R_θ は固有値 1 をもたないから $R_\theta - E$ は正則であり，$(R_\theta)^m - E = O$ より $(R_\theta)^{m-1} + \cdots + R_\theta + E = O$ が従う．よって $\boldsymbol{x}_m - \boldsymbol{x}_1 = (\boldsymbol{x}_m - \boldsymbol{x}_{m-1}) + \cdots + (\boldsymbol{x}_2 - \boldsymbol{x}_1) = ((R_\theta)^{m-1} + \cdots + R_\theta + E)(\boldsymbol{x}_2 - \boldsymbol{x}_1) = \boldsymbol{0}$.

これは $\boldsymbol{x}_m \neq \boldsymbol{x}_1$ に反する．よって d と p は互いに素．

(2) $\boldsymbol{x}_i - \boldsymbol{c} = \frac{1}{p}\sum_{j=1}^{p}(\boldsymbol{x}_i - \boldsymbol{x}_j)$ である．添え字は p を法として考えて，$\boldsymbol{x}_i - \boldsymbol{x}_j = (\boldsymbol{x}_i - \boldsymbol{x}_{i-1}) + (\boldsymbol{x}_{i-1} - \boldsymbol{x}_{i-2}) + \cdots + (\boldsymbol{x}_{j+1} - \boldsymbol{x}_j)$ であるから，$R_\theta(\boldsymbol{x}_i - \boldsymbol{x}_j) = \boldsymbol{x}_{i+1} - \boldsymbol{x}_{j+1}$．よって $R_\theta(\boldsymbol{x}_i - \boldsymbol{c}) = \frac{1}{p}\sum_j(\boldsymbol{x}_{i+1} - \boldsymbol{x}_{j+1}) = \boldsymbol{x}_{i+1} - \boldsymbol{c}$. □

上を満たす多角形 ($p \geq 3$) を正 $\frac{p}{d}$ 角形 (regular $\frac{p}{d}$-gon) といい記号 $\{\frac{p}{d}\}$ で表す．$d = 1$ のときは（内部も含めて）正凸 p 角形であり単に $\{p\}$ と表す．それ以外の場合は星形多角形 (star-polygon) である．例えば，正 $\frac{5}{2}$ 角形とは五芒星 (pentagram) のことである．$\boldsymbol{c}$ を正 $\frac{p}{d}$ 角形の中心 (centre) という．分母 d は中心の周りを何重に覆うかを表し，密度 (density) と呼ばれる．

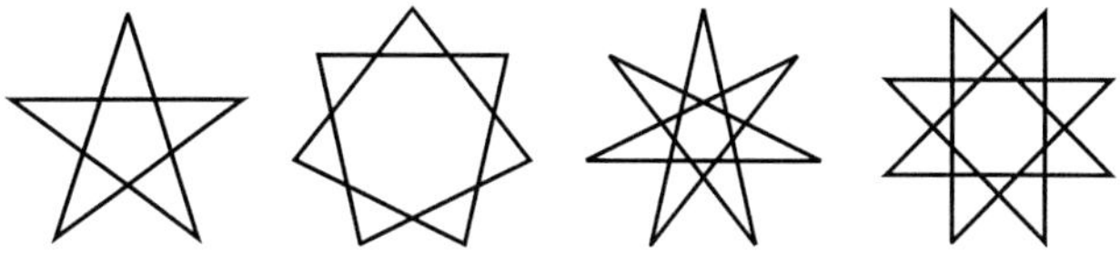

図 8.4　左から正 $\frac{5}{2}$，$\frac{7}{2}$，$\frac{7}{3}$，$\frac{8}{3}$ 角形

$\theta = 0$ のときは $\boldsymbol{x}_i$ は直線状に等間隔に並んでいく．負の方向も合わせて直線を無限個の合同な線分で敷き詰めたものは記号 $\{\infty\}$ で表され，正無限角形 (apeirogon) と呼ばれる*3)．

頂点が相異なることを仮定しない場合，正 $\frac{6}{2}$ 角形等も現れる．平面図形としては正三角形であるが 2 重になっている．

8.4 置　　換

正多角形の合同群は，頂点の並べ替え方を指定すれば決まる．このような有限集合の並べ替え（順列）は基本的かつ重要であるので，先に調べておこう．

集合 $\{1, 2, \ldots, n\}$ の変換で全単射であるものを n 文字の置換 (permutation) という．

$1, 2, \ldots, n$ がそれぞれ $\sigma(1), \sigma(2), \ldots, \sigma(n)$ に移るとき，これを $\sigma = \begin{pmatrix} 1 & 2 & \cdots & n \\ \sigma(1) & \sigma(2) & \cdots & \sigma(n) \end{pmatrix}$ のように表す．上下の対応を変えなければ，列の

*3) 直線状に限らず，円状のものなども想像されるかもしれないが，長さのある線分のコピーを円状に無限個並べることはできない．

並べ方は任意であり，$\begin{pmatrix}1&2&3\\2&3&1\end{pmatrix}=\begin{pmatrix}3&1&2\\1&2&3\end{pmatrix}$ である．

$\sigma(1),\sigma(2),\ldots,\sigma(n)$ は $1,2,\ldots,n$ の順列であるから，n 文字の置換は全部で $n!$ 個ある．

何も動かさない置換 $\begin{pmatrix}1&2&\cdots&n\\1&2&\cdots&n\end{pmatrix}$ を**恒等置換** (identity permutation) といい，e で表す．$i\neq j$ に対し，i と j だけ入れ替えて他を動かさない置換を $(i\ j)$ と書き，i と j の**互換** (transposition) という．もちろん $(j\ i)$ と書いても同じである．$|i-j|=1$ のとき特に**隣接互換** (adjacent transposition) という．

2 文字の置換は e，$(1\ 2)$ の 2 つである．

3 文字の置換で，1 が 2，2 が 3，3 が 1 に順に移る置換を $(1\ 2\ 3)$ で表す．一般に，相異なる $i_1,i_2,\ldots,i_k$ がこの順に右隣に移り，i_k は i_1 に移る（他は動かさない）置換を $(i_1\ i_2\ \cdots\ i_k)$ で表し，長さ k の**巡回置換** (cyclic permutation) という．互換は長さ 2 の巡回置換である．恒等置換は長さ 1 の巡回置換であるとみなす．

3 文字の置換には恒等置換 e，互換 $(1\ 2)$，$(1\ 3)$，$(2\ 3)$，長さ 3 の巡回置換 $(1\ 2\ 3)$，$(1\ 3\ 2)$ があり，$3!=6$ であるからこれですべてである．

σ，τ を n 文字の置換とするとき，続けて行った $i\mapsto\tau(\sigma(i))$，つまり合成写像 $\begin{pmatrix}1&2&\cdots&n\\\tau(\sigma(1))&\tau(\sigma(2))&\cdots&\tau(\sigma(n))\end{pmatrix}$ を $\tau\sigma$ と書き，σ と τ の**積** (product) という．右から順に $(\tau\sigma)(i)=\tau(\sigma(i))$ と計算する[*4]．

例 8.9 3 文字の置換として，$(1\ 2)(2\ 3)$ を，各数字の行き先を追うことにより計算してみよう．$1\mapsto1\mapsto2$，$2\mapsto3\mapsto3$，$3\mapsto2\mapsto1$ であるから，積は $(1\ 2\ 3)$ に等しい．$\begin{pmatrix}1&2&3\\2&1&3\end{pmatrix}\begin{pmatrix}1&2&3\\1&3&2\end{pmatrix}=\begin{pmatrix}1&2&3\\2&3&1\end{pmatrix}$ である．なお，もし 4 以降の数があったとしても動かないから，4 文字以上の置換と考えても同じ結果を得る．

$(2\ 3)(1\ 2)=(1\ 3\ 2)$ が同様に計算して確かめられる．置換の積は，一般には順序を変えると結果が変わる．

[*4] これを $\sigma\tau$ とする流儀もあるので注意が必要である．アミダクジで考えた場合，左から i 番目の数字が左から $\sigma(i)$ 番目に動く，と定めるとアミダクジを続けて行うことが本書における置換の合成と一致する．アミダクジの上側に左から $1,2,\ldots,n$ と数字を書き込み，アミダクジをたどっていった先に同じ数字を書き込んだ場合，数字 i の真下にくる数字が $\sigma(i)$ であると定めると，積の順序が本書とは逆になる．

(1 2 3) の 2 乗は (1 3 2) である．3 乗は (1 2 3)(1 3 2) $= e$ である．

恒等置換は何もしないから，任意の置換に対し $e\sigma = \sigma e = \sigma$ を満たす．

置換 σ は全単射であるから，逆写像，つまり $\sigma(i)$ を i に戻す置換が存在する．これを σ の**逆置換** (inverse permutation) といい，σ^{-1} で表す．$\sigma\sigma^{-1} = \sigma^{-1}\sigma = e$ である．

例 8.10 $e^{-1} = e$，$(i\ j)^{-1} = (i\ j)$，$(1\ 2\ 3)^{-1} = (1\ 3\ 2)$.

命題 8.11 n 文字の置換 $\sigma_1, \sigma_2, \sigma_3$ に対し，$(\sigma_1\sigma_2)\sigma_3 = \sigma_1(\sigma_2\sigma_3)$.

証明 積 $\sigma_1\sigma_2$ を τ と書くと，任意の $1 \leq i \leq n$ に対して $(\sigma_1\sigma_2)\sigma_3 = \tau\sigma_3$ による i の像は，$(\tau\sigma_3)(i) = \tau(\sigma_3(i))$．$j = \sigma_3(i)$ とおくとこれは $\tau(j) = (\sigma_1\sigma_2)(j) = \sigma_1(\sigma_2(j)) = \sigma_1(\sigma_2(\sigma_3(i)))$ に等しい．同様にして，積 $\sigma_1(\sigma_2\sigma_3)$ による i の像は $(\sigma_1(\sigma_2\sigma_3))(i) = \sigma_1((\sigma_2\sigma_3)(i)) = \sigma_1(\sigma_2(\sigma_3(i)))$ に等しい．i は任意であったから，写像として $(\sigma_1\sigma_2)\sigma_3 = \sigma_1(\sigma_2\sigma_3)$. □

つまり，3 つの積は，前の 2 つの積が先でも，後の 2 つの積が先でも，結果は同じである．このことを，積は**結合法則** (associative law) を満たすという．

一般に，写像の合成は，結合法則を満たす．証明は同様である．

演 習 問 題

8.1 三角形を，合同群が何個の元からなるかで分類せよ．

8.2 単純四角形を，合同群と運動群がそれぞれ何個の元からなるかで分類せよ．

8.3 命題 8.5 を証明せよ．

8.4 正整数 n を 10 進数で表したとき $a_k \cdots a_1 a_0$ ($k \geq 0$, $0 \leq a_i \leq 9$, $a_k \neq 0$) となるとする．次を示せ．

(1) $n \equiv \sum_{i=0}^{k} a_i \mod 9$ (2) $n \equiv \sum_{i=0}^{k} (-1)^i a_i \mod 11$

(3) $n \equiv a_0 + 2a_1 + 4a_2 \mod 8$

8.5 4 文字の置換を列挙せよ．そのうち巡回置換とならないものはいくつあるか．

8.6 $\mathfrak{S}_3$ において，(1 2)(2 3)(1 2) と (2 3)(1 2)(2 3) を計算せよ．

第9章

群

CHAPTER 9

今まで出てきた合同変換や置換の合成規則を形式的に抜き出すことで,「群」の概念が定義される.

9.1 群の定義

G を集合とする. 任意の $a, b \in G$ に対し, a と b の積 (product) と呼ばれる G の元 ab が定まっているとする. 一般には $ba = ab$ は仮定しない. つまり積は a と b の順序に依存する.

積が結合法則を満たすとは, 任意の $a, b, c \in G$ に対し, $(ab)c = a(bc)$ となることをいい, このとき G を半群 (semigroup) という. 積が結合法則を満たすとき, 任意個の積は順序によらないこと (一般結合法則) が確かめられ, 括弧は省略できる. また, $a \in G$ に対し a の n 乗 a^n ($n = 1, 2, \ldots$) が定義できる.

G の元 e は, 任意の $a \in G$ に対し $ae = ea = a$ を満たすとき, G の単位元 (identity element) という. 単位元をもつ半群をモノイド (monoid) という.

命題 9.1 $e' \in G$ が任意の $a \in G$ に対し $e'a = a$ を満たし, $e'' \in G$ が任意の $a \in G$ に対し $ae'' = a$ を満たすならば, $e' = e''$ でありこれは G の単位元である. 特に, 単位元は存在すれば一意的である.

証明 $e' = e'e'' = e''$. □

G には積が定義され, 単位元 e が存在するとする. $a \in G$ とする. $ba = ab = e$ となる $b \in G$ が存在するとき, b を a の逆元 (inverse element) といい, a^{-1} で表す (次の命題より a から 1 つに定まる).

命題 9.2 a をモノイド G の元とする. $b' \in G$ は $b'a = e$ を満たし, $b'' \in G$ は

$ab'' = e$ を満たすならば，$b' = b''$ でありこれは a の逆元である．特に，逆元は存在すれば一意的である．

証明　$b' = b'e = b'(ab'') = (b'a)b'' = eb'' = b''$.　□

命題 9.3 モノイドにおいて，$e^{-1} = e$，$(a^{-1})^{-1} = a$，$(ab)^{-1} = b^{-1}a^{-1}$.

証明は易しい．積の逆元は順序が逆転することに注意．

積が定まった集合 G は，結合法則を満たし，単位元が存在し，任意の元に逆元が存在するとき，**群** (group) であるという．

任意の $a, b \in G$ に対し $ba = ab$ となるとき，積は**可換** (commutative) であるといい，群 G を**可換群** (commutative group)・**アーベル群** (abelian group) という．可換な積を表す記号として和 $a + b$ を用いることもあり，このとき単位元は 0，a の逆元は $-a$ で表し，G を**加法群** (additive group)・**加群** (module) ともいう．

例 9.4 整数の全体 $\boldsymbol{Z}$，有理数の全体 $\boldsymbol{Q}$，実数の全体 $\boldsymbol{R}$，複素数の全体 $\boldsymbol{C}$ などは，$+$ に関してアーベル群である．非負整数の全体は $+$ に関してモノイドであるが，群ではない．

例 9.5 8.1 節の C_n，D_n は，行列の積に関して群である．

群の**位数** (order) とは集合としての位数，すなわち元の個数のこととし，位数が有限・無限であるとき，それぞれ**有限群** (finite group)・**無限群** (infinite group) であるという．単位元だけからなる群 $\{e\}$ を**自明な群** (trivial group)・**単位群** (unit group) といい，1 あるいは 0 で表すことがある．

9.2 乗　積　表

$G = \{e, a\}$ として，積を次のように定める．ただし，行 x と列 y の交わる場所に積 xy を記してある．この表を**乗積表** (multiplication table) という．

	e	a
e	e	a
a	a	e

次は $G = \{e, a, b\}$ とする．

	e	a	b
e	e	a	b
a	a	b	e
b	b	e	a

これら2つとも群の公理を満たすことは簡単に確かめられる．各行各列に同じ文字は1回ずつしか出ない．実際，$xy = xz$ なら x^{-1} を掛けて $y = z$ となる．

位数4の群は2種類ある．$G = \{e, a, b, c\}$ とする．

	e	a	b	c
e	e	a	b	c
a	a	z		
b	b			
c	c			

$z = a^2$ としては，同じ行・列にない e, b, c の可能性がある．$z = b$ のときは，$ac = e$ とならざるを得ないので，$ab = c$．a と c が互いに他の逆元となるので，

	e	a	b	c
e	e	a	b	c
a	a	b	c	e
b	b			
c	c	e		

となる．以後，各行各列に同じ元が来ないように埋めると

	e	a	b	c
e	e	a	b	c
a	a	b	c	e
b	b	c	e	a
c	c	e	a	b

となる．このとき，$a^2 = b$, $a^3 = c$, $a^4 = e$ を念頭に置くと，群になることが容易に確かめられる．この群は，集合としては $\{e, a, a^2, a^3\}$ であり，a で生成される位数4の巡回群という（9.4節）．

$z = c$ のときは b と c を入れ替えれば同様の群が得られる（乗積表は省略する）．a, b, c の文字を入れ替えただけのものは本質的に同じ群であると思うことにすると，残った場合はどの対角成分も e であると仮定してよい．このときは

	e	a	b	c
e	e	a	b	c
a	a	e		
b	b		e	
c	c			e

から表を埋めると

	e	a	b	c
e	e	a	b	c
a	a	e	c	b
b	b	c	e	a
c	c	b	a	e

となる．このときも群になることが確かめられる．クラインの四元群 (Klein four-group) と呼ばれ，V で表す[*1]．

9.3 部　分　群

群 G の部分集合 H は，G の積で群になるとき，G の部分群 (subgroup) であるといい，$H < G$ と表す．結合法則は G の元であることから自動的に成り立つので，部分群であることは，単位元を含み，積と逆元をとる操作について閉じていること（$a, b \in H$ ならば $ab \in H$，$a \in H$ ならば $a^{-1} \in H$）と同値である．やや簡潔な判定法もある：

命題 9.6 群 G の部分集合 H に対し次が成り立つ．

$H < G \iff H$ は空集合ではなく，$a, b \in H$ ならば $a^{-1}b \in H$.

証明　部分群であれば単位元をもち，積と逆元をとる操作について閉じているから，左から右は明らか．逆を示す．H は空でないから，ある $a \in H$ が存在し，$a^{-1}a = e$ が H に属する．任意の $a, b \in H$ に対し，$a^{-1}e = a^{-1} \in H$ であり，$ab = (a^{-1})^{-1}b \in H$ もいえる．□

G 自身と，$\{e\}$ はともに G の部分群であり，自明な部分群 (trivial subgroup) と呼ばれる．G 自身と異なる部分群は真部分群 (proper subgroup) と呼ばれる．

---

*1)　ドイツ語で四元群を表す Vierergruppe の頭文字に由来する．

命題 9.7 (1) $K < H < G$ ならば $K < G$.

(2) $K < G$, $H < G$ かつ $K \subset H$ ならば $K < H$.

(3) H_λ ($\lambda \in \Lambda$) を群 G の部分群とするとき, $\bigcap_\lambda H_\lambda < G$.

証明　(1)(2) 明らか.

(3) $e \in H_\lambda$ であり, 各 H_λ は積と逆元について閉じているから.　□

例 9.8 C_n は D_n の部分群である. $n\boldsymbol{Z}$ は加法に関して $\boldsymbol{Z}$ の部分群である.

9.4　生成元・巡回群

任意の整数は, 1 さえあれば, 足したり引いたりしていつかは作れる.

群 G の部分集合 Γ に対し, Γ に属する元・およびその逆元の有限個の積で表せる元全体を $\langle \Gamma \rangle$ で表す. ただし e は 0 個の積と思い, 常に $e \in \langle \Gamma \rangle$ とする. (したがって $\langle \varnothing \rangle = \{e\}$ である.) $\langle \Gamma \rangle$ の元は $a_1^{\varepsilon_1} \cdots a_k^{\varepsilon_k}$ ($a_i \in \Gamma$, $\varepsilon_i = \pm 1$) と表せるが, この逆元は $a_k^{-\varepsilon_k} \cdots a_1^{-\varepsilon_1}$ であり $\langle \Gamma \rangle$ に入る. 定義より $\langle \Gamma \rangle$ は積でも閉じている. よって $\langle \Gamma \rangle$ は G の部分群であり, Γ で**生成される** (generated) 部分群と呼ばれる. Γ を**生成系** (system of generators), その元を**生成元** (generator) という. $G = \langle \Gamma \rangle$ のとき, Γ は G を**生成する**という. Γ が有限集合にとれるとき, G は**有限生成** (finitely generated) であるという. $\Gamma = \{a_1, \ldots, a_k\}$ のとき, $\langle \Gamma \rangle$ を $\langle a_1, \ldots, a_k \rangle$ とも書く.

例 9.9 クラインの四元群は 2 元で生成される. 実際 $c = ab$ より $V = \langle a, b \rangle$.

$\boldsymbol{Z}$ は加法に関して 1 で生成される. 1 個の元で生成される群を**巡回群** (cyclic group) という. $\langle a \rangle = \{\ldots, a^{-2}, a^{-1}, e, a, a^2, \ldots\} = \{a^n \mid n \in \boldsymbol{Z}\}$ である. ただし $a^0 := e$ とし, 負の整数 $-n$ に対しては $a^{-n} := (a^{-1})^n$ と定める. 指数法則 $a^m a^n = a^{m+n}$, $(a^m)^n = a^{mn}$ が成り立つ (問題 9.6). 巡回群はアーベル群である ($a^k a^l = a^{k+l} = a^{l+k} = a^l a^k$).

ただし, これら a^n がすべて相異なるとは限らない. 例えば, 正 n 角形の運動群 C_n は角 $2\pi/n$ の回転で生成される位数 n の巡回群である.

命題 9.10 巡回群の部分群は巡回群である.

証明　H を $\langle a \rangle$ の部分群とする. まず $H \neq \{e\}$ と仮定する. $a^{-n} \in H$ なら

ば $a^n \in H$ であるから，$d := \min\{n > 0 \mid a^n \in H\}$ が定まる．$a^d \in H$ より $\langle a^d \rangle < H$ である．$a^n \in H$ に対し，n を d で割って $n = qd + r$（q, r は整数，$0 \leq r < d$）とすると，$a^n = (a^d)^q a^r$ であるから $a^r = (a^d)^{-q} a^n \in H$．$d$ の最小性から $r = 0$．よって $a^n = (a^d)^q \in \langle a^d \rangle$ となり，$H = \langle a^d \rangle$．$\{e\} = \langle a^0 \rangle$ であるから，一般に $H = \langle a^d \rangle$（$d \geq 0$）であり，H は巡回群． □

命題 9.11 整数 $n_1, \ldots, n_k$ に対し，最大公約数 d（≥ 0）が存在して $\boldsymbol{Z}$ の部分群として $\langle n_1, \ldots, n_k \rangle = \langle d \rangle$．ただし $n_1 = \cdots = n_k = 0$ のとき $d = 0$ とする．

証明 $\langle n_1, \ldots, n_k \rangle$ は巡回群 $\boldsymbol{Z}$ の部分群だから巡回群であり，ある整数 d を用いて $\langle d \rangle$ と表せる．$d = 0 \Longleftrightarrow n_1 = \cdots = n_k = 0$ である．$d < 0$ のときは -1 倍して $d > 0$ であるとしてよい．$n_i \in \langle d \rangle$ より d は各 n_i の約数である．逆に $d = \sum_i l_i n_i$（$l_i \in \boldsymbol{Z}$）と書けるので $n_1, \ldots, n_k$ の公約数は d を割り切る．よって d は $n_1, \ldots, n_k$ の公約数の最大のものである． □

系 9.12 m, n が互いに素な整数であれば，$km + ln = 1$ を満たす整数 k, l が存在する．

例 9.13 巡回群 $G = \langle a \rangle$ は a^{-1} でも生成される．a の位数が $n(< \infty)$ のとき，n と互いに素な整数 m に対し，a^m も G の生成元である．実際，$km + ln = 1$ となる整数 k, l が存在するから，$(a^m)^k = a^{1-ln} = a$ となり $a \in \langle a^m \rangle$．よって $\langle a \rangle \subset \langle a^m \rangle \subset \langle a \rangle$．逆に，$m, n$ の最大公約数 d が 2 以上のとき，$\langle a^m \rangle = \langle a^d \rangle$ は $\langle a \rangle$ の真部分群になる．

正の整数 n に対し，n 以下の正整数のうち n と互いに素なものの個数を与える関数 $\varphi(n)$ は**オイラーの関数** (Euler's totient function) と呼ばれる．

群 G の元 a に対し，$a^d = e$ となる正の整数 d が存在するときはその最小値を a の**位数** (order) という．存在しないときは，a は**無限位数** (infinite order) の元であるという．e の位数は 1 である．

命題 9.14 a の位数は，$\langle a \rangle$ の位数に一致する．

証明 a の位数 d が有限のとき，任意の $n \in \boldsymbol{Z}$ に対し，d による割り算により $n = qd + r$（q, r は整数，$0 \leq r \leq d - 1$）とできる．$a^n = (a^d)^q a^r = a^r$ であるから，$\langle a \rangle = \{e, a, a^2, \ldots, a^{d-1}\}$ である．これら d 個の元は相異なる．実

際，この中で等しいものがあったとして $a^l = a^m$ $(0 \leq l < m < d)$ とすると，$a^{m-l} = e$ $(0 < m - l < d)$ となり，d の最小性に矛盾する．a が無限位数のとき，a^n $(n \in \boldsymbol{Z})$ はすべて異なり，$\langle a \rangle$ は可算無限個の元からなる．実際，$a^l = a^m$ $(l < m)$ なら $a^{m-l} = e$ となり d が存在しないことに矛盾する． □

a の位数が無限のとき，$\langle a \rangle$ を a で生成された**無限巡回群** (infinite cyclic group) という．$\boldsymbol{Z}$ は無限巡回群である．

9.5 対称群・交代群

n 文字の置換の全体は合成を積として群をなす．これを n 次**対称群** (symmetric group) と呼び，S_n あるいは伝統的にドイツ文字を用いて $\mathfrak{S}_n$ で表す．

注意 9.15 一般に，集合 X から X 自身への全単射の全体 $\mathfrak{S}_X$ は，写像の合成に関して群をなす．全単射の合成は全単射であり，合成は結合法則を満たす．単位元は恒等変換であり，逆元は逆写像である．$\mathfrak{S}_X$ を X の**全置換群** (total permutation group) という．$\mathfrak{S}_X$ の部分群を X の**置換群** (permutation group) という．

n 文字の置換 σ を施すと，$i < j$ であったのが $\sigma(i) > \sigma(j)$ になることもある．σ で移すと大小関係が入れ替わる組 $\{i, j\}$ $(i < j)$ の総数を，σ の**転倒数**・**逆転数** (number of inversions) という．例えば隣接互換 $(i\ i+1)$ の転倒数は 1 である．$(1\ 2\ 3)$ では，$\{1, 3\}$ と $\{2, 3\}$ で順序が入れ替わり，$\{1, 2\}$ の順序は変わらないから，転倒数は 2 である．

さて $i < j$ となる対ごとに $(\sigma(j) - \sigma(i))/(j - i)$ を考えると，順序が入れ替わっているなら負の数であり，そうでないなら正になる．これらすべての積

$$\varepsilon(\sigma) = \prod_{1 \leq i < j \leq n} \frac{\sigma(j) - \sigma(i)}{j - i}$$

を考える．分母にも分子にも，符号を除くとすべての対の差が 1 回ずつ現れるから，$\varepsilon(\sigma) = \pm 1$ である．σ の転倒数が偶数ならば $\varepsilon(\sigma) = 1$，奇数ならば -1 である．$\varepsilon(\sigma)$ を σ の**符号** (signature) といい，値が 1 のとき σ を**偶置換** (even permutation)，-1 のとき**奇置換** (odd permutation) という．

命題 9.16 n 文字の置換に対し次が成り立つ．

(1) $\varepsilon(e) = 1$. (2) $\varepsilon(\tau\sigma) = \varepsilon(\tau)\varepsilon(\sigma)$. (3) $\varepsilon(\sigma^{-1}) = \varepsilon(\sigma)$.

(4) σ が互換であれば $\varepsilon(\sigma) = -1$.

証明 (1) は自明. (2) を示す.

$$\varepsilon(\tau\sigma) = \prod_{i<j} \frac{(\tau\sigma)(j) - (\tau\sigma)(i)}{j-i} = \prod_{i<j} \frac{\tau(\sigma(j)) - \tau(\sigma(i))}{\sigma(j) - \sigma(i)} \cdot \prod_{i<j} \frac{\sigma(j) - \sigma(i)}{j-i}$$

である. 相異なる $i < j$ の対がすべて動くとき, $\sigma(i), \sigma(j)$ も相異なる対をすべて動き, $\sigma(i) > \sigma(j)$ のときは $\frac{\tau(\sigma(j))-\tau(\sigma(i))}{\sigma(j)-\sigma(i)} = \frac{\tau(\sigma(i))-\tau(\sigma(j))}{\sigma(i)-\sigma(j)}$ と直せるので, この式は $\varepsilon(\tau)\varepsilon(\sigma)$ に等しい.

(3) (1) と (2) を用いて $\varepsilon(\sigma)\varepsilon(\sigma^{-1}) = \varepsilon(e) = 1$ より従う.

(4) 互換 $(i\ j)$ に対しては, i, j と異なる k, l に対しては, i と j を入れ替えても $\pm(l-k)$ は変化しない. また, $\pm(i-k)(j-k)$ も変化しない. $j-i$ のみ (-1) 倍される. よって $\varepsilon((i\ j)) = -1$ である. □

e は偶置換であり, 偶置換 σ, τ に対し $\sigma^{-1}\tau$ も偶置換であるから, n 文字の偶置換の全体は $\mathfrak{S}_n$ の部分群をなす. それを n 次交代群 (alternating group) と呼び, A_n あるいは $\mathfrak{A}_n$ で表す.

$n \geq 2$ のとき, $\sigma(1)$ と $\sigma(2)$ を入れ替えることで転倒数が 1 つ変わり, 偶置換と奇置換が入れ替わる. よって偶置換と奇置換の個数は等しく, $\mathfrak{A}_n$ $(n \geq 2)$ の位数は $n!/2$ である.

命題 9.17 任意の n 文字の置換は高々 $(n-1)$ 個の互換の積に表せる. ただし恒等置換は互換 0 個の積とみなす.

証明 数学的帰納法による. $n = 1$ のときは自明. $(n-1)$ 文字まで成り立つと仮定する. 置換 σ に対し, $\tau := (\sigma(n)\ n)\sigma$ は n を n に移すから, $(n-1)$ 文字の置換である. よって帰納法の仮定より τ は高々 $(n-2)$ 個の互換の積に書け, $\sigma = (\sigma(n)\ n)\tau$ も高々 $(n-1)$ 個の互換の積に書ける. □

さて $i < j$ のとき $(i\,j) = (i\,i{+}1)\cdots(j{-}2\,j{-}1)(j{-}1\,j)(j{-}2\,j{-}1)\cdots(i\,i{+}1)$ が成り立つので, 互換は隣接互換の積に表せる. よって次が成り立つ.

系 9.18 (アミダクジの原理) 任意の置換 σ は隣接互換の積に表せる.

以上より, 対称群は (隣接) 互換たちで生成される.

命題 9.19 置換 σ を互換の積に表すとき, 互換の個数の偶奇は転倒数の偶奇と一致する．

証明　命題 9.16 による．σ が互換の積 $(i_1\ j_1)(i_2\ j_2)\cdots(i_k\ j_k)$ に等しいとき $\varepsilon(\sigma)=(-1)^k$．これは k が偶数のとき 1，奇数のとき -1 である． □

注意 9.20 $(1\ 2\ 3)=(1\ 2)(2\ 3)=(2\ 3)(1\ 3)$ のように，一般に与えられた置換 σ を互換の積に表す方法はいろいろありうるが，上の命題により個数が偶数か奇数かは σ から決まる．偶数なら偶置換，奇数なら奇置換である．

命題 9.21 $\mathfrak{A}_n$ は長さ 3 の巡回置換たちで生成される．

証明　偶置換は互換の偶数個の積で表されるから，2 つの異なる互換の積が長さ 3 の巡回置換の積に表されることを示す．$i\neq j$，$k\neq l$ を n 以下の正整数とする．i,j,k,l が相異なるとき $(i\ j)(k\ l)=(i\ j\ k)(j\ k\ l)$．共通成分をもつとき $(i\ j)(j\ k)=(i\ j\ k)$．特に，逆に長さ 3 の巡回置換は偶置換である． □

9.6 行 列 群

$\boldsymbol{Q},\boldsymbol{R},\boldsymbol{C}$ のように加減乗除が自由にできる集合は体と呼ばれる．

注意 9.22 p を素数とする．$\boldsymbol{Z}/p\boldsymbol{Z}$ の $\bar{0}$ 以外の元 $\bar{a}$ $(1\leq a\leq p-1)$ に対し，系 9.12 より $ka+lp=1$ を満たす k,l が存在する．よって $ka\equiv 1 \mod p$ となるから，$\bar{a}$ の逆数として $\bar{k}$ が存在する．$\boldsymbol{Z}/p\boldsymbol{Z}$ は体になり，$\boldsymbol{F}_p$ とも書かれる．一般に以下が知られている．素数のべき $q=p^e$（p は素数，e は正整数）ごとに，q 個の元からなる体 $\boldsymbol{F}_q$ が存在し，有限個の元からなる体（有限体）はある $\boldsymbol{F}_q$ と同型である．$\boldsymbol{F}_q$ は $\boldsymbol{F}_p$ 上の e 次元線形空間に積構造を入れたものであり，$e\geq 2$ のとき $\boldsymbol{Z}/q\boldsymbol{Z}$ と同型でない．

体 $\boldsymbol{K}$ 上の n 次行列は，逆行列をもつとき正則行列 (regular matrix) であるという．次は線形代数の標準的な知識であるので証明は他書に委ねる．

定理 9.23 体 $\boldsymbol{K}$ 上の n 次行列 A,B に対し次が成り立つ．

(1) A が正則 $\iff |A|\neq 0$.　　(2) $|AB|=|A||B|$（積の行列式）．

単位行列は $E^2=E$ より正則である．定理 9.23 と $|E|=1$ より正則行列の積と逆元も正則である．行列の積は結合法則を満たすので，$\boldsymbol{K}$ 上の n 次正則行列の全体は，行列の積に関して群をなす．これを $GL(n,\boldsymbol{K})$ と書き，$\boldsymbol{K}$ 係数 n 次一般線形群 (general linear group) という．$GL(1,\boldsymbol{K})$ は $\boldsymbol{K}$ の乗法群

(multiplicative group) $\boldsymbol{K}^{\times} := \boldsymbol{K} \setminus \{0\}$ と同一視される．

$\boldsymbol{K}$ に成分をもつ行列の集合 G が積に関して群になるならば，積が定義できるから行列のサイズはすべて等しく，逆元が存在するから正則行列になるので，G はある $GL(n, \boldsymbol{K})$ の部分群になる．G を行列群 (matrix group) という．

行列式が 1 の n 次行列全体を $SL(n, \boldsymbol{K})$ で表す．$E_n \in SL(n, \boldsymbol{K})$ であり，$A, B \in SL(n, \boldsymbol{K})$ ならば $|A^{-1}B| = |A|^{-1}|B| = 1$ であるから $A^{-1}B \in SL(n, \boldsymbol{K})$ である．よって $SL(n, \boldsymbol{K})$ は $GL(n, \boldsymbol{K})$ の部分群であり，n 次特殊線形群 (special linear group) と呼ばれる．

対角成分が 0 でない n 次上三角行列の全体を B，B の対角成分がすべて 1 の元の全体を N，対角成分が 0 でない n 次対角行列の全体を D とする．B は $GL(n, \boldsymbol{K})$ の部分群であり，D, N は B の部分群である．

$\boldsymbol{K} = \boldsymbol{R}$ とする．n 次（実）直交行列の全体を $O(n)$ で表す．

命題 9.24 $O(n)$ は $GL(n, \boldsymbol{R})$ の部分群である．

証明　直交行列は正則である．$E_n \in O(n)$ である．$A, B \in O(n)$ ならば，$(A^{-1}B)^{-1} = B^{-1}A = {}^tB\,{}^t({}^tA) = {}^t({}^tAB) = {}^t(A^{-1}B)$ より $A^{-1}B \in O(n)$．

□

$O(n)$ を n 次直交群 (orthogonal group) と呼び，$SO(n) := O(n) \cap SL(n, \boldsymbol{R})$ を n 次特殊直交群 (special orthogonal group) という．同様に $\boldsymbol{K} = \boldsymbol{C}$ のとき，n 次ユニタリ行列の全体 $U(n)$ および $SU(n) := U(n) \cap SL(n, \boldsymbol{C})$ は $GL(n, \boldsymbol{C})$ の部分群をなし，それぞれ n 次ユニタリ群 (unitary group)・特殊ユニタリ群 (special unitary group) と呼ばれる．

$U(2n)$ の中で，$J = \begin{pmatrix} O_n & -E_n \\ E_n & O_n \end{pmatrix}$ に対し ${}^tXJX = J$ を満たす行列 X の全体を $Sp(n)$ とする．$Sp(n)$ は群をなし，n 次シンプレクティック群 (symplectic group) と呼ばれる．これは実は「四元数体上の直交群」である．

注意 9.25 $\boldsymbol{C}^n$ の標準基底 $\boldsymbol{e}_l$（$1 \leq l \leq n$）の i 倍 $\boldsymbol{e}_l i =: \boldsymbol{e}_{n+l}$ を基底に追加して，実線形空間として $\boldsymbol{C}^n = \boldsymbol{R}^{2n}$ とみなす．実線形変換は $2n$ 次実行列 $X := \begin{pmatrix} A & B \\ C & D \end{pmatrix}$（$A, B, C, D$ は n 次実行列）の左からの掛け算で表される．

(1) X 倍が $\boldsymbol{C}^n$ を複素線形空間と見て線形になる条件を求める．実数倍・加法とは可換であるから i 倍と可換であればよい．右からの i 倍は $\boldsymbol{R}^{2n}$ では $\boldsymbol{e}_l \mapsto \boldsymbol{e}_{n+l}$,

$\boldsymbol{e}_{n+l} \mapsto -\boldsymbol{e}_l$ となるので，左からの J の掛け算で表される．よって X 倍が複素線形になる条件は $XJ = JX$ であり，計算すると $D = A$ かつ $C = -B$ と同値である．

(2) X 倍が $\boldsymbol{C}^n$ のエルミート内積を保つ条件を求める．実部・虚部を考えて $\boldsymbol{x}, \boldsymbol{y} \in \boldsymbol{R}^n$ とする．${}^t\overline{(\boldsymbol{x}+i\boldsymbol{y})}(\boldsymbol{x}'+i\boldsymbol{y}') = ({}^t\boldsymbol{x}\boldsymbol{x}' + {}^t\boldsymbol{y}\boldsymbol{y}') + i({}^t\boldsymbol{x}\boldsymbol{y}' - {}^t\boldsymbol{y}\boldsymbol{x}')$ $= ({}^t\boldsymbol{x} \;\; {}^t\boldsymbol{y})\begin{pmatrix}\boldsymbol{x}' \\ \boldsymbol{y}'\end{pmatrix} - i({}^t\boldsymbol{x} \;\; {}^t\boldsymbol{y})J\begin{pmatrix}\boldsymbol{x}' \\ \boldsymbol{y}'\end{pmatrix}$ である．よって X 倍がエルミート内積を保つ $\iff$ ${}^tXX = E_{2n}$ かつ ${}^tXJX = J \iff X \in O(2n)$ かつ $JX = XJ$．これより，$\boldsymbol{C}^n$ のエルミート内積を保つ実線形変換は，ノルムを保つ複素線形変換と同じであり，$O(2n)$ で J と可換な元全体が $U(n)$ と対応する．

「四元数体」でも同様の議論ができる．

注意 9.26 数線形空間でない場合も，適当に基底をとり表現行列がある行列群に属するという条件で，対応する群を定義できる．n 次元線形空間 V の可逆な線形変換全体を $GL(V)$ と書き，V の**一般線形群**と呼ぶ．線形変換 f に対し $\det f$ は基底のとり方によらず定まる．実際，ある基底に関する表現行列が A として，基底の変換 P を施すと表現行列は $P^{-1}AP$ になるが，$\det A = \det(P^{-1}AP)$ である．$\det f = 1$ となるものの全体 $SL(V)$ を V の**特殊線形群**と呼ぶ．n 次元内積空間 V の直交変換全体 $O(V)$ を V の**直交群**と呼ぶ．

例 9.27 $GL(n, \boldsymbol{K})$ は基本行列たちで生成される．実際, 正則行列 A は, 行と列の基本変形で単位行列にできる．行・列の基本変形はそれぞれ基本行列の左・右からの掛け算で表されるから, P_i, Q_j をある基本行列として $P_k \cdots P_1 A Q_1 \cdots Q_l = E$ となる．基本行列は正則であるから $A = P_1^{-1} \cdots P_k^{-1} Q_l^{-1} \cdots Q_1^{-1}$．基本行列の逆行列も基本行列であるから，$A$ は基本行列の有限個の積に表された．

演 習 問 題

9.1 半群 G の元 a, b, c, d に対し $((ab)c)d = a(b(cd))$ を示せ．

9.2 9.2 節の 2 元・3 元からなる乗積表において，結合法則が成り立ち，e が単位元となり，逆元が存在することを確かめよ．

9.3 $\boldsymbol{R} \setminus \{0, 1\}$ の変換 $f_1, \ldots, f_6$ を $f_1(x) = x$，$f_2(x) = 1 - x$，$f_3(x) = \dfrac{1}{x}$，$f_4(x) = \dfrac{x}{x-1}$，$f_5(x) = \dfrac{x-1}{x}$，$f_6(x) = \dfrac{1}{1-x}$ と定める．合成を積として乗積表を書き，群をなすことを示せ．

9.4 H, K を群 G の部分群とするとき，$H \cup K$，$HK = \{hk \mid h \in H,\ k \in K\}$ は G の部分群とは限らない．これを $G = \mathfrak{S}_3$，$H = \{e, (1\ 2)\}$，$K = \{e, (2\ 3)\}$ のとき

に示せ．

9.5 次の集合 G はそれぞれ $\boldsymbol{C}^\times$ の部分群になることを示せ．

(1) $G=\{z\in\boldsymbol{C}\mid$ ある正整数 n が存在して $z^n=1\}$

(2) $G=\{a+b\sqrt[3]{2}+c\sqrt[3]{4}\mid a,b,c\in\boldsymbol{Q}\}\setminus\{0\}$

9.6 任意の整数 m,n に対し $a^ma^n=a^{m+n}$，$(a^m)^n=a^{mn}$ を示せ．

9.7 $\langle a\rangle$ を位数 n の巡回群とする．整数 m に対し，n との最大公約数を d とすると，$\langle a^m\rangle$ は位数 n/d の巡回群であることを示せ．

9.8 部分集合 $\varGamma\subset G$ が生成する部分群 $\langle\varGamma\rangle$ は，$\varGamma$ を含む部分群 G' 全体の共通部分 $\bigcap_{G>G'\supset\varGamma}G'$ と一致することを示せ．特に，$\langle\varGamma\rangle$ は $\varGamma$ を含む部分群の中で，包含関係に関して最小のものである．

9.9 群 G は，e 以外のすべての元の位数が 2 ならばアーベル群であることを示せ．

9.10 $\varepsilon((1\ 2\ 3))$ を定義にしたがって求めよ．

9.11 $i_1,\ldots,i_k$ が相異なるとき，$(i_1\ i_2\ i_3\cdots\ i_k)=(i_1\ i_2)(i_2\ i_3)\cdots(i_{k-1}\ i_k)$ を確かめ，長さ k の巡回置換の符号は $(-1)^{k-1}$ であることを示せ．

9.12 $\mathfrak{S}_n$ の任意の元は高々 $\dfrac{n(n-1)}{2}$ 個の隣接互換の積で表されることを示せ．

9.13 $(1\ 2\ \cdots\ n)\in\mathfrak{S}_n$ は $(n-1)$ 個未満の互換の積に表せないことを示せ．
$\begin{pmatrix}1 & 2 & \cdots & n\\ n & n-1 & \cdots & 1\end{pmatrix}$ は $\dfrac{n(n-1)}{2}$ 個未満の隣接互換の積に表せないことを示せ．

9.14 $\mathfrak{S}_n$ は，$(1\ 2)$ と $(1\ 2\ \cdots\ n)$ で生成されることを示せ．

9.15 $GL^+(n,\boldsymbol{R})=\{A\in GL(n,\boldsymbol{R})\mid |A|>0\}$ は行列群であることを示せ．

第10章 群の作用

CHAPTER 10

もともと群は，ある集合の対称性（自己同型の全体）として発見された．

10.1 作　　用

G を群，X を集合とする．$g \in G$，$x \in X$ に対し $\varphi(g, x) \in X$ がただひとつ定まっていて，次を満たすとき，G は X に（左から）**作用** (act) するという．

(1) 任意の $x \in X$ に対し $\varphi(e, x) = x$,

(2) 任意の $g, h \in G$ と任意の $x \in X$ に対し $\varphi(gh, x) = \varphi(g, \varphi(h, x))$.

命題 10.1 G が X に作用するとき，$y = \varphi(g, x)$ ならば $x = \varphi(g^{-1}, y)$ である．

証明 $\varphi(g^{-1}, y) = \varphi(g^{-1}, \varphi(g, x)) = \varphi(g^{-1}g, x) = \varphi(e, x) = x$. □

例 10.2 n 次対称群は $\{1, 2, \ldots, n\}$ に作用する．実際，$\sigma \in \mathfrak{S}_n$，$1 \leq i \leq n$ に対し，$\varphi(\sigma, i) := \sigma(i)$ とすると，$e(i) = i$，$(\sigma\tau)(i) = \sigma(\tau(i))$ より従う．

$\mathfrak{S}_n$ の部分群も $\{1, 2, \ldots, n\}$ に作用する．一般に G が X に作用すれば，G の任意の部分群 H も X に作用する．

例 10.3 $GL(n, \boldsymbol{R})$ は実 n 次元列ベクトルの全体 $\boldsymbol{R}^n$ に左からの掛け算で作用する．したがって部分群である $SL(n, \boldsymbol{R})$，$O(n)$ なども $\boldsymbol{R}^n$ に作用する．

例 10.4 群 G は自分自身に左からの掛け算で作用する．すなわち，$g \in G$ は $h \in G$ を $\varphi(g, h) := gh$ に移すとすると左からの作用である．これを g による**左移動** (left translation) という．左移動は G から G への全単射である．実際，$gg_i = gg_j$ ならば g^{-1} を掛けて $g_i = g_j$ となるから単射である．任意の g_i に対し，$g(g^{-1}g_i) = g_i$ となるから全射でもある．

$\varphi(g,x)$ を単に gx と書くこともある．すると条件は (1) $ex=x$,（2）$(gh)x=g(hx)$ と簡潔に書ける．ただし次の例のような場合は紛らわしいので gx とは書かない．

例 10.5 $X=G$ とするとき，$g,x\in G$ に対し，$\varphi(g,x):=gxg^{-1}$ は作用である．実際，$\varphi(e,x)=exe^{-1}=x$，$\varphi(gh,x)=(gh)x(gh)^{-1}=g(hxh^{-1})g^{-1}=\varphi(g,\varphi(h,x))$.

G は自分自身に右から掛け算することもできる．$G\ni h\mapsto hg\in G$ を g による**右移動** (right translation) という．その場合，$g,g'\in G$ を続けて $h\in G$ に掛け算すると，$h\mapsto hg\mapsto(hg)g'=h(gg')$ となるから，一回の掛け算で表すと gg' 倍になる．このように，$\varphi: G\times X\to X$ が条件 (2) を $\varphi(gg',x)=\varphi(g',\varphi(g,x))$ としたものを満たすとき，G は X に右から作用するという．右作用の場合は gx の代わりに xg と書くことにすると，条件は (1) $xe=x$，(2) $(xg)g'=x(gg')$ と書ける．φ が左作用を与えるとき，$x\mapsto\varphi(g^{-1},x)$ は右作用になる．

例 10.6 実 n 次元行ベクトルの全体には，$GL(n,\boldsymbol{R})$ が右からの掛け算で，右から作用する．

注意 10.7 アーベル群の作用に左右の区別はない．

群 G は集合 X に作用しているとする．$x\in X$ に対し $Gx:=\{gx\mid g\in G\}$ を x の**軌道** (orbit) という．Gx を $O_G(x)$ あるいは単に $O(x)$ とも書く．例えば，$G=\langle(1\ 2)(3\ 4)\rangle$，$X=\{1,2,3,4\}$ に対し，$G1=G2=\{1,2\}$ である．

$y\in Gx$ とは，ある $g\in G$ が存在して $y=gx$ となることである．このとき $Gy=Gx$ となり，x の軌道と y の軌道は一致する．もし $x,y\in X$ に対し $z\in Gx\cap Gy$ とすると，$Gx=Gz=Gy$ となる．よって，2 つの軌道は，一致するか，交わりが全くないかのどちらかである．X は軌道の直和（交わりのない和集合）に分かれる．$X=\coprod_i Gx_i$ を X の**軌道分解** (orbit decomposition) という．

任意の $x,y\in X$ についてある $g\in G$ が存在して $y=gx$ となるとき，作用は**推移的・可移** (transitive) であるという．これは，「任意の $x\in X$ について $Gx=X$」と同値であり，$X\neq\varnothing$ のとき軌道が 1 つしかないこと（ある $x\in X$ について $Gx=X$ となること）と同値である．

例 **10.8** (1) C_n は正 n 角形の頂点集合への作用と見たとき推移的である.

(2) $\mathfrak{S}_n$ の $\{1,\ldots,n\}$ への標準作用は推移的である．さらに強く，n 個の元からなる順列を互いに移しあう．これを **n 重推移的・n 重可移** (n-transitive) であるという.

10.2 同 値 関 係

平面の 2 つの三角形は合同変換で重ねられるとき，同じ形であると思い「合同」であるという．たとえ異なっていても「同じ」と思えることを「同値」という言葉で表す.

集合 X において，各 $x,y\in X$ に対し命題 $x\sim y$ の真偽が定まっているとき，$\sim$ を X 上の（二項）**関係** (relation) という．X 上の関係 $\sim$ が**同値関係** (equivalence relation) であるとは,

(1) （反射律）任意の $x\in X$ に対し $x\sim x$

(2) （対称律）任意の $x,y\in X$ に対し $x\sim y$ ならば $y\sim x$

(3) （推移律）任意の $x,y,z\in X$ に対し $x\sim y$ かつ $y\sim z$ ならば $x\sim z$

が成り立つことをいう．このとき $x\sim y$ であることを x と y は**同値** (equivalent) であるという．$x\in X$ と同値な元全体からなる X の部分集合を，x の**同値類** (equivalence class) という.

X の各元 x は x 自身の同値類に含まれるから，X は同値類たちの和集合に表される．異なる同値類は共通元をもたないから，和は直和（交わりのない和集合）である.

ある同値類に属する任意の元は，その同値類の**代表元** (representative) と呼ばれる．各同値類から 1 つずつ代表元を選んでできる集合を，その同値関係の**完全代表系** (complete set of representatives) という．完全代表系は，同値な元は等しいと思って区別しないときに，異なるものがどれだけあるかすべての見本を与える．これと同等な集合として，同値類自体を元とする集合（すなわち，集合の集合）を，X の同値関係 $\sim$ による**商集合** (quotient set) といい $X/{\sim}$ で表す．X の元に対しその同値類を対応させる**標準的全射** (canonical surjection) $X\to X/{\sim}$ が存在する.

与えられた関係 $\sim$ を含む最小の同値関係を，$\sim$ で生成された同値関係という.

例 10.9 正整数 n に対し，整数の n を法とする合同は命題 8.5(1)(2)(3) より同値関係である．$\{0, 1, \ldots, n-1\}$ が完全代表系にとれる．$n = 2$ のとき同値類は偶数の集合と奇数の集合である．

例 10.10 群 G が集合 X に左から作用しているとする．X の点 x, y に対し，同じ軌道に属することは同値関係である．商集合を $G\backslash X$ で表す．右作用の場合は X/G と書く．

10.3 剰　余　類

命題 10.11 H を群 G の部分群とする．$a, b \in G$ に対し，$a^{-1}b \in H$ のとき $a \sim b$ と定めると，$\sim$ は G に同値関係を定める．

証明　$a \in G$ に対し，$a^{-1}a = e \in H$ であるから，$a \sim a$．$a \sim b$ とすると，$a^{-1}b \in H$．逆元 $b^{-1}a$ も H に属するから，$b \sim a$．$a \sim b$ かつ $b \sim c$ とすると，$a^{-1}b, b^{-1}c \in H$．積 $a^{-1}bb^{-1}c = a^{-1}c$ も H に属するから，$a \sim c$．よって $\sim$ は G に同値関係を定める．□

命題 10.12 a の同値類は $aH := \{ah \mid h \in H\}$ である．

証明　$a \sim b$ のとき，$a(a^{-1}b) = b$ であるから $b \in aH$．逆に，$h \in H$ により $b = ah$ となるとき，$h = a^{-1}b$ であるから $a \sim b$ である．□

aH を a の H に関する**左剰余類** (left coset) という．商集合，すなわち左剰余類の全体を G/H で表す．G/H の G の中での完全代表系を 1 つ選び，それを S とすると，集合としての直和 $G = \coprod_{a \in S} aH$ ができる．これを G の H による**左剰余類分解** (left coset decomposition) という．

例 10.13 $G = \mathfrak{S}_3$，$H = \langle (1\ 2) \rangle$ のとき，$G/H = \{eH, (1\ 2\ 3)H, (1\ 3\ 2)H\}$．

G の元 a に対し，aH を対応させる写像 $G \to G/H$ を**標準的全射**という．

G/H の位数 $|G/H|$ を $|G : H|$ とも書き，H の G における**指数** (index) という．

$a^{-1}b \in H$ を $ba^{-1} \in H$ としても同値類 Ha が定まる．こちらは**右剰余**

類 (right coset) という[*1]．右剰余類の全体は $H\backslash G$ で表す．$\varphi : G \to G$ を $\varphi(a) = a^{-1}$ で定めると，左剰余類 aH と右剰余類 Ha^{-1} が移りあうから指数はどちらで定めても同じである．すなわち $|G/H| = |H\backslash G|$.

定理 10.14 (ラグランジュの定理，Lagrange's theorem) 有限群 G の部分群 H に対し，次が成り立つ．

$$|G| = |G : H|\,|H|$$

特に，H の指数・位数は，G の位数の約数である．

証明　G の任意の元はただひとつの左剰余類に属する．各左剰余類 aH は H と位数が等しい． □

系 10.15 素数位数の群は巡回群であり，部分群は自明なものに限る．

系 10.16 有限群 G の任意の元の位数は $|G|$ の約数である．

証明　$a \in G$ に対し $\langle a \rangle$ は G の部分群であり，命題 9.14 による． □

10.4 正 規 部 分 群

H を群 G の部分群とする．商集合 G/H が G の積を用いて群となるための条件を調べよう．

命題 10.17 任意の $a, b \in G$ に対し $(aH)(bH) = abH$ を満たす $\iff$ 任意の $a \in G$ に対し $aHa^{-1} = H$ を満たす．

注意 10.18 $aHa^{-1} = H$ は $aHa^{-1} \subset H$ としても同値である．右の条件は「任意の $a \in G \setminus H$ に対し $aH \subset Ha$」とも書ける．

証明　$\Leftarrow$: $(aH)(bH) = a(bHb^{-1})(bH) = abH$. $\Rightarrow$: $(aH)(a^{-1}H) = H$ が成り立つから，任意の $h \in H$ に対し，$aha^{-1} = (ah)(a^{-1}e) \in H$. □

上の同値な条件を満たすとき H は G の**正規部分群** (normal subgroup) であるといい，$H \lhd G$ と表す．このとき G/H に $(aH)(bH) = abH$ で積を定めると，代表元のとり方によらず定まり，群になる．同値類 H が単位元，$a^{-1}H$ が

[*1] 左右の呼び方を逆にする流儀もある．

aH の逆元である．G/H は（左）剰余群・商群 (quotient group) と呼ばれる．部分群は正規とは限らない（問題 10.3）．

命題 10.19 指数 2 の部分群は正規部分群である．

証明 G を群，$H < G$，$|G : H| = 2$ とする．任意の $a \in G \setminus H$ に対し，左剰余類分解 $G = H \coprod aH$ と右剰余類分解 $G = H \coprod Ha$ ができるから，集合として $aH = Ha$．a^{-1} を右から掛ける操作は全単射だから $aHa^{-1} = H$．$a \in H$ については $aHa^{-1} = H$ は明らか． □

系 10.20 (1) $\mathfrak{A}_n \lhd \mathfrak{S}_n$ (2) $C_n \lhd D_n$

注意 10.21 アーベル群 G に対しては，任意の部分群は正規かつアーベル群であり，剰余群もアーベル群である．

任意の元と可換な元の全体を G の中心 (center，独 Zentrum) といい $Z(G)$ で表す．$Z(G) = G$ とは G がアーベル群であることである．中心に含まれる部分群は正規部分群であるので，剰余群が存在する（左右の区別はない）．

命題 10.22 $Z(GL(n, \boldsymbol{K})) = \{\lambda E_n \mid \lambda \in \boldsymbol{K}^{\times}\}$（正則スカラー行列の全体），$Z(SL(n, \boldsymbol{K})) = \{\lambda E_n \mid \lambda^n = 1\}$．

証明 n 次正則行列 $A = (a_{ij})$ は任意の $X \in GL(n, \boldsymbol{K})$ に対し $AX = XA$ であるとする．$X = E + E_{ij}$ $(i \neq j)$ を選ぶと，$AE_{ij} = E_{ij}A$．AE_{ij} の第 j 列は A の第 i 列になり，他の列は $\mathbf{0}$．$E_{ij}A$ の第 i 行は A の第 j 行になり，他の行は $\vec{0}$．したがって $AE_{ij} = E_{ij}A$ の (i, j) 成分以外は 0 であるから，A の第 i 列・第 j 行は対角成分以外の成分は 0 である．特に $a_{ji} = 0$．i, j を動かすことで，A の対角成分以外の成分は 0．また，$AE_{ij} = E_{ij}A$ の (i, j) 成分が等しいことから，$a_{ii} = a_{jj}$ となり，A の対角成分はすべて等しい．よって，A はスカラー行列（単位行列のスカラー倍）である．逆に，スカラー行列が任意の正則行列と可換であることは明らか．上で選んだ X は $SL(n, \boldsymbol{K})$ にも属するから，$SL(n, \boldsymbol{K})$ についても同様． □

例 10.23 $GL(n, \boldsymbol{K})$ を中心で割った剰余群を射影一般線形群 (projective general linear group) といい，$PGL(n, \boldsymbol{K})$ で表す．同様に，$SL(n, \boldsymbol{K})$ を中心で割った剰余群を射影特殊線形群 (projective special linear group) といい，

$PSL(n, \boldsymbol{K})$ で表す．$Z(SL(n, \boldsymbol{K})) = Z(GL(n, \boldsymbol{K})) \cap SL(n, \boldsymbol{K})$ であるから，$PSL(n, \boldsymbol{K})$ は $PGL(n, \boldsymbol{K})$ の部分群とみなせる．

例 **10.24** $Sp(1)$ の元

$$I = \begin{pmatrix} i & 0 \\ 0 & -i \end{pmatrix}, \quad J = \begin{pmatrix} 0 & -1 \\ 1 & 0 \end{pmatrix}, \quad K = \begin{pmatrix} 0 & -i \\ -i & 0 \end{pmatrix}$$

をとり，$Q = \{\pm E_2, \pm I, \pm J, \pm K\}$ とする．$I^2 = J^2 = K^2 = -E_2$，$IJ = -JI = K$，$JK = -KJ = I$，$KI = -IK = J$ が確かめられる．Q は位数 8 の非可換群であり，**四元数群** (quaternion group) と呼ばれる．非可換であるが部分群はすべて正規であることを確かめよう．Q の部分群は，自明な部分群 2 つと，中心 $\{\pm E_2\}$，$\langle I \rangle = \{\pm E_2, \pm I\}$，$\langle J \rangle = \{\pm E_2, \pm J\}$，$\langle K \rangle = \{\pm E_2, \pm K\}$ である．実際，例えば部分群が I を含めば $\langle I \rangle$ を含む．I, J, K のうち 2 つを含めば，$IJ = K$ より全体に一致する．自明な部分群と中心は正規である．残りは指数 2 であるから正規である．数として $Q = \{\pm 1, \pm i, \pm j, \pm k\}$ とも書く．

例 **10.25** $\boldsymbol{K}$ を体とするとき，$\boldsymbol{K}^n$ の可逆な線形変換と平行移動で生成される群（積は合成）

$$AGL(n, \boldsymbol{K}) := \{\boldsymbol{x} \mapsto A\boldsymbol{x} + \boldsymbol{b} \mid A \in GL(n, \boldsymbol{K}),\ \boldsymbol{b} \in \boldsymbol{K}^n\}$$

を $\boldsymbol{K}$ 上の n 次元アフィン変換群 (affine transformation group) という．$f(x) = \boldsymbol{x} + \boldsymbol{b}$，$g(x) = A\boldsymbol{x}$ とするとき，$g(f(g^{-1}(x))) = \boldsymbol{x} + A\boldsymbol{b}$ である[*2)]．よって平行移動のなす部分群 $\{\boldsymbol{x} \mapsto \boldsymbol{x} + \boldsymbol{b} \mid \boldsymbol{b} \in \boldsymbol{K}^n\}$ は正規部分群である．

$a, b \in G$ はある $g \in G$ が存在して $b = gag^{-1}$ となるとき，**共役** (conjugate) であるという．部分群 H が正規とは，H の元と共役な元はすべて H に属する，ということである．

命題 **10.26** 共役であることは，同値関係である．

証明 $a = eae^{-1}$ である．$b = gag^{-1}$ ならば $a = g^{-1}b(g^{-1})^{-1}$ である．さらに $c = hbh^{-1}$ ならば $c = (hg)a(hg)^{-1}$ である． □

例 **10.27** 二面体群 D_n の共役元を調べてみよう．中心は n が奇数なら $\{E\}$，偶数なら $\{\pm E\}$ である．これらは自分自身とのみ共役である．

---

*2) $\boldsymbol{K} = \boldsymbol{F}_2$ かつ $n = 1$ の場合を除き，$\boldsymbol{b}$ が A で不変であるとは限らないので，非可換群である．

行列式が異なるから，回転と鏡映とは共役にはなりえない．

n を奇数とする．正 n 角形の鏡映は，どれも D_n の中で共役である．実際，鏡映 σ, τ のそれぞれの鏡映軸上の頂点を P, Q とすると，P を Q に移す回転 ρ が D_n に存在する．$\tau = \rho\sigma\rho^{-1}$ であることが確かめられる．

しかし，n が偶数の場合は，鏡映は 2 種類ある．鏡映軸が頂点を通るものと，辺の中点を通るものである．これらは，固定される点の種類が違う．頂点を辺の中点に移す合同変換は存在しないから，2 種類の鏡映は共役にはなりえない．

次に回転の共役を求めよう．回転同士は可換であり，$S_\varphi R_\theta S_\varphi^{-1} = R_{-\theta}$ が確かめられる．よって，R_θ（$0 < \theta < \pi$）と共役な元は $R_\theta, R_{-\theta}$ の 2 つである．

群 G の部分集合 H に対し，$N_G(H) := \{g \in G \mid gHg^{-1} = H\}$，$Z_G(H) := \{g \in G \mid \forall h \in H,\ gh = hg\}$ は G の部分群であり，それぞれ H の**正規化群** (normalizer)，**中心化群** (centralizer) という．H が部分群ならば $H \lhd N_G(H)$ である．中心 $Z(G)$ は $Z_G(G)$ に他ならない．

演 習 問 題

10.1 群 G の指数有限の部分群 H と，H の指数有限の部分群 K に対し，K は G の指数有限の部分群であり，$|G:K| = |G:H||H:K|$ が成り立つことを示せ．

10.2 n を正整数，X を集合とし，$X^n := X \times \cdots \times X$ を X の n 個の直積（X の元 n 個の順序対の全体）とする．

(1) $\sigma \in \mathfrak{S}_n$ に対し $X^n \ni (x_1, \ldots, x_n) \mapsto (x_{\sigma(1)}, \ldots, x_{\sigma(n)}) \in X^n$ と定めることで，$\mathfrak{S}_n$ は X^n に作用することを示せ．この作用は左作用か，右作用か．

(2) $X = \boldsymbol{C}$ とする．t を変数とする複素数係数多項式 $f(t) = (t - x_1) \cdots (t - x_n)$ を考える．$f(t)$ の各係数は $\mathfrak{S}_n$ の作用で不変であることに注意し，$\boldsymbol{C}^n$ の $\mathfrak{S}_n$ による商集合は再び $\boldsymbol{C}^n$ と同一視できることを説明せよ．

10.3 $\mathfrak{S}_3$ の中で $\langle(1\ 2)\rangle$ は正規部分群でないことを示せ．

10.4 群 G の部分群 H, K に対し，$KH = HK$ は，HK が G の部分群であるための必要十分条件であることを示せ．特に，$H \lhd G$ ならば HK は G の部分群であることを示せ．

10.5 $\mathfrak{A}_4$ で $(1\ 2\ 3)$ と $(1\ 3\ 2)$ は共役でないことを示せ．$\mathfrak{A}_5$，$\mathfrak{A}_6$ では $(1\ 2\ 3)$ と $(1\ 3\ 2)$ は共役であるが，$(1\ 2\ 3\ 4\ 5)$ と $(1\ 2\ 3\ 5\ 4)$ は共役でないことを示せ．

10.6 四元数群 Q の共役類をすべて求めよ．

10.7 $\pi : GL(n+1, \boldsymbol{K}) \to PGL(n+1, \boldsymbol{K})$ を標準的全射とする．$PGL(n+1, \boldsymbol{K})$

の元に対し，$GL(n+1,\boldsymbol{K})$ の代表元 A を任意にとる．$\boldsymbol{x} \in \boldsymbol{K}^{n+1} \setminus \{\boldsymbol{0}\}$ の代表する n 次元射影空間 $\boldsymbol{P}^n_{\boldsymbol{K}}$ の元を $\overline{\boldsymbol{x}}$ で表す．

(1) $A\boldsymbol{x} \in \boldsymbol{K}^{n+1} \setminus \{\boldsymbol{0}\}$ の定める $\boldsymbol{P}^n_{\boldsymbol{K}}$ の元は，A と $\boldsymbol{x}$ の選び方によらず $\pi(A)$，$\bar{\boldsymbol{x}}$ から定まることを示せ．

(2) $\varphi(\pi(A), \bar{\boldsymbol{x}}) = \overline{A\boldsymbol{x}}$ により $PGL(n+1,\boldsymbol{K})$ は $\boldsymbol{P}^n_{\boldsymbol{K}}$ に作用することを示せ．

10.8 (1) $N_G(H)$，$Z_G(H)$ は G の部分群であることを示せ．

(2) $Z_G(H)$ は $N_G(H)$ の正規部分群であることを示せ．

第 11 章
準　同　型

CHAPTER 11

11.1　準　　同　　型

群 G, G' の間の写像 $\varphi : G \to G'$ は，$\varphi(ab) = \varphi(a)\varphi(b)$ $(a, b \in G)$ を満たすとき，つまり積を保つとき，群の準同型 (homomorphism) であるという．

命題 11.1 群 G, G' の単位元をそれぞれ e, e' とし，$\varphi : G \to G'$ を準同型とするとき，次が成り立つ．$\varphi(e) = e'$，$\varphi(a^{-1}) = \varphi(a)^{-1}$ $(a \in G)$．

証明　$\varphi(e)\varphi(e) = \varphi(ee) = \varphi(e)$ であるから，$\varphi(e)^{-1}$ を掛けて，$\varphi(e) = e'$．よって $\varphi(a)\varphi(a^{-1}) = \varphi(aa^{-1}) = \varphi(e) = e'$．同様に $\varphi(a^{-1})\varphi(a) = e'$ もいえるから $\varphi(a^{-1}) = \varphi(a)^{-1}$．　□

命題 11.2 (1) 群 G の恒等変換 $\mathrm{id}_G : G \to G$，$g \mapsto g$ は準同型である．

(2) $\varphi : G \to G'$，$\psi : G' \to G''$ を準同型とするとき，合成 $\psi \circ \varphi : G \to G''$，$g \mapsto \psi(\varphi(g))$ は準同型である．

証明　(1) は明らか．(2) $g, h \in G$ に対し，$\psi(\varphi(gh)) = \psi(\varphi(g)\varphi(h)) = \psi(\varphi(g))\psi(\varphi(h))$．　□

例 11.3 (1) 命題 9.16 より，$\varepsilon : \mathfrak{S}_n \to \{\pm 1\}$ は準同型である．

(2) 行列式は $GL(n, \boldsymbol{K})$ から乗法群 $\boldsymbol{K}^\times$ への準同型を定める．

(3) 部分群からの標準的単射は準同型である．

(4) 剰余群への標準的全射は準同型である．

命題 11.4 群 G, G' の間の準同型 $\varphi : G \to G'$ が全単射であれば，逆写像が存在して準同型になる．

証明 集合として全単射であることは，逆写像が存在することと同値である．$a' = \varphi(a)$，$b' = \varphi(b)$ とすると，$\varphi^{-1}(a'b') = \varphi^{-1}(\varphi(a)\varphi(b)) = \varphi^{-1}(\varphi(ab)) = ab = \varphi^{-1}(a')\varphi^{-1}(b')$．よって φ^{-1} は準同型である． □

群の全単射準同型を群の**同型** (isomorphism) という．G と G' は，その間に同型が存在するとき，群として**同型** (isomorphic) であるといい，$G \cong G'$ で表す．$\cong$ は同値関係である（確かめよ）．同型な群はしばしば同一視される．

G から G への同型を G の**自己同型** (automorphism) という．恒等変換は自己同型であり，自己同型の合成・逆変換は自己同型である．よって G の自己同型の全体は全置換群 $\mathfrak{S}_G$ の部分群をなす．これを G の**自己同型群** (automorphism group) といい $\operatorname{Aut} G$ で表す．

例 11.5 各 $g \in G$ に対し，共役 $a \mapsto gag^{-1}$ は群 G から G 自身への同型である．$gag^{-1} = i_g(a)$ と書き，$i_g \in \operatorname{Aut} G$ を g による G の**内部自己同型** (inner automorphism) と呼ぶ．$i_e = \mathrm{id}_G$，$i_{gg'}(a) = (gg')a(gg')^{-1} = g(g'a(g')^{-1})g^{-1} = i_g \circ i_{g'}(a)$ が成り立つ．内部自己同型の全体は $\operatorname{Aut} G$ の部分群をなす．

G の部分群 H は G の任意の自己同型 σ に対し $\sigma(H) = H$ を満たすとき**特性部分群** (characteristic subgroup) であるという．特に内部自己同型で保たれるから正規部分群である．

例 11.6 G の正規部分群 H に対し，左剰余類からなる剰余群と，右剰余類からなる剰余群は同型である．実際，いずれも積を代表元の積から定めるから，$G/H \ni aH \mapsto Ha \in H\backslash G$ が全単射準同型になる．

置換 $\sigma \in \mathfrak{S}_n$ に対し，n 次行列 $A(\sigma)$ を，$\sigma(j) = i$ のとき (i, j) 成分を 1，その他は 0，として定める．$A(\sigma)\boldsymbol{e}_j = \boldsymbol{e}_{\sigma(j)}$ となる．$A(\sigma)$ を σ に対応する**置換行列** (permutation matrix) という．

命題 11.7 (1) $A(\tau\sigma) = A(\tau)A(\sigma)$　(2) $\varepsilon(\sigma) = \det A(\sigma)$

証明 (1) 基底 $\boldsymbol{e}_j$ の行き先を追うと，両辺ともに $\boldsymbol{e}_{\tau\sigma(j)}$ となるから．

(2) $\sigma = e$ に対しては $A(e) = E$（単位行列）であるから行列式は 1．互換 $(i\ j)$ に対し，$A((i\ j))$ は E の i 列と j 列を入れ替えたものであるから，行列式は -1．任意の置換 σ に対しては $\sigma = (i_1\ j_1)(i_2\ j_2)\cdots(i_k\ j_k)$ と互換の積で表せる．(1) と積の行列式と命題 9.19 から $\det A(\sigma) = (-1)^k = \varepsilon(\sigma)$． □

n 次置換行列の全体は $GL(n, \boldsymbol{K})$ の部分群をなす．$\sigma \mapsto A(\sigma)$ は単射であるから，n 次置換行列の全体は n 次対称群と同型である．

11.2 準同型定理

$\varphi : G \to G'$ を群の準同型とすると，φ の像 (image) $\operatorname{im}\varphi := \varphi(G)$ は G' の部分群である．実際，$e' = \varphi(e) \in \operatorname{im}\varphi$ であり，$\varphi(a)^{-1}\varphi(b) = \varphi(a^{-1}b)$ である．

φ が単射ならば G と $\varphi(G)$ は群として同型であるから，G と像を同一視して，単射準同型を埋め込み (embedding) ともいう．

任意の有限群は，ある対称群に埋め込める：

命題 11.8 (ケイリーの定理，Cayley's theorem) 任意の群 G はその全置換群の部分群と同型である．特に，G が位数 n の有限群ならば，単射準同型 $\iota : G \to \mathfrak{S}_n$ が存在する．

証明 各 $g \in G$ による左移動は全単射であるから，$\iota(g) \in \mathfrak{S}_G$ を $\iota(g)(g_i) := gg_i$ により定める．$\iota(g'g)(g_i) = (g'g)g_i = g'(gg_i) = \iota(g')(\iota(g)(g_i))$ より $\iota(g'g) = \iota(g')\iota(g)$．$\iota(g)$ から $g = \iota(g)(e)$ が定まるので単射． □

例 11.9 ケイリーの定理を用いると，クラインの四元群 V は，e, a, b, c の順に元を並べることで $\mathfrak{S}_4$ に次のように埋め込める．$e \mapsto e$，$a \mapsto (1\ 2)(3\ 4)$，$b \mapsto (1\ 3)(2\ 4)$，$c \mapsto (1\ 4)(2\ 3)$．像は偶置換のみからなるので $\mathfrak{A}_4$ の部分群であり，像も V と書く．

群の準同型 $\varphi : G \to G'$ に対し，$\ker\varphi := \{g \in G \mid \varphi(g) = e'\}$ を核 (kernel) という．

命題 11.10 $\ker\varphi$ は G の正規部分群である．

証明 $e \in \ker\varphi$ である．$a, b \in \ker\varphi$ ならば，$\varphi(a^{-1}b) = \varphi(a)^{-1}\varphi(b) = e'$ であるから $a^{-1}b \in \ker\varphi$．よって $\ker\varphi < G'$ である．任意の $a \in \ker\varphi$ と $g \in G$ に対し，$\varphi(gag^{-1}) = \varphi(g)e'\varphi(g)^{-1} = e'$．よって $gag^{-1} \in \ker\varphi$． □

例 11.11 $SL(n, \boldsymbol{K}) \lhd GL(n, \boldsymbol{K})$ である．実際，行列式を与える写像 $\det : GL(n, \boldsymbol{K}) \to \boldsymbol{K}^\times$ は準同型であり，$SL(n, \boldsymbol{K}) = \ker\det$ である．

同様に符号を与える準同型 $\varepsilon : \mathfrak{S}_n \to \{\pm 1\}$ からも $\mathfrak{A}_n \lhd \mathfrak{S}_n$ がいえる.

命題 11.12 群準同型 φ に対し，単射であることと $\ker\varphi = \{e\}$ は同値である.

証明 φ が単射なら e' に移る元としては e 以外にない．逆に $\ker\varphi = \{e\}$ とする．$\varphi(g_1) = \varphi(g_2)$ ならば $\varphi(g_1^{-1}g_2) = \varphi(g_1)^{-1}\varphi(g_2) = e'$．よって仮定より $g_1^{-1}g_2 = e$ であるから $g_1 = g_2$．φ は単射である. □

定理 11.13 (準同型定理，homomorphism theorem) $\varphi : G \to G'$ を群の準同型とすると，$G/\ker\varphi \cong \operatorname{im}\varphi$ が成り立つ．同型は $g\ker\varphi \mapsto \varphi(g)$ $(g \in G)$ で与えられる.

証明 まず，写像 $\psi : G/\ker\varphi \to \operatorname{im}\varphi$ が代表元のとり方によらず定まることをいう．$k \in \ker\varphi$ に対し $\varphi(gk) = \varphi(g)\varphi(k) = \varphi(g)e' = \varphi(g)$ であるから，剰余類の像は 1 つに定まる．ψ は全射：像の定義から従う．ψ は準同型：$g\ker\varphi$ と $h\ker\varphi$ の積は $gh\ker\varphi$ である．これらはそれぞれ $\varphi(g)$，$\varphi(h)$，$\varphi(gh)$ に移されるから，φ が準同型であることから従う．ψ は単射：$e' \in \operatorname{im}\varphi$ の逆像は $\ker\varphi$ であるが，これは $G/\ker\varphi$ の単位元に他ならない．$\ker\psi$ が単位元のみからなるから命題 11.12 より ψ は単射. □

注意 11.14 $\ker\varphi\backslash G \cong \operatorname{im}\varphi$ も同様.

11.3 直積・半直積

群 H, K に対し，$H \times K = \{(h,k) \mid h \in H,\ k \in K\}$ は成分ごとの演算で群になる．すなわち積を $(h,k)(h',k') = (hh', kk')$ と定めると，結合法則が成り立ち，単位元は (e,e) であり，$(h,k)^{-1} = (h^{-1}, k^{-1})$ である．$H \times K$ を H, K の直積 (direct product) という.

H を $H \times \{e\}$，K を $\{e\} \times K$ とそれぞれ同一視して $H \times K$ の部分群と見ると，H の元と K の元は可換である．実際 $(h,e)(e,k) = (h,k) = (e,k)(h,e)$ である．また $H \cap K = \{(e,e)\}$ である．この逆を考える.

群 G の部分集合 H, K に対し $HK := \{hk \mid h \in H,\ k \in K\}$ とおく.

命題 11.15 群 G の部分群 H, K は次の (a)(b) を満たすとする．(a) H の元と K の元は可換，(b) $H \cap K = \{e\}$．このとき，HK は G の部分群であり，

$\varphi : H \times K \to HK$, $(h,k) \mapsto hk$ は同型である.

証明　$e = ee \in HK$ であり，HK が積と逆元で閉じているのは (a) より明らか．φ は定義より全射であり，(a) より準同型である．$(h,k) \in \ker\varphi$ とすると $hk = e$ より $k = h^{-1} \in H \cap K$．(b) より $\ker\varphi$ は自明であり φ は同型．□

上のとき HK は部分群 H, K の（内部）**直積**であるという．φ は同型であるから HK の任意の元は一意的に hk（$h \in H$，$k \in K$）と表される．

注意 11.16 以上は，任意個の直積でも同様である．無限個の直積の場合，高々有限個を除いて成分が単位元となるものの全体は，部分群をなす．これを**制限直積** (restricted direct product) と呼ぶ.

次に，H の元と K の元が可換とは限らない場合を考える.

定理 11.17 (第 2 同型定理，second isomorphism theorem) 群 G の部分群 H, K は，(a') 任意の $k \in K$ に対し $kHk^{-1} \subset H$，を満たすとする．このとき次が成り立つ.

(1) HK は G の部分群である.　(2) $HK = KH$ である.

(3) $H \cap K \lhd K$，$H \lhd HK$ である.

(4) $k \in K$ のとき類 $(H \cap K)k$ に Hk を対応させる次の写像は同型である[*1)].

$$(H \cap K)\backslash K \to H\backslash HK$$

注意 11.18 (a') は $K \subset N_G(H)$ ということであり，H の元と K の元が可換，あるいは，$H \lhd G$ であれば満たされる.

証明　(1) $e = ee \in HK$．任意の $h, h' \in H$，$k, k' \in K$ に対し，$(hk)^{-1}(h'k') = k^{-1}h^{-1}h'k' = (k^{-1}h^{-1}h'k)k^{-1}k' \in HK$．よって HK は部分群である.

(2) $hk = k(k^{-1}hk)$ より $HK \subset KH$．$kh = (khk^{-1})k$ より $KH \subset HK$.

(3) 任意の $k \in K$，$h \in H \cap K$ に対し，$h \in H$ であるから仮定より $khk^{-1} \in H$ であり，すべて K の元でもあるから $khk^{-1} \in K$ でもある．よって $H \cap K \lhd K$ である．また，任意の $hk \in HK$，$h' \in H$ に対し，$(hk)h'(hk)^{-1} = h(kh'k^{-1})h^{-1} \in H$ であるから $H \lhd HK$ である.

(4) $k \in K$ に $Hk \in H\backslash HK$ を対応させる写像を φ とする．HK の任意の元

---

*1) 右剰余類で記したのは内部自己同型が左作用であることにあわせている.

hk の標準的全射による $H\backslash HK$ での像は $Hhk = Hk$ である．これは $\varphi(k)$ と等しいから φ は全射である．$k, k' \in K$ に対し，$\varphi(kk') = Hkk'$ であるが，剰余群における積の定義よりこれは $(Hk)(Hk')$ に等しい．よって φ は準同型．$k \in K$ に対し，$k \in \ker\varphi$ は $Hk = H$ を意味するから $k \in H$．よって $\ker\varphi = H \cap K$ である．準同型定理より $(H \cap K)\backslash H \to K\backslash HK$ は同型である． □

(a') の下で，$h, h' \in H$，$k, k' \in K$ に対し，$(hk)(h'k') = h(kh'k^{-1})kk'$ である．k を固定したとき $i_k : h' \mapsto kh'k^{-1}$ は H の自己同型である．また，$i_{kk'} = i_k i_{k'}$ を満たし，i_e は H の恒等変換である．これを踏まえて，次のように $H \times K$ に群構造を定める．

命題 11.19 H，K を群とし，$\varphi : K \to \operatorname{Aut} H$ を準同型とする．φ による k の像を φ_k と書くことにする．このとき，集合 $H \times K$ に $(h, k)(h', k') := (h\varphi_k(h'), kk')$ と積を定めると，$H \times K$ は群となる．

証明 まず結合法則を確かめる．$h, h', h'' \in H$，$k, k', k'' \in K$ に対し $((h,k)(h',k'))(h'',k'') = (h\varphi_k(h'), kk')(h'', k'') = (h\varphi_k(h')\varphi_{kk'}(h''), (kk')k'') = (h\varphi_k(h')\varphi_k(\varphi_{k'}(h'')), (kk')k'') = (h\varphi_k(h'\varphi_{k'}(h'')), k(k'k'')) = (h,k)(h'\varphi_{k'}(h''), k'k'') = (h,k)((h',k')(h'',k''))$．

H, K の単位元をいずれも同じ e で表す．$\varphi_e = \mathrm{id}_H$ であるから，任意の $h \in H$，$k \in K$ に対し $(e,e)(h,k) = (e\varphi_e(h), ek) = (h,k)$，$(h,k)(e,e) = (h\varphi_k(e), ke) = (h,k)$．よって (e,e) は単位元である．$(h,k)(\varphi_{k^{-1}}(h^{-1}), k^{-1}) = (h\varphi_k(\varphi_{k^{-1}}(h^{-1})), kk^{-1})) = (h\varphi_{kk^{-1}}(h^{-1}), e) = (e,e)$，$(\varphi_{k^{-1}}(h^{-1}), k^{-1})(h,k) = (\varphi_{k^{-1}}(h^{-1})\varphi_{k^{-1}}(h), k^{-1}k) = (\varphi_{k^{-1}}(h^{-1}h), e) = (e,e)$．よって逆元も存在する． □

集合 $H \times K$ に上の群構造を入れたものを，H と K の φ による**半直積** (semidirect product) と呼び，記号で $H \rtimes_\varphi K$ と書く．$H \times \{e\} \cong H$ は $H \rtimes_\varphi K$ の正規部分群である（示せ）．

命題 11.20 群 G の部分群 H, K は (a') $K \subset N_G(H)$，(b) $H \cap K = \{e\}$ を満たすとする．HK は部分群になり，$i : K \to \operatorname{Aut} H$ を $i(k)(h) = khk^{-1}$ として HK は $H \rtimes_i K$ と同型になる．

証明は直積の場合と同様（$(h,k) \mapsto hk$ が同型である）．このとき HK を H

と K の（内部）半直積といい，$H \rtimes K$ とも書く[*2)]．このとき $H\backslash HK \cong K$ であり，HK が有限群の場合，$|HK| = |H||K|$ が成り立つ．

例 11.21 $n \geq 3$ に対し $\mathfrak{S}_n$ は $\mathfrak{A}_n$ と $\langle(1\ 2)\rangle$ の半直積であるが直積ではない．

注意 11.22 G の正規部分群 H に対し，G が H とある部分群 K との半直積になるとは限らない．そもそも G は G/H と同型な部分群を含むとは限らない．例えば $G = \boldsymbol{Z}$，$H = 2\boldsymbol{Z}$ のとき，2 倍して 0 になる整数は 0 しかないから $G/H = \boldsymbol{Z}/2\boldsymbol{Z}$ は $\boldsymbol{Z}$ に埋め込めない．G/H と同型な部分群 K を含んでも，$H \cap K = \{e\}$ でなければ半直積にならない．例えば $G = Q$，$H = \langle i \rangle$ とすると，G/H と同型な部分群は $K = \{\pm 1\}$ のみであるが，これは H に含まれるので Q は H と K の半直積ではない．$K \to \mathrm{Aut}\,H$ は内部自己同型としては自明な作用しかない．ただし $\varphi(-1)$ が $i \mapsto -i$ となる自己同型（j による共役）である φ が存在して $Q \cong H \rtimes_\varphi K$ となる．
一般に，群 H, K に対し，群 G は H と同型な正規部分群 H' を含み $G/H' \cong K$ が成り立つとき，G は H の K による**拡大** (extension) であるという．

例 11.23 (1) アフィン変換群 $AGL(n, \boldsymbol{K})$ は，平行移動の群（正規部分群）$\boldsymbol{K}^n$ と，正則な一次変換の群 $GL(n, \boldsymbol{K})$ の半直積である．

(2) $GL(n, \boldsymbol{K})$ の中で，正則上三角行列の群 B は，対角成分が 1 の上三角行列の群 N（正規部分群）と正則対角行列の群 D との半直積である．

11.4 中国式剰余定理

定理 11.24 (中国式剰余定理, Chinese remainder theorem) $k \geq 2$ とし $n_1, \ldots, n_k$ を互いに素な自然数とするとき，次の同型が存在する．

$$\boldsymbol{Z}/(n_1 \cdots n_k)\boldsymbol{Z} \cong (\boldsymbol{Z}/n_1\boldsymbol{Z}) \times \cdots \times (\boldsymbol{Z}/n_k\boldsymbol{Z})$$

証明 まず $k = 2$ とする．$\varphi : \boldsymbol{Z} \to (\boldsymbol{Z}/n_1\boldsymbol{Z}) \times (\boldsymbol{Z}/n_2\boldsymbol{Z})$ を，$a \in \boldsymbol{Z}$ を $(a \bmod n_i)_{i=1,2}$ に対応させる写像とする．φ は準同型である．

φ が全射であることを示す．n_1 と n_2 は互いに素であるから，系 9.12 より $x_1 + x_2 = 1$ となる $x_1 \in n_1\boldsymbol{Z}$，$x_2 \in n_2\boldsymbol{Z}$ が存在する．任意の $\bar{a}_1 \in \boldsymbol{Z}/n_1\boldsymbol{Z}$，$\bar{a}_2 \in \boldsymbol{Z}/n_2\boldsymbol{Z}$ に対し，適当に $\boldsymbol{Z}$ における代表元 a_1, a_2 をとる．$a = a_1x_2 + a_2x_1$ とすると，$a = a_1(1 - x_1) + a_2x_1 \equiv a_1 \mod n_1$，$a = a_1x_2 + a_2(1 - x_2) \equiv a_2$

*2) 正規部分群の方に $\times$ と同じ記号がくる．

mod n_2 であるから，$\varphi(a) = (\bar{a}_1, \bar{a}_2)$.

$\ker\varphi = n_1\boldsymbol{Z} \cap n_2\boldsymbol{Z}$ である．n_1, n_2 は互いに素であるから，素因数分解の一意性より $n_1\boldsymbol{Z} \cap n_2\boldsymbol{Z} = n_1n_2\boldsymbol{Z}$. よって準同型定理より $\boldsymbol{Z}/n_1n_2\boldsymbol{Z} \cong (\boldsymbol{Z}/n_1\boldsymbol{Z}) \times (\boldsymbol{Z}/n_2\boldsymbol{Z})$.

一般の場合は k に関する帰納法を用いる．素因数分解の一意性より n_1 と $n_2 \cdots n_k$ は互いに素であるから，$\boldsymbol{Z}/n_1(n_2\cdots n_k)\boldsymbol{Z} \cong (\boldsymbol{Z}/n_1\boldsymbol{Z}) \times (\boldsymbol{Z}/n_2\cdots n_k\boldsymbol{Z}) \cong (\boldsymbol{Z}/n_1\boldsymbol{Z}) \times (\boldsymbol{Z}/n_2\boldsymbol{Z}) \times \cdots \times (\boldsymbol{Z}/n_k\boldsymbol{Z})$. □

注意 11.25 定理の名前は，中国の書物『孫子算経』の記述に由来する．日本では「百五減」という名の数当てとして紹介されている．1 から 105 までの整数を考えてもらい，3, 5, 7 のそれぞれで割った余りを聞いて，元の数を当てるものである．余りにそれぞれ 70, 21, 15 を掛けて足し，105 を越えた場合は 105 で割った余りを答えればよい．70, 21, 15 はそれぞれ 3, 5, 7 で割って 1 余り，他の 2 つで割り切れる．

例 11.26 次はすべて同型である．$\boldsymbol{Z}/6\boldsymbol{Z} \times \boldsymbol{Z}/35\boldsymbol{Z}$，$\boldsymbol{Z}/10\boldsymbol{Z} \times \boldsymbol{Z}/21\boldsymbol{Z}$，$\boldsymbol{Z}/7\boldsymbol{Z} \times \boldsymbol{Z}/30\boldsymbol{Z}$，$\boldsymbol{Z}/210\boldsymbol{Z}$.

11.5 生成元と関係式

文字 x, y から加法・スカラー倍・乗法を繰り返して得られる元の全体として多項式環 $\boldsymbol{K}[x, y]$ が作られるように，いくつかの文字から乗法と逆元をとる操作で自由群が構成される．

集合 S に対し，$a_1, a_2, \ldots \in S$ あるいはその逆元に相当する a_i^{-1} を有限個並べてできる語 $a_1^{\varepsilon_1}a_2^{\varepsilon_2}\cdots a_k^{\varepsilon_k}$（$\varepsilon_i = \pm 1$）の全体 $S^{\pm *}$ を考える．語には同じ文字（あるいはその逆元）が複数回現れてもよい．長さ 0 の語（空語）も $S^{\pm *}$ の元とする．何も書かないと紛らわしいのでここでは空語を e で表す．$\alpha = a_1^{\varepsilon_1}a_2^{\varepsilon_2}\cdots a_k^{\varepsilon_k}$ と $\beta = b_1^{\varepsilon'_1}b_2^{\varepsilon'_2}\cdots b_l^{\varepsilon'_l}$ の積を，**連結** (concatenation) $\alpha\beta := a_1^{\varepsilon_1}a_2^{\varepsilon_2}\cdots a_k^{\varepsilon_k}b_1^{\varepsilon'_1}b_2^{\varepsilon'_2}\cdots b_l^{\varepsilon'_l}$ で定める．積は結合法則を満たし空語が単位元である．$S^{\pm *}$ は連結を積とするモノイドである．

$S^{\pm *}$ 上の関係 $\sim$ を $\cdots baa^{-1}b' \cdots \sim \cdots bb' \cdots \sim \cdots ba^{-1}ab' \cdots$ により生成される同値関係とする．$\alpha \sim \alpha'$，$\beta \sim \beta'$ であれば，$\alpha\beta \sim \alpha'\beta'$ である．よって $S^{\pm *}/\sim$ における連結が代表元のとり方によらず定まり，$S^{\pm *}/\sim$ は連結を積とするモノイドである．逆元が存在することを示す．$\alpha = a_1^{\varepsilon_1}\cdots a_k^{\varepsilon_k}$ $(a_i \in S,$

$\varepsilon_i = \pm 1$）に対し，$\beta = a_k^{-\varepsilon_k} \cdots a_1^{-\varepsilon_1}$ とすれば，$\alpha\beta \sim e$，$\beta\alpha \sim e$ であるから，β の類は α の類の逆元である．よって $S^{\pm *}/\sim$ は群である．これを S で生成される**自由群** (free group) といい，$\langle S \rangle$ で表す．$S = \{a_1, \ldots, a_k\}$ のときは $\langle a_1, \ldots, a_k \rangle$ とも表す．

注意 11.27 $\langle S \rangle$ は $|S| = 0, 1$ のときそれぞれ自明な群・無限巡回群である．$|S| \geq 2$ ならば非可換群である．

群 G が部分集合 Γ で生成されるとき，Γ の元を文字とする自由群からの全射準同型 $\varphi : \langle \Gamma \rangle \to G$ が存在する．$\ker \varphi$ は Γ の元の（$= e$ の形の）関係式からなる．$\Gamma = \{a, b, \ldots\}$ とし，$\ker \varphi$ が $R = \{r, s, \ldots\}$ から逆元・積・共役で生成されるとき $\langle \Gamma \rangle / \ker \varphi$（$\cong G$，準同型定理）を $\langle \Gamma | R \rangle = \langle a, b, \ldots \mid r, s, \ldots \rangle$ と表す．関係式は $ab = ba$ のように等式の形でも表す．

例 11.28 有限巡回群を生成元と関係式で表すと，$\boldsymbol{Z} \to \boldsymbol{Z}/n\boldsymbol{Z}$ から $\boldsymbol{Z}/n\boldsymbol{Z} \cong \langle a \mid a^n \rangle$ である．

命題 11.29 $D_n \cong \langle a, b \mid a^2, b^n, (ab)^2 \rangle$（$n \geq 3$）である．

証明 $S = S_0$，$R = R_{2\pi/n}$ と表す．準同型 $f : \langle a, b \rangle \to D_n$ を $f(a) = S$，$f(b) = R$ で定める．$S_{2\pi k/n} = R^k S$ より $D_n = \{R^k, R^k S \mid 0 \leq k \leq n-1\} = \langle S, R \rangle$ であるから f は全射．$S^2 = R^n = E$，$SR = R^{-1}S$ であるから，$\ker f$ は $a^2, b^n, (ab)^2$ を含む．$G := \langle a, b \mid a^2, b^n, (ab)^2 \rangle$ とする．$ab = b^{n-1}a$ より G の任意の元は $b^m a^l$（$0 \leq m \leq n-1$，$0 \leq l \leq 1$）と表せるから $|G| \leq 2n$．位数を比較して $G \to D_n$ は同型．□

注意 11.30 二面体群の関係式は $n = 2$ とすると四元群 V の関係式を得る．

正 n 角形の辺の置換に注目して n 次対称群の中に埋め込むこともできる．

$$D_n \cong \langle a = (1\ n)(2\ n-1) \cdots, b = (1\ 2\ \cdots\ n) \rangle$$

ただし最初の元は n の偶奇で積の最後の形が異なる．$n = 3$ のときこれは同型 $D_3 \cong \mathfrak{S}_3$ である．

例 11.31 $n \geq 2$ として，$\zeta = e^{\pi i/n}$，$I := \begin{pmatrix} \zeta & 0 \\ 0 & \zeta^{-1} \end{pmatrix}$，$J := \begin{pmatrix} 0 & -1 \\ 1 & 0 \end{pmatrix}$ とする．$Q_n := \langle I, J \rangle < Sp(1)$ を**一般化された四元数群** (generalized quaternion group) *3) という．$Q_2 = Q$ である．$J^2 = -E = I^n$，$JIJ^{-1} = I^{-1}$ を満たすから，$G := \langle a, b \mid a^2 = b^n, aba^{-1} = b^{-1} \rangle$ とすると，全射準同型 $G \to Q_n$ が存在する．$ab^na^{-1} = b^{-n}$ に $a^2 = b^n$ を代入して，$a^4 = b^{2n} = e$ が従う．$a^2 \in \langle b \rangle \lhd G$ に注意すると G の元は $b^i a^j$ ($0 \leq i \leq 2n-1$, $0 \leq j \leq 1$) と書けるから，G の位数は高々 $4n$ である．Q_n は $4n$ 個の異なる元 $I^k = \begin{pmatrix} \zeta^k & 0 \\ 0 & \zeta^{-k} \end{pmatrix}$，$I^k J = \begin{pmatrix} 0 & -\zeta^k \\ \zeta^{-k} & 0 \end{pmatrix}$ ($0 \leq k \leq 2n-1$) を含むから，$G \cong Q_n$ であり位数は $4n$ に等しい．

演 習 問 題

11.1 $\varphi : G \to G'$ を群の準同型とする．G がアーベル群ならば $\varphi(G)$ もアーベル群であることを示せ．

11.2 菱形の辺に $1, 2, 3, 4$ と番号を振ることで，菱形の合同群は V と同型であることを示せ．また，菱形の頂点に $1, 2, 3, 4$ と番号を付けることで $V \cong \{e, (1\ 3), (2\ 4), (1\ 3)(2\ 4)\}$ を示せ．

11.3 四元数群 Q から $\mathfrak{A}_8$ への埋め込みを 1 つ与えよ．

11.4 $\mathfrak{S}_n$ から $\mathfrak{A}_{n+2}$ への単射準同型を 1 つ構成せよ．

11.5 （**第 1 同型定理**）$f : G \to G'$ を全射準同型，$H' \lhd G'$ とする．このとき，逆像 $f^{-1}(H')$ は G の正規部分群であり，f から引き起こされる次の写像は同型である．

$$G/f^{-1}(H') \to G'/H'$$

11.6 （**第 3 同型定理**）群 G の正規部分群 H, K で $K \subset H$ を満たすものに対し，次が成り立つ．

(1) K は H の正規部分群であり，H/K は G/K の正規部分群である．

(2) 標準的全射の合成から定まる $G/H \to (G/K)/(H/K)$ は同型である．

11.7 n を正整数，$\pi : GL(n+1, \boldsymbol{K}) \to PGL(n+1, \boldsymbol{K})$ を標準的全射とする．$PGL(n+1, \boldsymbol{K})$ の部分群 G に対し，$GL(n+1, \boldsymbol{K})$ の部分群 $\tilde{G}$ で，π により $\tilde{G} \cong G$ となるものは，必ずしも存在しない．このことを，$n = 1$，$G = \left\{ \pi(E_2), \pi(\begin{pmatrix} 0 & -1 \\ 1 & 0 \end{pmatrix}), \pi(\begin{pmatrix} -1 & 0 \\ 0 & 1 \end{pmatrix}), \pi(\begin{pmatrix} 0 & 1 \\ 1 & 0 \end{pmatrix}) \right\}$ の場合に確かめよ．

11.8 H, K を群とし準同型 $\varphi : K \to \mathrm{Aut}\, H$ が与えられているとする．$K \lhd (H \rtimes_\varphi K)$ のとき，任意の $k \in K$ に対し $\varphi_k = \mathrm{id}_H$ であり，$H \rtimes_\varphi K = H \times K$ であることを示せ．

---

*3)　n が 2 のべきの場合に限って呼ぶ流儀もある．

11.9 次のうち同型でないものはどれか.

$\boldsymbol{Z}/4\boldsymbol{Z} \times \boldsymbol{Z}/9\boldsymbol{Z}$, $\boldsymbol{Z}/6\boldsymbol{Z} \times \boldsymbol{Z}/6\boldsymbol{Z}$, $\boldsymbol{Z}/36\boldsymbol{Z}$

11.10 n を正整数とし, $G_n := \langle \sigma_1, \ldots, \sigma_{n-1} \mid \sigma_i^2\ (1 \leq i \leq n-1),\ (\sigma_i \sigma_{i+1})^3\ (1 \leq i \leq n-2),\ (\sigma_i \sigma_j)^2\ (1 \leq i < j \leq n-1,\ j-i \geq 2) \rangle$ とする.

(1) 全射準同型 $\varphi : G_n \to \mathfrak{S}_n$ を $\sigma_i \mapsto (i\ i+1)$ で定めることができることを示せ.

(2) φ は同型であることを示せ.

11.11 $\sigma = (1\ 2\ 3\ 4\ 5)$ と $\tau = (1\ 2\ 4\ 3)$ で生成される $\mathfrak{S}_5$ の部分群を G とする.

(1) $\tau\sigma\tau^{-1}$ を計算し, G は非可換であることを示せ.

(2) $G = \langle \sigma \rangle \rtimes \langle \tau \rangle$ および $|G| = 20$ を示せ.

(3) G は D_{10} および Q_5 と同型でないことを示せ.

(4) $G \cong AGL(1, \boldsymbol{F}_5)$ を示せ.

第 12 章

軌道・固定群

CHAPTER 12

12.1 固　定　群

群 G が集合 X に作用しているとする．$x \in X$ に対し，x を動かさない G の元全体 $G_x := \{g \in G \mid gx = x\}$ は G の部分群であり（問題 12.1），x の固定群 (stabilizer)，等方群 (isotropic group) という．

同じ軌道に属する x, y に対しては，$gx = y$ となる $g \in G$ が存在し，$G_y = gG_xg^{-1}$ である．特に，G_x と G_y は G の共役な部分群である．

X の任意の元 x に対し $G_x = \{e\}$ となるとき，作用は自由 (free) であるという．

$G_x = G$ となる点 x を，作用の固定点 (fixed point)・不動点という．x が固定点であることは x の軌道が 1 点からなることと同値である．固定点全体の集合を X^G で表す．元 $g \in G$ の固定点とは $gx = x$ となる点のことで，その全体を X^g で表す．群作用が自由であることは，e 以外の任意の $g \in G$ に対し $X^g = \varnothing$ であることと同値である．

G のすべての元が X に恒等変換として作用するとき，作用は自明 (trivial) であるという．反対に，$g \in G$ が X の恒等変換であるなら $g = e$ が成り立つとき，作用は効果的 (effective)・忠実 (faithful) であるという．

例 12.1 (1) $GL(n, \boldsymbol{R})$ の標準的な $\boldsymbol{R}^n$ への作用（左からの掛け算）は忠実であり，原点は唯一の固定点である．

(2) 群 G は部分群の全体に共役で作用する．部分群 H の固定群は正規化群 $N_G(H)$ である．

12.2 軌道・固定群定理

$x \in X$ とする．G の部分群 G_x に関する左剰余類分解 $G = \coprod_i g_i G_x$ を考えよう．

定理 12.2 (軌道・固定群定理，orbit-stabilizer theorem) $g \in G$ に対し $gx \in X$ を対応させる写像は，左剰余類集合 G/G_x から軌道 Gx への全単射を与える．G が有限群ならば $|G| = |Gx||G_x|$ が成り立つ．特に，軌道の位数は G の位数の約数である．

証明　$h \in G_x$ に対し $(gh)x = g(hx) = gx$．左剰余類 gG_x の元はすべて gx に移されるので，G/G_x からの写像が定まる．全射であることは軌道の定義より自明．$gx = g'x$ とすると，$x = g^{-1}g'x$ より $g^{-1}g' \in G_x$ である．$g' = gg^{-1}g' \in gG_x$ となり g, g' は同じ左剰余類に属する．よって単射でもある．有限群のとき，ラグランジュの定理より $|G| = |G/G_x||G_x| = |Gx||G_x|$．□

定理 12.3 (コーシーの定理，Cauchy's theorem) G を有限群とする．素数 p が $|G|$ を割り切るならば，G に位数 p の元が存在する．

証明　$X = \{(g_1, g_2, \ldots, g_p) \in G \times G \times \cdots \times G \mid g_1 g_2 \cdots g_p = e\}$ とおく．$g_p = (g_1 g_2 \cdots g_{p-1})^{-1}$ により $g_1, \ldots, g_{p-1}$ を任意に選んで g_p が決まるから，$|X| = |G|^{p-1}$ である．特に $|X|$ は p で割り切れる．$(g_1, g_2, \ldots, g_p) \in X$ ならば，それを巡回置換したものも X に属する．実際，$g_2 \cdots g_p g_1 = g_1^{-1}(g_1 g_2 \cdots g_p) g_1 = g_1^{-1} g_1 = e$ より $(g_2, \ldots, g_p, g_1) \in X$ であり，繰り返しても同様である．よって X には位数 p の巡回群が作用し，軌道分解する．位数 p が素数であるから，軌道・固定群定理より各軌道の位数は 1 または p である．$|X|$ は p の倍数であるが，$(e, e, \ldots, e)$ が 1 個で軌道をなすから，他に 1 個で軌道になる元 $x \in X$ が存在する．作用の定義から $x = (g, g, \ldots, g)$ という形をしていなければならないので，$g^p = e$ である．p は素数であるから g の位数は p または 1 であるが，とり方から $g \neq e$ であるので g の位数は p である．□

命題 12.4 p を奇素数とするとき，位数 $2p$ の群は，巡回群 C_{2p} か二面体群 D_p

のいずれか一方に同型である.

証明　G を位数 $2p$ の群とする．コーシーの定理により位数 2 の元 g，位数 p の元 h が存在する．$H := \langle h \rangle$ は指数 2 なので G の正規部分群である．よって $ghg^{-1} = h^k$（$0 \leq k \leq p-1$）と書ける．$h = g(ghg^{-1})g^{-1} = gh^k g^{-1} = h^{k^2}$ であるから，$h^{k^2-1} = e$．よって p は $(k-1)(k+1)$ を割り切るので，$k = 1$ または $p-1$．H による剰余類を考えて，G の任意の元は $h^m g^l$（$0 \leq l \leq 1$，$0 \leq m \leq p-1$）と表せる．$k = 1$ のとき $gh = hg$ であり，$G = \langle hg \rangle \cong C_{2p}$．$k = p-1$ のとき $gh = h^{p-1}g$ であり，全射準同型 $f : \langle a, b \rangle \to G$ を $f(a) = g$，$f(b) = h$ で定める．$\ker f$ は $a^2, b^p, (ab)^2$ を含む．命題 11.29 より全射 $D_p \to G$ が存在し，位数が等しいから同型．なお，C_{2p} は可換であり D_p は非可換であるから，これらは同型でない． □

12.3　巡回置換分解

巡回置換がいくつかあるとき，どの 2 つをとっても共通の文字を含まない場合，互いに素であるという．互いに素な巡回置換は可換である．

命題 12.5 (巡回置換分解) 任意の置換は，すべての文字が現れる，互いに素な巡回置換の積に順序を除いて一意的に表される．

証明　置換 $\sigma \in \mathfrak{S}_n$ の生成する部分群 $G := \langle \sigma \rangle$ は $X := \{1, 2, \ldots, n\}$ に作用する．軌道分解を $X = \coprod_{l=1}^{r} G\,i_l$（$i_l \in X$）とする．$G$ の中での i_l の固定群を G_l とすると，巡回群の部分群であるから $G_l = \langle \sigma^{k_l} \rangle$（$k_l$ はこのような最小の非負整数）と書ける．$G/G_l = \{G_l, \sigma G_l, \ldots, \sigma^{k_l-1}G_l\}$ であるので軌道・固定群定理より $G\,i_l = \{i_l, \sigma(i_l), \ldots, \sigma^{k_l-1}(i_l)\}$．巡回置換 $(i_l, \sigma(i_l), \ldots, \sigma^{k_l-1}(i_l))$ を τ_l とすると，$G\,i_l$ 上で $\sigma = \tau_l$ であり，$\sigma = \tau_r \cdots \tau_2 \tau_1$ である．互いに素な巡回置換の積に表されたとする．各文字は高々 1 回しか巡回置換に現れないので，その巡回置換に現れる文字の全体が軌道になり，円順列として巡回置換が定まる． □

$\sigma = (i_{11}\ \cdots\ i_{1k_1})(i_{21}\ \cdots\ i_{2k_2})\cdots$　$(k_1 \geq k_2 \geq \cdots)$ を互いに素な巡回置換の積とするとき，長さの列 $(k_1, k_2, \ldots)$ を σ の型 (type) という．ただし長さ 1 の巡回置換は普通省略する．同じ k_i をまとめて，例えば $(2, 2)$ を (2^2) と表す

こともある．長さ k の巡回置換の型は (k)，$(1\ 2)(3\ 4)$ の型は (2^2) である．恒等置換の型は $()$ ないし (1^n) と書く．

長さ k の巡回置換の位数は k であるから，型 $(k_1, k_2, \ldots)$ の元の位数は $k_1, k_2, \ldots$ の最小公倍数に等しい．

命題 12.6 $\mathfrak{S}_n$ の元に対し，型が等しいことと共役であることは同値である．

証明 $\sigma, \tau \in \mathfrak{S}_n$ とし，$\sigma = (i_{11}\ \cdots\ i_{1k_1})(i_{21}\ \cdots\ i_{2k_2})\cdots$ を巡回置換分解とする．σ, τ の型が等しいとし，$\tau = (i'_{11}\ \cdots\ i'_{1k_1})(i'_{21}\ \cdots\ i'_{2k_2})\cdots$ を巡回置換分解とする．$\rho = \begin{pmatrix} i_{11} & \cdots & i_{1k_1} & i_{21} & \cdots & i_{2k_2} & \cdots \\ i'_{11} & \cdots & i'_{1k_1} & i'_{21} & \cdots & i'_{2k_2} & \cdots \end{pmatrix}$ に対し，$\tau = \rho\sigma\rho^{-1}$ であるから，σ と τ は共役である．逆に，σ, τ が共役であるとする．$\tau = \rho\sigma\rho^{-1}$，$\rho \in \mathfrak{S}_n$ とすると $\tau = (\rho(i_{11})\ \cdots\ \rho(i_{1k_1}))(\rho(i_{21})\ \cdots\ \rho(i_{2k_2}))\cdots$ であり，ρ は単射であるからこれは互いに素な巡回置換の積であり，τ の巡回置換分解を与える．よって σ と τ の型は一致する． □

例 12.7 $\mathfrak{S}_4$ の部分群 $\{e, (1\ 2)(3\ 4), (1\ 3)(2\ 4), (1\ 4)(2\ 3)\}$ は正規である．実際，e 以外の元は型 (2^2) の元をすべて尽くしているが，共役で型は変わらない．偶置換からなるので $\mathfrak{A}_4$ の正規部分群でもある．この群も V と書かれる．

$\mathfrak{S}_n$ の型の個数は，n を正の整数の和に分ける方法の数 $p(n)$ に等しい．$3 = 2+1 = 1+1+1$，$4 = 3+1 = 2+2 = 2+1+1 = 1+1+1+1$ より $p(3) = 3$，$p(4) = 5$ である．$p(n)$ を分割数 (partition number) という．

次の形式的べき級数の等式が，x^n の係数を比較することによりわかる．

$$\sum_{n=0}^{\infty} p(n)x^n = \prod_{k=1}^{\infty} (1 + x^k + x^{2k} + x^{3k} + \cdots) = \prod_{k=1}^{\infty} \left(\frac{1}{1-x^k}\right)$$

型を正方形を並べた図で表すこともある．長さ k の巡回置換なら正方形を横に k 個並べ，それらを大きいものから左端を揃えて縦に並べたものを，ヤング図形 (Young diagram) という．

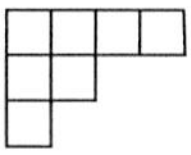

図 **12.1** ヤング図形 $(4, 2, 1)$

12.4 類　等　式

群 G の元 a に対し，a と共役な元全体の集合を a の属する共役類 (conjugacy class) という．

命題 12.8 有限群 G に対し，共役類の位数は，群の位数 $|G|$ の約数である．

証明　内部自己同型を考える．共役類 C の各元を固定する部分群は中心化群 $Z_G(C)$ に等しいから，共役類すなわち軌道の位数 $|C|$ は軌道・固定群定理より指数 $|G : Z_G(C)|$ に等しい．よって $|C|$ は $|G|$ の約数である．　□

例 12.9 $\mathfrak{A}_4$ において，長さ 3 の巡回置換は 8 個あるが，8 は 12 の約数でないから，1 つの共役類にはならない．

命題 12.10 $g \in G$ に対し，$g \in Z(G) \iff \{g\}$ が 1 つの共役類をなす．

証明　どちらも，任意の $g' \in G$ に対し $g'g(g')^{-1} = g$，と同値である．　□

特に，中心の元以外の共役類の位数は 1 ではない．

G を共役類 C_i の直和に分割する．G が有限群のとき，G の位数は各共役類の位数の和に等しい．なお，中心 Z の元は 1 つずつの共役類からなるが，普通まとめて次のように書く．

$$|G| = |Z| + \sum_i |C_i|$$

この式を G の類等式 (class equation) という．$|Z|$，$|C_i|$ は $|G|$ の約数である．$|C_i| \neq 1, |G|$ である（$e \in Z$ に注意）．

例 12.11 $\mathfrak{S}_3$ の類等式は，型 $(1), (2), (3)$ に対応して，$6 = 1 + 3 + 2$，$\mathfrak{S}_4$ の類等式は，型 $(1), (2), (2^2), (3), (4)$ に対応して，$24 = 1 + 6 + 3 + 8 + 6$ である．

p を素数とする．すべての元の位数が p のべきである群を $\boldsymbol{p}$ **群** (p-group) という．

命題 12.12 有限群 G に対し，G が p 群 $\iff |G|$ が p のべき．

証明　位数に p 以外の素因数 q があったとすると，コーシーの定理により位数 q の元が存在するので p 群の定義に反する．逆に，位数が p のべきである有限群は，系 10.16 よりすべての元の位数が p のべきである．　□

命題 12.13 単位群でない有限 p 群の中心は，単位群でない有限 p 群である．

証明　群 G の位数を p^r （$r \geq 1$）とし，中心を Z とする．$|Z|$ は $|G|$ の約数である．Z に属さない共役類の位数は，1 でない p^r の約数であるから p の正のべきである．$|Z| = 1$ であるとすると，類等式から残り $p^r - 1$ 個は中心以外の共役類の位数の和となるが，p の倍数ではないので矛盾．　□

12.5 シローの定理

p を素数とするとき，p 群である部分群を $\boldsymbol{p}$ **部分群** (p-subgroup) という．

定理 12.14 (シローの定理，Sylow's theorem) G を有限群，p を素数とし，$|G| = p^r q$（q は p で割り切れない整数，r は正整数）とする．

(1) G に位数 p^r の部分群（**シロー** $\boldsymbol{p}$ **部分群** (Sylow p-subgroup) ）が存在する．

(2) シロー p 部分群は互いに共役である．

(3) シロー p 部分群の個数は，p で割って 1 余り，かつ q の約数である．

(4) 任意の p 部分群はあるシロー p 部分群に含まれる．

証明　(1) G の位数 p^r の部分集合の全体を X とする．

$|X| \equiv q \mod p$ である．なぜなら，$|X|$ は $p^r q$ 個から p^r 個とる組み合わせの数であるから，$(1+t)^{p^r q}$ の t^{p^r} の係数である．二項定理より $(1+t)^{p^r} \equiv 1 + t^{p^r} \mod p$ であり，q 乗して

$$(1+t)^{p^r q} \equiv 1 + qt^{p^r} + \cdots + {}_qC_k t^{kp^r} + \cdots \mod p.$$

よって t^{p^r} の係数は $q \mod p$ である．

X に左移動で G を作用させる．軌道分解すると，位数の和が p の倍数ではないから，位数が p で割り切れない軌道が存在する．その軌道に属する元 $x \in X$ の固定群 G_x をとる．$|G| = |Gx||G_x|$ であり $|Gx|$ は p で割り切れないから，$|G_x|$ は p^r で割り切れる．x に含まれる任意の $h \in G$ に対し，$G_x h \subset x$ より

$G_x \subset xh^{-1}$. よって $|G_x| \le |x| = p^r$ より $|G_x| = p^r$.

(2)(3)(4) $S = \{H_1, \ldots, H_s\}$ をシロー p 部分群の全体とする. $g \in G$, $H_i \in S$ のとき $gH_ig^{-1} \in S$ であるから, G の任意の部分群 H は共役で S に作用する. $H_i \in S$ の固定群を $N_i := \{h \in H \mid hH_ih^{-1} = H_i\}$ とすると, H_i を含む H 軌道の位数は, $|H|/|N_i|$ に等しい.

まず, H が p 部分群ならば $N_i \subset H_i$ であることを示す.

第2同型定理より $N_iH_i/H_i \cong N_i/(N_i \cap H_i)$ である. N_i は H の部分群なので位数は p のべきであるから, 右辺の位数は p のべきである. 他方, H_i の位数は p^r であり, N_iH_i は G の部分群であるから位数は p^rq の約数である. よって左辺の位数が p のべきとなるのは $|N_iH_i| = p^r$ のときのみである. $H_i \subset N_iH_i$ であるから位数を比較して $H_i = N_iH_i$ である. よって $N_i \subset H_i$ が成り立つ.

したがって, H が p 部分群のとき, H_i の H 軌道の位数が1, すなわち $N_i = H$ ならば, $H \subset H_i$ である. 逆に $H \subset H_i$ のとき $N_i = H$ である.

さて, $H = G$ として H_1 を含む G 軌道を S_1 とする. $\{H_1\}$ の固定群 N_1 は H_1 を含むので, $|S_1| = p^rq/|N_1|$ は q の約数である. 特に p の倍数ではない.

$S_1 \ne S$ であると仮定して, S_1 に含まれない H_k をとる. $H = H_k$ を S_1 に作用させて H_k 軌道に分解すると, H_k は p 部分群であり $H_k \not\subset H_1$ であるから H_k 軌道の位数はすべて p の倍数である. それらの和である $|S_1|$ も p の倍数になり, 矛盾. したがって $S_1 = S$ であり, シロー p 部分群はすべて互いに共役である. 特に, s は q の約数である.

$H = H_1$ として S を H_1 軌道に分解すると, $\{H_1\}$ 以外の位数は p の倍数である. よって $s \equiv 1 \mod p$ である.

H として G の任意の p 部分群をとると, S の H 軌道の中に位数が p の倍数でないものが存在する. よって H を含むシロー p 部分群が存在する. □

演 習 問 題

12.1 固定群 G_x は G の部分群であることを確かめよ.

12.2 $PSL(3, \boldsymbol{F}_2)$ はファノ平面（問題 3.7）に標準的に作用する.

(1) 作用は推移的であることを示せ.

(2) 1点の固定群 H は $\mathfrak{S}_4$ に同型であることを示せ.

12.3 （コーシー・フロベニウスの補題, **Cauchy–Frobenius lemma**, バーンサ

イドの補題，**Burnside's lemma**）有限群 G が有限集合 X に作用しているとき，軌道の数は $\frac{1}{|G|}\sum_{g\in G}|X^g|$ に等しい．このことを $\{(g,x)\in G\times X \mid gx=x\}$ の個数を調べることで示せ．

12.4 $\mathfrak{S}_n$ に含まれる長さ k の巡回置換の個数を求めよ．また，$\mathfrak{S}_n$ 自身が内部自己同型で $\mathfrak{S}_n$ に作用するとき，長さ k の巡回置換の固定群の位数を求めよ．一般に，型 $(k_1^{e_1}, k_2^{e_2}, \ldots, k_r^{e_r})$ の元についてはどうか．

12.5 $\mathfrak{A}_n$（$n\geq 3$，n は奇数）において，$(1\ 2\ 3\ \cdots\ n)$ と $(2\ 1\ 3\ \cdots\ n)$ は共役でないことを示せ．$\mathfrak{A}_{n+1}$ の中でも共役でないことを示せ．

12.6 D_n の類等式を n の偶奇で場合分けして求めよ．

12.7 Q_n（$n\geq 2$）の類等式を求めよ．

12.8 p を素数とするとき，位数 p^2 の群は C_{p^2} か $(C_p)^2$ に同型であり，特にアーベル群であることを示せ．

12.9 $\mathfrak{A}_4$ は位数 6 の部分群をもたないことを示せ．

12.10 $\mathfrak{A}_5$ の類等式を求め，$\mathfrak{A}_5$ は位数 30 の部分群をもたないことを示せ．

12.11 位数 12 の群を同型を除いて分類せよ．

第13章

群の構造

CHAPTER 13

13.1 単　因　子

$GL(n,\boldsymbol{Z})$ で，成分が整数で，整数成分の逆行列をもつ n 次行列の全体を表す．逆行列の公式より，整数成分で行列式が ± 1 となる n 次行列の全体と一致する．

$f:\boldsymbol{Z}^n\to\boldsymbol{Z}^m$ を整数成分の $(m\times n)$ 行列 A の掛け算で表される写像とする．f は準同型である．$\boldsymbol{Z}^n$，$\boldsymbol{Z}^m$ の基底を取り替えることで f を簡単な表現行列で表すことができる．

定理 13.1 (整数行列の単因子) 整数成分の $(m\times n)$ 行列 A に対し，$P\in GL(n,\boldsymbol{Z})$，$Q\in GL(m,\boldsymbol{Z})$，非負整数 r，正の整数 $d_1,\ldots,d_r$ で $d_1|\cdots|d_r$ を満たすものが存在して，

$$Q^{-1}AP=\begin{pmatrix} d_1 & & & \\ & \ddots & & O_{r,n-r} \\ & & d_r & \\ & O_{m-r,r} & & O_{m-r,n-r} \end{pmatrix}$$

とできる．$r,d_1,\ldots,d_r$ は A から一意的に定まる．

証明　基本行列のうち $E(i;-1)$，$E(i,j)$ および $E(i,j;\lambda)$ （$\lambda\in\boldsymbol{Z}$，$\lambda\neq 0$）は行列式が ± 1 であるから整数成分の逆行列をもつことに注意する．

$A=O$ であれば $r=0$ として成り立つ．$A\neq O$ のとき，A の 0 でない成分のうち絶対値最小のものを，行と列の移動によって $(1,1)$ 成分に移動する．その値を a とする．$a<0$ なら第 1 行を -1 倍して $a>0$ としてよい．行基本変形により，a の整数倍で第 1 列を掃き出して，a で割った余りに置き換える．も

し 0 でない余りが出れば a より小さい正の整数である．$(1,1)$ 成分に移動して新たに a と置き直して，同様に掃き出す．この操作で a の値は減少するから，いつかは余りが出ない状態になる．つまり，$(1,1)$ 成分の a の下はすべて 0 になる．第 1 行にも同様の操作を施し，a の右もすべて 0 にできる．

$$\begin{pmatrix} a & 0 & \cdots & 0 \\ 0 & & & \\ \vdots & & * & \\ 0 & & & \end{pmatrix}$$

第 2 列以降の成分で，a で割り切れないものがあれば，その行を第 1 行に加えて同様の操作を行う．a の値が減少するから，いつかはすべての成分が a の倍数となる．$d_1 = a$ とおく．

以後，第 1 行・第 1 列はそのままにして，第 2 行以下・第 2 列以下で同様の操作を施すと以下のようになる．

$$\begin{pmatrix} d_1 & 0 & \cdots & \cdots & 0 \\ 0 & d_2 & 0 & \cdots & 0 \\ \vdots & 0 & & & \\ \vdots & \vdots & & * & \\ 0 & 0 & & & \end{pmatrix}$$

ここで，作り方から $d_1|d_2$ であり，残った成分はすべて d_2 の倍数である．この操作を繰り返すことで定理の形を得る．

正則行列の掛け算で行列の階数は変わらないから，r は A の階数であり，A から定まる．d_1 は A の成分の最大公約数，$d_1 \cdots d_k$ は A の k 次小行列式の最大公約数である（用いた基本変形でこれらは変わらない）．よって $d_1, \ldots, d_r$ は A から一意的に定まる． □

$(d_1, \ldots, d_r)$ を A の**単因子** (elementary divisor) という．

注意 13.2 PID 成分でも同様の理論が成り立つ．詳細は環と加群についてのテキストを参照されたい．

13.2 有限生成アーベル群の基本定理

G をアーベル群とし，群演算を加法で表すことにする．

命題 13.3 有限生成アーベル群 G の部分群・剰余群は有限生成アーベル群である．

証明 G の剰余群は G の生成系の像で生成されるから有限生成．また，アーベル群の剰余群はアーベル群である．H を G の部分群とする．G の生成元の個数 n に関する帰納法を用いる．$n=0$ のとき $G=\{0\}$ であるから自明．一般のとき，G の生成元 $a_1,\ldots,a_n$ をとる．G は可換であるから $\langle a_1\rangle$ は G の正規部分群であり，標準的全射 $G\to G/\langle a_1\rangle$ を π とする．$\pi(H)\subset\pi(G)$ であるが，$\pi(G)$ は $a_2,\ldots,a_n$ の像で生成されるから，帰納法の仮定より $\pi(H)$ は有限生成アーベル群．生成元を $\pi(h_1),\ldots,\pi(h_m)$（$h_i\in H$）とする．$\ker(\pi|_H)=\langle a_1\rangle\cap H$ は巡回群の部分群であるから巡回群であり，ある整数 k により $\langle ka_1\rangle$ と表される．特に $ka_1\in H$．任意の $h\in H$ に対し $\pi(h)=\sum_{i=1}^m m_i\pi(h_i)$（$m_i\in\boldsymbol{Z}$）と書ける．$\pi(h-\sum_i m_ih_i)=0$ であるから，$h=mka_1+\sum_i m_ih_i$（$m\in\boldsymbol{Z}$）と書ける．よって $H=\langle ka_1,h_1,\ldots,h_m\rangle$ であり，H は有限生成． □

Γ を G の部分集合とする．Γ の元の間の整数係数の 1 次関係式は自明なものに限るとき，すなわち $m_1a_1+\cdots+m_na_n=0$（$m_1,\ldots,m_n\in\boldsymbol{Z}$, $a_1,\ldots,a_n\in\Gamma$）ならば $m_1=\cdots=m_n=0$ であるとき，Γ は $\boldsymbol{Z}$ 上一次独立 ($\boldsymbol{Z}$-linearly independent) であるという．G が $\boldsymbol{Z}$ 上一次独立な Γ で生成されるとき，G を自由アーベル群 (free abelian group) といい，生成系 Γ をその基底 (basis) という．

命題 13.4 有限生成自由アーベル群 G の基底の位数は一定である．

証明 G の元を基底 Γ の元の $\boldsymbol{Z}$ 係数一次結合に書くとき，係数は一意的に定まる．G の部分群 $2G=\{2a\mid a\in G\}$ は係数がすべて偶数の元全体である．$|\Gamma|=n$ とすると剰余群 $G/2G$ の位数は 2^n であるが，これは Γ の選び方によらず G から定まる． □

基底 Γ の濃度（位数）を G の階数 (rank) という．

アーベル群 G の元 a は，ある正の整数 d が存在して $da=0$ となるとき，ねじれ元 (torsion element) であるという．0 は常にねじれ元である．アーベル群は，ねじれ元が 0 のみであるとき，ねじれがない (torsion-free) 加群という．G にねじれがないとすると，G の部分群 H もねじれがない．

命題 13.5 自由アーベル群はねじれがない．

証明 $\{a_i\}$ を基底とする．$d > 0$，$a = \sum m_i a_i$ に対し $da = 0$ とすると $\sum dm_i a_i = 0$．一次独立性より $dm_i = 0$．$d \neq 0$ より $m_i = 0$．よって $a = 0$．

□

定理 13.6 (有限生成アーベル群の基本定理) G を有限生成アーベル群とする．

(1) 非負整数 k, r および 2 以上の整数 $d_1, \ldots, d_r$ で $d_1 | \cdots | d_r$ を満たすものが一意的に存在し，次の同型がある．

$$G \cong \boldsymbol{Z}^k \times (\boldsymbol{Z}/d_1\boldsymbol{Z}) \times \cdots \times (\boldsymbol{Z}/d_r\boldsymbol{Z}).$$

(2) 非負整数 k, s および，（相異なるとは限らない）素数 p_i と正整数 e_i $(i = 1, \ldots, s)$ が添え字の順序を除いて一意的に存在し，次の同型がある．

$$G \cong \boldsymbol{Z}^k \times (\boldsymbol{Z}/p_1^{e_1}\boldsymbol{Z}) \times \cdots \times (\boldsymbol{Z}/p_s^{e_s}\boldsymbol{Z}).$$

$\{p_1^{e_1}, \ldots, p_s^{e_s}\}$ を素因子型という．

証明 G の生成元を $a_1, \ldots, a_m$ とし，写像 $\varphi : \boldsymbol{Z}^m \to G$ を $\sum_{i=1}^m m_i \boldsymbol{e}_i \mapsto \sum_{i=1}^m m_i a_i$ で定めると，φ は群の全射準同型写像．$\ker\varphi$ は $\boldsymbol{Z}^m$ の部分群であるから命題 13.3 より有限生成．生成元を $h_1, \ldots, h_n$ とすると G と同様に全射準同型 $\boldsymbol{Z}^n \to \ker\varphi$ が存在する．標準的単射 $\ker\varphi \to \boldsymbol{Z}^m$ と合成した準同型写像を $f : \boldsymbol{Z}^n \to \boldsymbol{Z}^m$ とすると，$\operatorname{im} f = \ker\varphi$ である．

f に単因子論を用いると，$\boldsymbol{Z}^m$，$\boldsymbol{Z}^n$ の基底を取り替えることで表現行列は

$$\begin{pmatrix} d_1 & & & \\ & \ddots & & O_{r,n-r} \\ & & d_r & \\ & O_{m-r,r} & & O_{m-r,n-r} \end{pmatrix}, \quad d_1 | \cdots | d_r$$

の形にできる．よって準同型定理より，$G = \operatorname{im}\varphi \cong \boldsymbol{Z}^m / \ker\varphi = \boldsymbol{Z}^m / \operatorname{im} f \cong \boldsymbol{Z}^{m-r} \times (\boldsymbol{Z}/d_1\boldsymbol{Z}) \times \cdots \times (\boldsymbol{Z}/d_r\boldsymbol{Z})$．ただし，$d_i = 1$ のとき $\boldsymbol{Z}/d_i\boldsymbol{Z}$ は単位群なので除いておく．

一意性を示す．G のねじれ元の全体 T は G から一意的に定まる．T の元の $\boldsymbol{Z}^{m-r}$ の成分は 0 でなければならないので，T は $(\boldsymbol{Z}/d_1\boldsymbol{Z}) \times \cdots \times (\boldsymbol{Z}/d_r\boldsymbol{Z})$ に同型である．k は G/T の階数であるから G から定まる．

d 倍が 0 となる元を d ねじれ元という．$\boldsymbol{Z}/k\boldsymbol{Z}$ の d ねじれ元の個数は d, k の最大公約数（$\gcd(d, k)$ で表す）である．$T \cong (\boldsymbol{Z}/d_1'\boldsymbol{Z}) \times \cdots \times (\boldsymbol{Z}/d_{r'}'\boldsymbol{Z})$, $d_1' | \cdots | d_{r'}'$ とする．$r \geq r'$ としても一般性を失わない．T の d_1 ねじれ元の個数を

比較して，$d_1^r = \gcd(d_1, d_1') \cdots \gcd(d_1, d_{r'}')$．右辺は高々 $d_1^{r'}$ であるから，$r = r'$，$d_1|d_1'$．$r = r'$ より立場を逆転して $d_1'|d_1$ もいえるから $d_1 = d_1'$．次に d_2 ねじれ元の個数を比較すると $d_1|d_2$ より $d_1 d_2^{r-1} = d_1 \gcd(d_2, d_2') \cdots \gcd(d_2, d_r')$．これより同様にして $d_2 = d_2'$ が従う．同様に，順に $d_3 = d_3', \ldots, d_r = d_r'$ が従う．

(2) は (1) に中国式剰余定理を適用することで得られる．一意性は (1) の式から得られる (2) の形の式が一意的であることによる． □

系 13.7 有限生成アーベル群 G に対し，G のねじれ元全体を T とすると，$T < G$ であり，$G = F \times T$，F は階数有限の自由アーベル群，となる．

13.3 交 換 子

$a, b \in G$ に対し，$[a, b] := aba^{-1}b^{-1}$ を a と b の**交換子** (commutator) という．$ab = ba$ と $[a, b] = e$ は同値である．交換子全体で生成される部分群 $\langle [a, b] \mid a, b \in G \rangle$ を G の**交換子群** (commutator subgroup) と呼び，$[G, G]$ で表す．一般に G の部分群 H, K に対し，$\{[h, k] \mid h \in H, k \in K\}$ で生成される部分群を $[H, K]$ で表す．

注意 13.8 交換子群は，有限個の交換子の積として表される元全体である．交換子の全体は積について閉じているとは限らない．

命題 13.9 (1) $[G, G]$ は G の特性部分群である．特に正規部分群である．

(2) $[G, G] = \{e\} \iff G$ が可換．

(3) G の正規部分群 H に対し，$[G, G] \subset H \iff G/H$ が可換．

証明 (1) 任意の自己同型 $\sigma \in \mathrm{Aut}\, G$ に対し，$\sigma([a, b]) = [\sigma(a), \sigma(b)]$ である．したがって，交換子の積の σ の像も，σ の像の交換子の積に書ける．

(2) $[G, G] = \{e\}$ は，任意の 2 元の交換子が e となることと同値である．

(3) $a, b \in G$ に対し，$abH = baH \iff [a, b]H = H \iff [a, b] \in H$． □

命題 13.10 (1) $\mathfrak{A}_4$ の交換子群は V である．

(2) $\mathfrak{S}_n$ $(n \geq 2)$，$\mathfrak{A}_n$ $(n \geq 5)$ の交換子群は $\mathfrak{A}_n$ である．

証明 (1) $\mathfrak{A}_4$ の元の型は，$(1), (2^2), (3)$ のいずれかである．(2^2) 型の元全体は位数 4 の正規部分群 V を生成する．例えば $(1\ 2\ 3)(2\ 3\ 4)(1\ 2\ 3)^{-1}(2\ 3\ 4)^{-1} =$

$(1\ 4)(2\ 3)$ であるから交換子群は V を含む．逆に，$\mathfrak{A}_4/V$ は素数位数であり可換であるから，V は交換子群を含む．

(2) 交換子は偶置換であるから $\mathfrak{A}_n$ に属する．$\mathfrak{A}_n$ は長さ 3 の巡回置換で生成されるが，$\mathfrak{S}_n$ の場合例えば $(1\ 2)(1\ 3)(1\ 2)^{-1}(1\ 3)^{-1} = (1\ 2\ 3)$ であるから，長さ 3 の巡回置換はすべて交換子として表せる．$\mathfrak{A}_n$（$n \geq 5$）の場合，$(1\ 2\ 4)(1\ 3\ 5)(1\ 2\ 4)^{-1}(1\ 3\ 5)^{-1} = (1\ 2\ 3)$ より，任意の長さ 3 の巡回置換はあと 2 つ異なる番号があれば $\mathfrak{A}_n$ の交換子として表せる．□

群 G は，部分群の列 $G = H_0, H_1, \ldots, H_n = \{e\}$ で，$H_{i-1} \triangleright H_i$，$H_{i-1}/H_i$ はアーベル群，となるもの（アーベル正規列 (abelian normal chain) という）が存在するとき**可解群** (solvable group) [*1]であるという．$D^0(G) := G$，$D^{i+1}(G) := [D^i(G), D^i(G)]$ とする．

命題 13.11 群 G が可解であるのは，ある $n \geq 0$ に対し $D^n(G) = \{e\}$ となることと同値である．

証明 アーベル正規列があれば命題 13.9(3) より $D^i(G) \subset H_i$ が帰納的に従う．よって $D^n(G) \subset H_n = \{e\}$．逆に $G = D^0(G), D^1(G), \ldots, D^n(G)$ はアーベル正規列である．□

系 13.12 $\mathfrak{S}_4$，$\mathfrak{A}_4$ は可解である．$n \geq 5$ のとき $\mathfrak{S}_n$，$\mathfrak{A}_n$ は可解でない．

証明 命題 13.9，命題 13.10，命題 13.11 より従う．□

例 13.13 G を位数 pq（$p > q$ は素数）の群とする．定理 12.14(3) よりシロー p 部分群は 1 個であり（H とおく），よって正規である．$H, G/H$ は位数が素数であるから巡回群．よって G は可解である．さらに構造を調べよう．

位数 p の元 a を用いて $H = \langle a \rangle$ とおける．同様にシロー q 部分群 $K = \langle b \rangle$ をとる．H, K の部分群は自明なものに限るから，$H \neq K$ より $H \cap K = \{e\}$．さらに $H \lhd G$ より HK は半直積 $H \rtimes K$ である．位数を比較して $G = H \rtimes K$．$\varphi : K \to \mathrm{Aut}\, H$ を準同型とする．K は素数位数であるから $\ker\varphi$ は K または $\{e\}$．よって φ は，$\{e\}$ への定値写像であるか，埋め込みである．

[*1] 名前は，標数 0 の体上の代数方程式が「解ける」（解の公式が係数から四則演算と根号のみで書き下せる）ことが，最小分解体のガロワ (Galois) 群が可解群であることと同値であることによる．この問題は，ガロワらにより群という概念が発見されるそもそもの動機となった．

前者のとき $G = H \times K \cong \boldsymbol{Z}/p\boldsymbol{Z} \times \boldsymbol{Z}/q\boldsymbol{Z} \cong \boldsymbol{Z}/pq\boldsymbol{Z}$ は巡回群.

後者のときを考える. a^k が H を生成するのは, k が p と互いに素であることと同値であるから, $\sigma \in \operatorname{Aut} H$ に対し, $\sigma(a) = a^k$ となる k を対応させることで全単射 $\psi : \operatorname{Aut} H \to (\boldsymbol{Z}/p\boldsymbol{Z})^\times$ を定める. $k, l \in (\boldsymbol{Z}/p\boldsymbol{Z})^\times$ に対し $(a^k)^l = a^{kl}$ であるから, ψ は準同型. よって $\operatorname{Aut} H \cong (\boldsymbol{Z}/p\boldsymbol{Z})^\times \cong \boldsymbol{Z}/(p-1)\boldsymbol{Z}$ (問題 13.3) である. $\operatorname{Aut} H$ が位数 q の巡回部分群を含むのは $q|(p-1)$ と同値であり, このとき $\varphi(K)$ は一意に定まる. 必要なら K の生成元を取り替えることで, G はすべて同型であり, $G \cong \langle a, b \mid a^p = b^q = e, bab^{-1} = a^k \rangle$ $(1 < k < p,\ k^q \equiv 1 \bmod p)$ と表される.

特に, $q \nmid (p-1)$ となるとき巡回群と同型な群しかない. そのような位数は 15, 33, 35, 51, 65, 69, 77, 85, 87, 91, 95, ⋯.

位数 $2p$ (p は奇素数) の群は命題 12.4 より $k = 1, p-1$ に応じて巡回群 C_{2p} か二面体群 D_p に同型である.

13.4 単 純 群

群 G に自明でない正規部分群 N があれば, G は N と G/N の拡大として記述できるので, より「小さい」群の組み合わせとして理解できる. これ以上分解できない, いわば原子の役割をする群を考えよう.

自明な部分群以外に正規部分群をもたない群を単純群 (simple group) という. ふつう, 自明な群でないことも仮定する.

命題 13.14 可換な単純群は, 素数位数の巡回群と同型である. 逆も正しい.

証明 G を可換単純群とする. 自明でないから単位元以外の元 $a \in G$ が存在する. G が可換であるから $\langle a \rangle$ は正規部分群であり, 自明な群でないから G 全体に一致する. $\langle a \rangle$ が無限巡回群, あるいは a の位数が合成数 mn (m, n は 2 以上の整数) であれば, 真の正規部分群 $\langle a^m \rangle$ が存在するので, 単純群である仮定に反する. したがって位数は素数である. 逆は系 10.15 による. □

命題 13.15 $k \leq n-2$ のとき, $\mathfrak{A}_n$ において任意の長さ k の巡回置換は共役である.

証明 $\mathfrak{S}_n$ においては型が等しければ共役であるから, 任意の相異なる $i_1, \ldots, i_k$

に対し，$(i_1\ \cdots\ i_k) = g(1\ \cdots\ k)g^{-1}$ となる $g \in \mathfrak{S}_n$ が存在する．$g \notin \mathfrak{A}_n$ の場合，$g' := g(n-1\ n)$ は偶置換であり，$(n-1\ n)(1\ \cdots\ k)(n-1\ n) = (1\ \cdots\ k)$ であるから $(i_1\ \cdots\ i_k) = g'(1\ \cdots\ k)(g')^{-1}$ が成り立つ． □

定理 13.16 $\mathfrak{A}_n$ ($n \geq 5$) は単純群である．

証明 H を $\mathfrak{A}_n$ の $\{e\}$ でない正規部分群とする．H は e 以外の元を含む．そのうち，動かす文字の個数が最小であるものを 1 つとり σ とする．

偶置換は互換ではないので σ は 3 個以上の文字を動かすが，4 個以上の文字を動かすと仮定して矛盾を導こう．仮定から σ は長さ 3 の巡回置換ではなく，偶置換であるから長さ 4 の巡回置換でもない．また，互換だけからなる場合，必ず 2 個以上含む．よって適当に文字を並べ替えて σ は次のいずれかであると仮定してよい．(i) $(1\ 2\ 3\ 4\ 5\cdots)\cdots$，(ii) $(1\ 2\ 3\ 4)(5\ 6\cdots)\cdots$，(iii) $(1\ 2\ 3)(4\ 5\cdots)\cdots$，(iv) $(1\ 2)(3\ 4)\cdots$．$\tau = (3\ 4\ 5)\sigma(3\ 4\ 5)^{-1}\sigma^{-1}$ の動かす文字の数を σ と比較する．$\tau \in H$ である．$\tau(3) \neq 3$ が確かめられるので $\tau \neq e$ である．(i)(ii)(iii) の場合 $\tau(2) = 2$ である．(iv) の場合，5 のみ新たに動く可能性があるが $1, 2$ は動かなくなる．いずれの場合も σ の最小性に矛盾する．よって σ はちょうど 3 個の文字を動かす．そのような型は (3) しかないので σ は長さ 3 の巡回置換である．H は正規であるから，σ と共役な置換，すなわち命題 13.15 よりすべての長さ 3 の巡回置換を含む．長さ 3 の巡回置換全体は $\mathfrak{A}_n$ を生成するから，H は $\mathfrak{A}_n$ に一致する． □

注意 13.17 奇数位数の群は可解である (Feit-Thompson の定理)．非可換な有限単純群は，位数は偶数であり，5 次以上の交代群，Lie 群型と呼ばれるいくつかの無限系列と，26 個の散在型単純群のいずれかに同型であることが，大勢の人の膨大な計算の末に示されている．散在型単純群のうち位数最大のものはモンスターと呼ばれる．

演 習 問 題

13.1 (1) 互いに素な整数 m, n に対し，$km + ln = 1$ となる $k, l \in \boldsymbol{Z}$ が存在する．$A = \begin{pmatrix} m & 0 \\ 0 & n \end{pmatrix}$ に対し，$P, Q \in SL(2, \boldsymbol{Z})$ で $Q^{-1}AP = \begin{pmatrix} 1 & 0 \\ 0 & mn \end{pmatrix}$ となるものを一組求めよ．

(2) 一般に整数 m, n の最大公約数を d，最小公倍数を l とするとき，$A = \begin{pmatrix} m & 0 \\ 0 & n \end{pmatrix}$

に対し，$P, Q \in GL(2, \boldsymbol{Z})$ で $Q^{-1}AP = \begin{pmatrix} d & 0 \\ 0 & l \end{pmatrix}$ となるものが存在することを示せ.

13.2 位数 72 のアーベル群の同型類を分類せよ.

13.3 体 $\boldsymbol{K}$ に対し $\boldsymbol{K}^{\times} = \boldsymbol{K} \setminus \{0\}$ は乗法に関して群である.

(1) $\boldsymbol{K}^{\times}$ の d ねじれ元は高々 d 個であることを示せ.

(2) $\boldsymbol{K}$ が有限体のとき，$\boldsymbol{K}^{\times}$ は巡回群であることを示せ.

13.4 $H \lhd G$ のとき，$[G, H] \lhd G$，$[G, H] \lhd H$ を示せ.

13.5 群 G から $G/[G, G]$ への標準的全射を π とする．アーベル群 A への準同型 $\varphi : G \to A$ が与えられたとき，準同型 $\psi : G/[G, G] \to A$ が一意的に存在し，$\varphi = \psi \circ \pi$ を満たすことを示せ.

アーベル群 $G/[G, G]$ を G のアーベル化 (abelianization) という.

13.6 $\sigma = (1\ 2\ \cdots\ 7)$，$\tau = (1\ 2\ 4)(6\ 5\ 3) \in \mathfrak{S}_7$ に対し，$G = \langle \sigma, \tau \rangle$ とする.

(1) G は位数 21 の非可換群であることを示し，G の類等式を与えよ.

(2) 位数 21 の非可換群は G に同型であることを示せ.

13.7 q を素数のべきとする．有限体 $\boldsymbol{F}_q$ を成分とする行列からなる集合 $G = \left\{ \begin{pmatrix} 1 & a & b \\ 0 & 1 & c \\ 0 & 0 & 1 \end{pmatrix} \middle| \, a, b, c \in \boldsymbol{F}_q \right\}$ に対し次を示せ.

(1) G は乗法に関して位数 q^3 の非可換群である.

(2) q が素数 p のとき G は $G' := \langle x, y, z \mid x^p = y^p = z^p = e,\ xy = yx,\ xz = zx,\ zy = xyz \rangle$ と同型である.

(3) $q = 2$ のとき G は D_4 と同型である.

13.8 非可換単純群 G に対し，$[G, G] = G$ を示せ.

第14章 正多面体

CHAPTER 14

14.1　正多面体の分類

ユークリッドの『原論』における正多面体の分類の概略を述べる．

ここでは，正多面体とは次の条件を満たす $\boldsymbol{R}^3$ 内の凸多面体とする．

(1) 各面は合同な正多角形である．

(2) どの頂点の近傍も，ある共通の正多面錐の頂点の近傍と合同である．

正多面体の各面は正 p 角形からなり，各頂点に q 枚の面が集まっているとする．内角は正であるから $p \geq 3$ であり，面のなす角が正であるから $q \geq 3$ である．正 p 角形は，頂点の外角の和が周角（4 直角）になるから，外角が $4/p$ 直角，したがって内角は $(2-4/p)$ 直角である．1 つの頂点に集まる内角の和は 4 直角未満であるから，$q(2-4/p) < 4$ (†)．整理して $(p-2)(q-2) < 4$．これより $(p,q) = (3,3), (4,3), (3,4), (5,3), (3,5)$ がわかる．

逆にこれらを満たす正多面体として，順に**正四面体** (tetrahedron)，**立方体** (cube), **正八面体** (octahedron), **正十二面体** (dodecahedron), **正二十面体** (icosahedron) が存在する．辺の長さを固定すると，(p,q) から面および面角が決まり相似の意味で正多面体は一通りに決定されるから，この 5 種類が正多面体のすべてである．

注意 14.1 条件 (†) を出すには様々な方法がある．例えば，球面に投影して系 7.5（オイラーの定理）$V - E + F = 2$ から導くこともできる．各頂点は q 枚の面で共有され，各辺の両端に頂点があり，F 枚の正 p 角形があるから，重複度を込めた頂点数は $qV = 2E = pF$．これより $F = \frac{2E}{p}$，$V = \frac{2E}{q}$ をオイラーの定理に代入すると，$\frac{2E}{q} - E + \frac{2E}{p} = 2$．よって $\frac{1}{p} + \frac{1}{q} = \frac{1}{2} + \frac{1}{E} > \frac{1}{2}$．これより (†) を得る．

14.2 半正多面体

正多面体が5種類しかないことがわかって，各点・各辺・各面がすべて対等という条件を緩めるとどうなるかが考えられた．新しい対称性が出てくるのであろうか．

パップス[47]によると，各点・各辺はすべて対等であるが面に異なる正多角形が混在する凸多面体をアルキメデス (Archimedes) が分類した．典型的なものはサッカーボールの形であり，正五角形12枚と正六角形20枚からなる．この分類はのちにケプラー[36]によりやり直されたが，次のようになる．

定理 14.2 各面が正多角形であり，頂点形がすべて合同であり，頂点推移的である凸多面体は，相似変換を除いて次のいずれかである．

(o) 5個の正多面体；(i) 正 n 角形を底面とし側面が n 枚の正方形からなる**正 n 角柱** (n-gonal prism)（$n = 4$ のとき立方体になるので，$n = 3$ または $n \geq 5$）；(ii) 上下の面が次の頂点までの半分だけずれており，側面が $2n$ 枚の正三角形からなる**反 n 角柱** (n-gonal antiprism)（$n = 3$ のとき正八面体になるので，$n \geq 4$）；(iii) 13個の**アルキメデスの立体** (Archimedean solid).

ただし**頂点推移的** (vertex-transitive) とは，凸多面体の合同変換で任意の頂点を任意の頂点に移せることをいう．

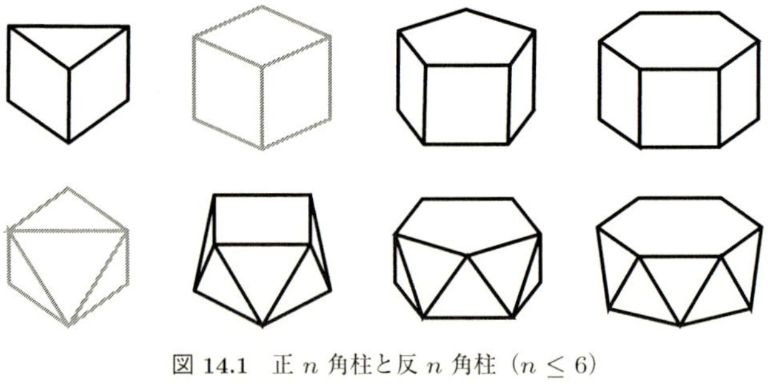

図 14.1　正 n 角柱と反 n 角柱（$n \leq 6$）

定理の条件を満たす凸多面体で正多面体でないものを**半正多面体** (semiregular polyhedron) という*1).

*1)　準正多面体と訳されることもあるが，対応する英語である quasi-regular polyhedron は立方

正多面体のときと同様に，各頂点には 3 個以上の面が集まる．各頂点に集まる正 p 面体の p を順に並べたもの（向きのない円順列）を型 (type) と呼ぼう．正多面体の型は以下の通り：正四面体 $3,3,3$，立方体 $4,4,4$，正八面体 $3,3,3,3$，正十二面体 $5,5,5$，正二十面体 $3,3,3,3,3$.

補題 14.3 以下の型は存在しない．

(1) a,b,c：ただし a が奇数で，$b \neq c$ となるもの

(2) $3,b,c,d$：ただし $b \neq d$ となるもの（$3,3,3,n$ 以外）

証明 (1) a 角形の周りは b 角形と c 角形が交互に現れるから．

(2) 三角形の残りの辺には b 角形 $=$ d 角形が現れるから． □

証明 (定理 14.2 の略証) 頂点における内角の和の条件（$\frac{1}{2} - \frac{1}{p}$ の和が 1 未満）と上の補題を用いて，ありうる型を絞ったリストを得る．

まず，$p \geq 3$ と内角の和の条件より，面の個数は 5 以下である．

面が 3 つの場合：型を a,b,c とし，$3 \leq a \leq b \leq c$ とする．内角の和の条件より $a < 6$. (i) $a = 3$ のとき補題より $b = c$. 内角の和の条件より $3 \leq b < 12$. b が奇数のとき再び補題を用いると，$b = c = 3,4,6,8,10$. (ii) $a = 4$ のとき内角の和の条件より $b < 8$. $b = 4$ のとき c は 4 以上の任意の整数．$b > 4$ のとき，補題より b,c は偶数．$b = 6$ のとき内角の和の条件より $c < 12$. よって $c = 6,8,10$. (iii) $a = 5$ のとき補題より $b = c$. 内角の和の条件より $b \leq 6$. よって $b = c = 5,6$.

面が 4 つの場合：型を a,b,c,d とする（向きを除いても，$a \leq b \leq c \leq d$ の場合と，$a \leq c \leq b \leq d$ の場合がある）．内角の和の条件より，$a = 3$. 補題より $3,3,3,n$（$n \geq 3$）または $3,b,c,b$. 後者の場合 $b \geq 4$ としてよい．$c \geq 3$ より内角の和の条件より $b < 6$. $b = 4$ のとき内角の和の条件より $c = 3,4,5$. $b = 5$ のとき内角の和の条件より $c = 3$.

面が 5 つの場合：内角の和の条件より，少なくとも 4 つは三角形となるから，型は $3,3,3,3,n$（n は 3 以上の整数）．内角の和の条件より，$n = 3,4,5$.

以上をまとめると次の表を得る．ただし正多面体は除いてある．実際にその型の多面体が存在することは，例えば正多面体の頂点・辺を削るなどの構成により示されるが，ここでは省略する． □

八面体と二十十二面体のみを指すことが多い．

表 14.1 ケプラーの分類

$3, 3, 3, n \geq 3$	反 n 角柱（$n = 3$：正八面体）	n-gonal antiprism
$4, 4, n \geq 3$	正 n 角柱（$n = 4$：立方体）	n-gonal prism
$3, 3, 3, 3, 4$	歪立方体	snub cube
$3, 3, 3, 3, 5$	歪十二面体	snub dodecahedron
$3, 4, 3, 4$	立方八面体	cub-octahedron
$3, 4, 4, 4$	斜立方八面体	rhomb-cub-octahedron
$3, 4, 5, 4$	斜二十十二面体	rhomb-icosi-dodecahedron
$3, 5, 3, 5$	二十十二面体	icosi-dodecahedron
$3, 6, 6$	切頭四面体	truncated tetrahedron
$3, 8, 8$	切頭立方体	truncated cube
$3, 10, 10$	切頭十二面体	truncated dodecahedron
$4, 6, 6$	切頭八面体	truncated octahedron
$4, 6, 8$	大斜立方八面体	truncated cub-octahedron
$4, 6, 10$	大斜二十十二面体	truncated icosi-dodecahedron
$5, 6, 6$	切頭二十面体	truncated icosahedron

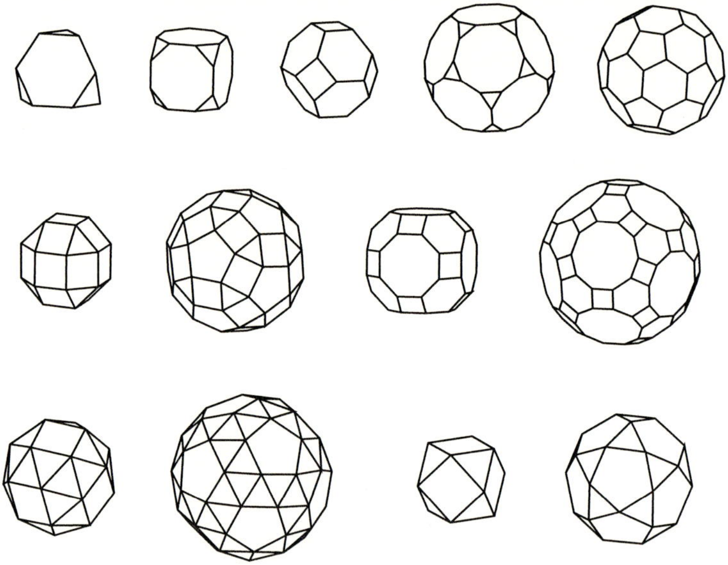

図 14.2 アルキメデスの立体

ただし，歪立方体・歪十二面体は，鏡に映すと回転では元の形と重ねることができない形になるため，これらを区別するなら 15 個になる．また「各点がすべて対等」という意味を 14.1 節冒頭の条件 (2) の文字通りのままにすると $3, 4, 4, 4$ 型にミラーの立体 (Miller's solid) も加わる．ミラーの立体は頂点推移的でなく，どのような合同変換でも移りあうことができない頂点の対が存在する．

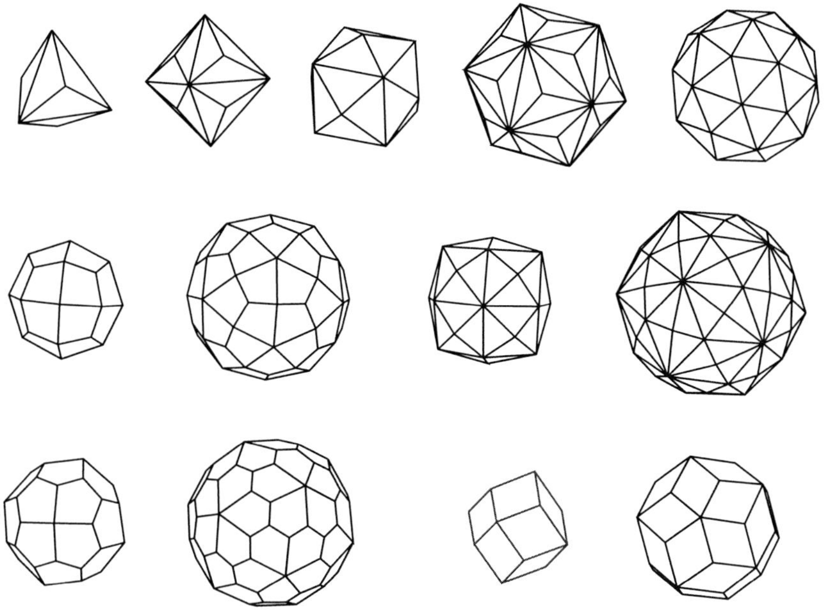

図 **14.3**　カタランの立体

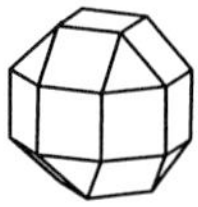

図 **14.4**　ミラーの立体

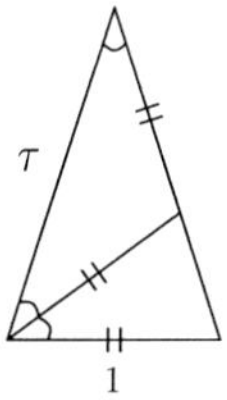

図 **14.5**　頂角 $\pi/5$ の二等辺三角形

注意 14.4 正多面体と異なり，半正多面体の双対多面体は半正多面体にならない．アルキメデスの立体の双対は**カタランの立体** (Catalan solid) と呼ばれている．

注意 14.5 後述の $SO(3)$ の有限部分群の分類によると，半正多面体やその双対，星形正多面体など様々な多面体があるが，その運動群はどれかの正多面体の運動群と一致する．正多面体（一面体，二面体を含む）までですべての運動群は尽くされている．

14.3　正多面体の運動群

注意 14.6 今後使うので，有名角の三角関数の値について復習しておく．

θ	0	$\frac{\pi}{12}$	$\frac{\pi}{6}$	$\frac{\pi}{5}$	$\frac{\pi}{4}$	$\frac{\pi}{3}$	$\frac{2\pi}{5}$	$\frac{5\pi}{12}$	$\frac{\pi}{2}$
$\cos\theta$	1	$\frac{\sqrt{6}+\sqrt{2}}{4}$	$\frac{\sqrt{3}}{2}$	$\frac{\sqrt{5}+1}{4}$	$\frac{\sqrt{2}}{2}$	$\frac{1}{2}$	$\frac{\sqrt{5}-1}{4}$	$\frac{\sqrt{6}-\sqrt{2}}{4}$	0

$\theta=\frac{\pi}{5}$ のとき，図 14.5 で三角形の相似から $1:\tau=\tau-1:1$ より $\tau^2-\tau=1$. $\tau>0$ であるから $\tau=\frac{1+\sqrt{5}}{2}$. $\cos\frac{\pi}{5}=\frac{\tau}{2}=\frac{1+\sqrt{5}}{4}$. なお $\sin\frac{\pi}{5}=\frac{\sqrt{10-2\sqrt{5}}}{4}$. $\theta=\frac{\pi}{12}$ のとき，二倍角の公式から $2\cos^2\frac{\pi}{12}-1=\cos\frac{\pi}{6}=\frac{\sqrt{3}}{2}$. これより $\cos\frac{\pi}{12}=\frac{\sqrt{6}+\sqrt{2}}{4}$. $\theta=\frac{2\pi}{5}$, $\frac{5\pi}{12}$ も同様.

定理 6.3 より $\boldsymbol{R}^n$ の合同群は直交アフィン変換すなわち $AGL(n,\boldsymbol{R})$ で $A\in O(n)$ となるもの全体である.

命題 14.7 $\boldsymbol{R}^n$ の n 次元凸多面体 Δ の合同群は，頂点の重心を原点とする直交枠で $O(n)$ の有限部分群で表される.

証明 Δ の合同群を G とすると，命題 4.23(3) より G は Δ の頂点の置換を引き起こす. Δ が n 次元であるから命題 4.29 より頂点集合は独立な $n+1$ 個の点を含み，頂点の像で合同変換は決まる. よって G は Δ の頂点集合 V の全置換群 $\mathfrak{S}_V$ の部分群に同一視できるから有限群である（準同型 $G\to\mathfrak{S}_V$ は単射であり，V が有限であるから $\mathfrak{S}_V$ は有限群である）. すべての頂点の重心を $\boldsymbol{x}_0$ とすると，Δ を保つ任意の可逆アフィン変換 f に対し頂点を保つから $f(\boldsymbol{x}_0)=\boldsymbol{x}_0$ である. $\boldsymbol{x}_0$ を原点とする直交枠をとると，G の各元は直交変換として表される. よって，G は $O(n)$ の有限部分群と同型である. □

注意 14.8 合同変換 $f:\boldsymbol{R}^n\to\boldsymbol{R}^n$ で $f(\Delta)=\Delta'$ となるものが存在するとき，Δ の合同変換 φ に対し，$f\circ\varphi\circ f^{-1}$ は Δ' の合同変換であり，逆対応も作れる. この対応により Δ と Δ' の合同群は $\boldsymbol{R}^n$ の合同群の中で共役である. Δ の重心を原点にした場合，任意の $t>0$ に対し，Δ と $t\Delta$ の合同変換は等しい. よって，相似な Δ で計算しても，合同群の共役類は変わらない. 運動群でも同様.

以下，$\boldsymbol{R}^3$ の正多面体について調べる. ここでは，以下のような正多面体を選ぶことにする.

$$\Delta_1=\mathrm{Conv}\{(1,1,1),(1,-1,-1),(-1,1,-1),(-1,-1,1)\},$$
$$\Delta_2=\mathrm{Conv}\{(\pm1,\pm1,\pm1)\},$$
$$\Delta_3=\mathrm{Conv}\{(\pm1,0,0),(0,\pm1,0),(0,0,\pm1)\},$$
$$\Delta_4=\mathrm{Conv}\{(\pm1,\pm1,\pm1),(0,\pm\tau^{-1},\pm\tau),(\pm\tau,0,\pm\tau^{-1}),(\pm\tau^{-1},\pm\tau,0)\}$$
$$\Delta_5=\mathrm{Conv}\{(0,\pm\tau^{-1},\pm\tau^{-2}),(\pm\tau^{-2},0,\pm\tau^{-1}),(\pm\tau^{-1},\pm\tau^{-2},0)\}.$$

ただしすべて複号任意，$\tau = (\sqrt{5}+1)/2$ は黄金比であり，座標の転置を省略した．これらはそれぞれ正四面体・立方体・正八面体・正十二面体・正二十面体である．（確かめてみよ．問題 14.3 も参照.）

Δ_i（$1 \le i \le 5$）の頂点の重心は原点であるから合同変換は直交変換で表される．Δ_1 の運動群は

$$T := \left\{ \begin{pmatrix} \pm1 & & \\ & \pm1 & \\ & & \pm1 \end{pmatrix}, \begin{pmatrix} & \pm1 & \\ & & \pm1 \\ \pm1 & & \end{pmatrix}, \begin{pmatrix} & & \pm1 \\ \pm1 & & \\ & \pm1 & \end{pmatrix} \right\}$$

となる．ただし各行列の複号は -1 が偶数個とする．Δ_2，Δ_3 の運動群はともに

$$O := T \cup \left\{ \begin{pmatrix} \pm1 & & \\ & & \pm1 \\ & \pm1 & \end{pmatrix}, \begin{pmatrix} & & \pm1 \\ & \pm1 & \\ \pm1 & & \end{pmatrix}, \begin{pmatrix} & \pm1 & \\ \pm1 & & \\ & & \pm1 \end{pmatrix} \right\}$$

となる．ただし T に含まれない各行列の複号は -1 が奇数個とする．

Δ_4, Δ_5 の運動群は等しい．それを I で表す．I は T を含み，位数 60 である．Δ_4 の各頂点を通る軸の周りの 1/3 回転で生成されることが後にわかる．

T, O, I（および $SO(3)$ の中で共役な部分群）を，それぞれ**正四面体群** (tetrahedral group)・**正八面体群** (octahedral group)・**正二十面体群** (icosahedral group) という．不公平な気もするが，面が三角形である方で呼ぶのが慣例である．これらを**正多面体群** (polyhedral group) という．

平面の線形変換群に用いた記号 C_n, D_n を空間でも流用する．k, n は整数として，$C_n := \{R_{2\pi k/n} \oplus 1 \mid 0 \le k < n\}$（$n \ge 1$），$D_n := \{R_{2\pi k/n} \oplus 1, S_{2\pi k/n} \oplus (-1) \mid 0 \le k < n\}$（$n \ge 2$）とする．これらは $SO(3)$ の部分群である．

命題 14.9 $T \cong \mathfrak{A}_4$，$O \cong \mathfrak{S}_4$，$I \cong \mathfrak{A}_5$.

証明 正四面体の頂点の置換を考えることにより準同型 $T \to \mathfrak{S}_4$ ができる．頂点は独立であるから単射であり，頂点の偶置換になることが確かめられる．よって $T \cong \mathfrak{A}_4$.

立方体には 4 本の対角線があり，重心で交わる．これらの対角線は立方体の合同群で置換されるから，準同型 $\varphi : O \to \mathfrak{S}_4$ が存在する．辺の中点を通る直線を軸として半回転すると，任意の 2 つの対角線の互換が引き起こされる．$\mathfrak{S}_4$ は互換で生成されるから φ は全射であり，位数が等しいから同型である．正八面体の場合は面心（面の重心）を通る 4 本の直線を考えれば同じである．

正十二面体には内接立方体がちょうど 5 つ存在する．内接立方体の辺は各面

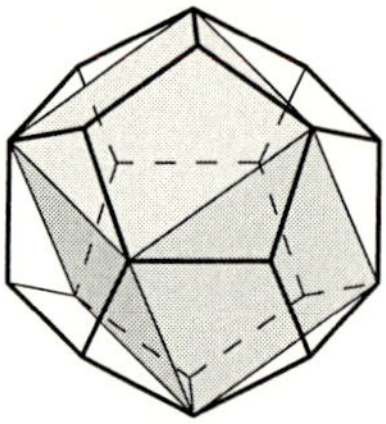

図 14.6 正十二面体の内接立方体

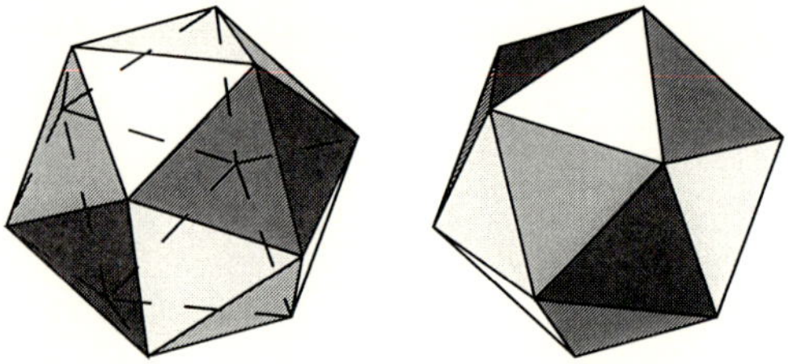

図 14.7 正二十面体の 5 色彩色．右は手前側を外したもの．

の五角形の対角線になるが，対角線の選び方は 5 通りあり，どれを選んでもそれを辺とする内接立方体が一通りに定まる．任意の 2 つの立方体をとると，共通の頂点が存在することがわかる．その頂点を通る軸に関する回転は，残り 3 つの立方体の巡回置換を引き起こす．$\mathfrak{A}_5$ は 3 次の巡回置換で生成されるから全射準同型 $\varphi : I \to \mathfrak{A}_5$ が存在し，位数を比較して，同型である．正二十面体は正十二面体の双対多面体であることから同様であるが，図のように面を 5 色に塗り分けると合同群が色の偶置換を引き起こすことでも示される． □

命題 14.10 C_n，D_n，正多面体群は互いに同型でない．

証明 C_n は巡回群である．$D_2 \cong V$ は位数 4 の元をもたないから巡回群でなく，D_n $(n \geq 3)$ および T, O, I は非可換である．位数が異なる群は同型でないから，D_n $(n = 6, 12, 30)$ と T, O, I が同型でないことを示せばよい．D_n は位数 n の元を含むが，対応する $T \cong \mathfrak{A}_4$，$O \cong \mathfrak{S}_4$，$I \cong \mathfrak{A}_5$ は含まないことが巡回置換分解を考えると確かめられる． □

14.4 $SO(3)$ の有限部分群

$SO(3)$ は単位球面 S^2 上の回転として作用する．$SO(3)$ の有限部分群 G を分類しよう．ただし共役な部分群は同じとみなす．

以下 $G \neq \{e\}$ とする．G の位数を $N \geq 2$ とし，$x \in S^2$ で $G_x \neq \{e\}$ となる点の集合を X とする．同じ G 軌道に属する点の固定群は共役であり位数が等しいから，X に G が作用する．軌道分解を $X = \coprod_i X_i$ とする．

$\Gamma := \{(g, x) \in G \times X \mid g \neq e,\ g(x) = x\}$ とする．e 以外の各 $g \in G$ は，回転軸と交わる 2 点（対蹠点）をちょうど固定するから，$|\Gamma| = 2(N-1)$

である．$|X| \le |\Gamma|$ であるから X は有限集合であり，軌道も有限個である．各軌道 X_i の点に対して固定群の位数を N_i とすると，$N_i \ge 2$ であり，$|X_i| = N/N_i$ である．単位元を除外すると $|\Gamma| = \sum_i (N_i - 1)(N/N_i)$．よって $2(N-1) = \sum_i (N_i - 1)(N/N_i)$．$N$ で割って整理すると次の式を得る．

$$2\left(1 - \frac{1}{N}\right) = \sum_i \left(1 - \frac{1}{N_i}\right)$$

特に $\sum_i (1 - \frac{1}{N_i}) < 2$ である．$1 - \frac{1}{N_i} \ge \frac{1}{2}$ であるから，和は高々 3 つである．また $N \ge 2$ であるから $2(1 - \frac{1}{N}) \ge 1$ であり，和は 2 個以上である．

軌道が 2 個の場合：$N_1 \le N_2$ とすると $\frac{2}{N} = \frac{1}{N_1} + \frac{1}{N_2} \ge \frac{2}{N_2}$．$N \ge N_2$ であるから $N = N_2$．よって $N = N_1$．

軌道が 3 個の場合：$2 \le N_1 \le N_2 \le N_3$ であるとしても一般性を失わない．$\frac{1}{N_1} + \frac{1}{N_2} + \frac{1}{N_3} = 1 + \frac{2}{N} > 1$ を解く．$\frac{1}{N_1} + \frac{1}{N_2} + \frac{1}{N_3} \le \frac{3}{N_1}$ であるから $N_1 < 3$．よって $N_1 = 2$ であり $\frac{1}{N_2} + \frac{1}{N_3} = \frac{1}{2} + \frac{2}{N} > \frac{1}{2}$．$\frac{1}{2} < \frac{1}{N_2} + \frac{1}{N_3} < \frac{2}{N_2}$ より $N_2 < 4$．$N_2 = 2$ のとき $N_3 = N/2$ であり，$N = 2n$ は任意の偶数．$N_2 = 3$ のとき $\frac{1}{N_3} = \frac{1}{6} + \frac{2}{N}$ より $N_3 = 3, 4, 5$ でありそれぞれ $N = 12, 24, 60$．

以上をまとめて，自明な群以外の $(N_1, N_2, \ldots)$ は (N, N)（$N \ge 2$），$(2, 2, n)$（$N = 2n$），$(2, 3, 3)$（$N = 12$），$(2, 3, 4)$（$N = 24$），$(2, 3, 5)$（$N = 60$）のいずれかである．

(N, N) $(N \ge 2)$

X の各点は G 全体で固定されるので，各軌道は固定点 1 点からなる．固定点の対蹠点も固定されるので，2 つの軌道は，対蹠点の関係にある 2 点 $x, -x$ からなる．G は Ox を軸とする N 個の回転からなるが，軸に直交する平面を保つので，問題 14.8(2) より角 $2\pi/N$ の回転で生成される．$G \cong C_N$．

$(2, 2, n)$ $(N = 2n)$

まず $n \ge 3$ とする．軌道 X_3 はちょうど $N/n = 2$ 個の点（x, x' とする）からなる．他に n 個の回転で固定される点はないから，x と x' は対蹠点でなければならない．以下，x を北極，x' を南極とする．x と x' は同じ軌道に属するので，ある位数 2 の回転 ρ が x と x' を入れ替える．ρ の回転軸と S^2 の交点 $\pm y$ は ρ で固定される．y の固定群は位数 2 であり $\{e, \rho\}$ に等しい．y の軌道は n 個であり，軌道上の点は，固定する半回転が x と x' を入れ替えることからすべて赤道上にある．

y と $-y$ の軌道が異なる場合，これで $(2,2,n)$ の 3 個の軌道は尽くされた．y の軌道は平面内の正 n 角形の頂点をなすから，n は 3 以上の奇数であり，$-y$ の軌道はその正 n 角形の辺の「中点」すべてである．

y と $-y$ の軌道が同じ場合，その軌道は正 n 角形の頂点になり，n は 4 以上の偶数．残った n 点も，その点を通る軸をもつ回転で x と x' を入れ替えるから，赤道上の正 n 角形をなす．y をその軌道の点に移すことから，y の軌道の「中点」の全体になる．

いずれの場合も赤道の正 n 角形の運動群に含まれ，位数が等しいから一致する．よって $G \cong D_n$ $(n \geq 3)$．

$n = 2$ とする．e 以外で各点を固定する回転は半回転のみである．$N = 4$ であるから各軌道は 2 点からなり，軌道は 3 つあるので $|X| = 6$ である．対蹠点でない $x, y \in X$ を取る．x の軌道を $\{x, x'\}$ とする．y を固定する半回転 ρ は x を動かすから $\rho(x) = x'$ である．$x' \neq -x$ と仮定して矛盾を導こう．線分 xx' の中点 M は O と異なり ρ で保たれるから，直線 OM が ρ の回転軸である．すると y は OM と S^2 の 2 つの交点のいずれかであるが，y のとり方は $\pm x$ 以外の 4 通りあるので矛盾．したがって $x' = -x$ であり，y は $\pm x$ を極とする大円上にある．同様に残りの軌道も対蹠点の対 $\{\pm y\}$，$\{\pm z\}$ をなし，$\pm z$ は x, y をそれぞれ極とする大円の交点である．$w = 2y$ とするとき，菱形 $wz(-w)(-z)$ は G で保たれる．菱形の $\boldsymbol{R}^3$ における運動群は位数 4 であるので，一致する．よって $G \cong D_2$．

$(2,3,3)$ $(N = 12)$

3 回の回転対称性をもつ点は，2 つの軌道ごとに $12/3 = 4$ 点ある．そのうち 1 点を x として，x を固定する位数 3 の回転による残り 3 点の軌道を考える．固定点になりうるのは x の対蹠点だけであるから残りの 3 点を同時に固定することはない．軌道の位数は 1 または 3 であるから，3 点は互いに回転で移りあい，x の対蹠点ではない．残りの 1 点をとると，x を含む 3 点までが等距離にある．よってこれら 4 点は互いに等距離にあり，正四面体の頂点を形作る．G は正四面体の合同群に含まれ，位数が等しいので $G \cong T$．

$(2,3,4)$ $(N = 24)$

対蹠点は同じ固定群をもつ．今の場合，異なる軌道に対し固定群の位数が異なるので，対蹠点は同じ軌道に属する．$|X_3| = 24/4 = 6$ である．$x \in X_3$ を

とる．X_3 の $\pm x$ 以外の 4 点は，固定群 G_x の 4 個の回転で保たれるので，G_x による軌道をなし，Ox に直交するある平面上の円 C 上に等間隔で存在する．$y \in C$ とすると，$-y \in X_3$ であるから $-y \in C$．よって C は対蹠点を含むから大円であり x を極とする．以上より X_3 の凸包は正八面体である．G は正八面体の合同群に含まれ，位数が等しいので $G \cong O$.

$(2,3,5)$ $(N = 60)$

$|X_3| = 60/5 = 12$ である．$x \in X_3$ とする．軌道が異なると固定群の位数も異なるので $-x$ も X_3 に属する．x を固定する回転で $-x$ も固定され，残りの 10 個は 5 個ずつ正五角形の頂点をなす．x から最も近い X_3 の任意の点を y とする．$y \neq -x$ である．y を通る軸に関する 5 回対称性に着目して調べよう．

y を含む 5 点のある円 C と，y を中心とする球面との交点は高々 2 点であるから，$X \cap C$ の点で y からの距離が x までと等しいものは高々 2 個.

y と，もう一組の 5 点（円 C' 上にあるとする）のうち 3 点以上との距離が等しいと仮定する．y は 2 点ずつの垂直二等分面上にある．この二等分面は，その円 C' を含む平面の，円の中心を通る垂線 l を含む．しかも平行でないから直線で交わるので，共通部分は l に一致し，y は l 上にある．しかし，l 上にある点としてすでに x と $-x$ が存在し，直線と球面との交点は高々 2 点だから，矛盾．よって，C' の点で y からの距離が x までと等しい点は高々 2 個.

y から $-x$ までの距離は y から x までの距離とは等しくない（等しいとすると y は x を極とする大円上にあることになるが，y を通る軸による 5 個の回転で x を移すと，C, C' が大円にならない）.

したがって，y からの距離が x までと等しい 5 点は，x 以外に C と C' 上にそれぞれ 2 点ずつ存在する．そのうち C 上の 2 点を z, z' とする．$xz = xy = yz$ であるから，三角形 xyz は正三角形をなす．x を y に移す回転で X_3 は保たれ，点の間の距離も保たれる．正五角形において，ある頂点から距離最小の点は隣接する 2 点であるから，z と z' は y に隣接する 2 点である．したがって，球面三角形 xyz の内部には X_3 の他の点は存在しない．x の周りに回転させることで，x を頂点とする正三角形が 5 つでき，内部には他の点は存在しない．x は任意であったから，X_3 の 12 点の凸包は正二十面体になる．G は正二十面体の合同群に含まれ，位数が等しいので $G \cong I$.

注意 14.11 G の e 以外の元は X の対蹠点を結ぶ直線を軸とする回転である．$G \neq \{e\}$

のとき軸の方向は, (N,N) のとき一組の対蹠点, $(2,2,2)$ のとき正八面体の頂点, $(2,2,n)$ $(n \geq 3)$ のとき正 n 角形の頂点・辺の中点および面の法線, その他のとき正多面体の頂点・辺の中点・面の中心からなる. これより同じ $(N_1, N_2, \ldots)$ をもつ部分群 G, G' に対し, 固定点集合 $X_1, X_2, \ldots$ を対応する $X'_1, X'_2, \ldots$ に移す回転が存在する. よって G と G' は $SO(3)$ の中で共役である. 上の分類と命題 14.10 より $(N_1, N_2, \ldots)$ が異なるとき群は同型でない. よって $SO(3)$ の有限部分群は, 同型であれば共役である.

定理 14.12 $SO(3)$ の有限部分群は, C_n $(n \geq 1)$, D_n $(n \geq 2)$, T, O, I のいずれか 1 つに共役である.

14.5 $O(3)$ の有限部分群

補題 14.13 G を $O(3)$ の有限部分群とすると, 次の条件 (1)(2)(3) のどれか 1 つが成り立つ. しかも, G と G' が共役であれば, 同じ条件を満たす.

(1) $G < SO(3)$, (2) $-E \in G$, (3) (1)(2) 以外.

証明 $-E \notin SO(3)$ であるから, G が (1) と (2) の両方に属することはない. $\sigma \in O(3)$ に対し, $\sigma \cdot SO(3) \cdot \sigma^{-1} = SO(3)$, $\sigma(-E)\sigma^{-1} = -E$ であるから, 共役であれば同じ条件を満たす. □

(1) のときはすでに分類されているので, 以下では (2)(3) の場合を扱う. $G_0 := G \cap SO(3)$ とおくと, G_0 は G および $SO(3)$ の有限部分群である. $g \in G \setminus G_0$ に対し, $|g^2| = 1$ より $g^2 \in G_0$ であるから, 剰余類分解 $G = G_0 \coprod gG_0$ を得る.

(2) のとき, $|-E| = -1$ より g として $-E$ がとれるから, $G = \pm G_0 := \{\pm g \mid g \in G_0\}$. 逆に, $SO(3)$ の任意の有限部分群 G_0 に対し, $\pm G_0$ は $-E$ を含む $O(3)$ の有限部分群である.

(3) のとき, 写像 $\varphi : G \to O(3)$ を, $g \mapsto (\det g)g$ で定める.

補題 14.14 φ は単射準同型であり, 像は $SO(3)$ に含まれる.

証明 $g, g' \in G$ に対し $\varphi(gg') = \det(gg')gg' = \det(g)g \cdot \det(g')g' = \varphi(g)\varphi(g')$ より, φ は群準同型である. $g \in G$ とし, $\varepsilon = \det g$ とおく. g は直交行列であるから $\varepsilon = \pm 1$ である. $\det(\varphi(g)) = \det(\varepsilon g) = \varepsilon^4 = 1$ より $\varphi(g) \in SO(3)$ である. $\varphi(g) = E$ とすると, $g = \varepsilon E$. このとき $E = \varphi(g) = \varphi(\varepsilon E) = \varepsilon^3 E$ であ

るから $\varepsilon = 1$．よって φ は単射．　□

像 $\mathrm{im}\,\varphi$ を $\bar{G}$ で表すと，$G \cong \bar{G}$ であり，$\bar{G}$ は $SO(3)$ の有限部分群である．定義から $G = G_0 \coprod gG_0$，$\bar{G} = G_0 \coprod (-g)G_0$ となる．

補題 14.15 (3) 型の $O(3)$ の有限部分群 G と，$SO(3)$ の有限部分群 H および H の指数 2 の部分群 G_0 の対の間に，$G \cong H$ となる一対一対応が存在する．

証明　G に対し $\bar{G}, G_0$ が上で定まった．逆に，$SO(3)$ の有限部分群 H が指数 2 の部分群 G_0 をもつとする．$h \in H \setminus G_0$ に対し $h^2 \in G_0$ であり，$H = G_0 \coprod hG_0$ である．$\tilde{H} := G_0 \coprod (-h)G_0$ とおく．$E \in \tilde{H}$ であり $\tilde{H}$ は積と逆元で閉じているから $\tilde{H} < O(3)$．$\det(-h) = -1$，$-E \notin \tilde{H}$ であるから $\tilde{H}$ は (3) 型の $O(3)$ の有限部分群である．G_0 の補集合を -1 倍する作り方から，H, G_0 に対し，$\varphi(\tilde{H}) = H$．また，(3) 型の G に対し，$\bar{G} = H$ のとき $G_0 = G \cap SO(3)$ に対して $G = \tilde{H}$．　□

前補題から，(3) 型の部分群を調べるには，$SO(3)$ の有限部分群とその指数 2 の部分群の対を調べればよい．

補題 14.16 (1) $G = C_n$（n は奇数），T，I は指数 2 の部分群をもたない．

(2) $G = C_n$（n は偶数），D_n（n は奇数），O のとき，G の指数 2 の部分群はそれぞれ $C_{n/2}$，C_n，T のみである．

証明　指数 2 の部分群は正規であるから，ある全射群準同型 $\varphi : G \to \{\pm 1\}$ の核となる．奇数位数 l の元 g に対しては，$\varphi(g)^l = \varphi(g^l) = \varphi(e) = 1$ であるから，$\varphi(g) = 1$．(1) C_n（n は奇数）は位数 n の元で生成され，$\mathfrak{A}_n$（$n \geq 3$）は位数 3 の元（長さ 3 の巡回置換）で生成されるから，いずれも $\varphi(G) = \{1\}$ となり指数 2 の部分群をもたない．(2) C_n のとき，生成元を b とすると $\varphi(b^2) = 1$ より $b^2 \in \ker\varphi$．D_n のとき，C_n の生成元は奇数位数であるから $\ker\varphi$ に含まれる．$O \cong \mathfrak{S}_4$ のとき，$T \cong \mathfrak{A}_4$ は位数 3 の元で生成されるから $\ker\varphi$ に含まれる．いずれの場合も生成される部分群 $C_{n/2}, C_n, T$ は指数 2 であり，位数を比較して $\ker\varphi$ と一致する．　□

補題より $\bar{G}$ は C_{2n}（$n \geq 1$），D_n（$n \geq 2$），O のいずれかに同型である．

$r_n := R_{2\pi/n} \oplus 1$，$s := S_0 \oplus (-1)$ とおく．$C_n = \langle r_n \rangle$，$D_n = \langle r_n, s \rangle$ である．

補題 14.17 D_{2n} の指数 2 の部分群は，$r := r_{2n}$ とおいて，$\langle r \rangle = C_{2n}$，$\langle r^2, s \rangle = D_n$，$\langle r^2, sr \rangle \cong D_n$ の 3 つである．最後の 2 つは $SO(3)$ の中で共役である．

証明 $H := \langle r^2 \rangle$ とする．$D_{2n} = \{s^i r^j \mid i = 0, 1,\ j = 0, 1, \ldots, 2n-1\}$ より剰余類分解 $D_{2n} = H \coprod rH \coprod sH \coprod srH$ を得る．前補題 (2) の C_n と同様にして，H は任意の指数 2 の部分群（Γ とする）に含まれる．よって Γ は H による剰余類 2 つの和集合になり，H を含む．$H \coprod rH = \langle r \rangle = C_{2n}$，$H \coprod sH = \langle r^2, s \rangle = D_n$ である．$\rho = r_{4n}$ とすると，$\rho \in SO(3)$ であって，$\rho r \rho^{-1} = r$, $\rho sr \rho^{-1} = s\rho^{-1} r \rho^{-1} = s$ であるから, $\rho(H \coprod srH)\rho^{-1} = H \coprod sH$. □

以上より，$\bar{G} = C_{2n}$ のとき $G = G_0 \coprod -(\bar{G} \setminus G_0) = \langle -r_{2n} \rangle$．$\bar{G} = D_n$ $(n \geq 2)$ のとき $G = \langle r_n, -s \rangle$，または n が偶数のときのみ $G_0 = D_{n/2}$ を選ぶと $G = \langle -r_n, s \rangle$．$\bar{G} = O$ のとき，G は，3 次行列で，各行各列に ± 1 がちょうど 1 個ずつあり，他の成分は 0 で，-1 の個数が偶数個であるもの全体（TO で表す）になる．

次に，同型だけでなく $O(3)$ の中で共役であることを示す．

$SO(3)$ の同型な有限部分群は共役であり，$SO(3)$ の部分群に対しては，$SO(3)$ における共役類と $O(3)$ における共役類は等しい．実際，$\sigma \in O(3) \setminus SO(3)$ とすると $-\sigma \in SO(3)$ であり，$\sigma G \sigma^{-1} = (-\sigma)G(-\sigma)^{-1}$ である．

(2) のとき，$G \cong G'$ とすると分類と命題 14.10 より $G_0 \cong G'_0$ である．ある $\sigma \in SO(3)$ により $G_0 = \sigma G'_0 \sigma^{-1}$ となるから，$\pm G_0 = \sigma(\pm G'_0)\sigma^{-1}$.

(3) のとき，$G' \cong G$ とすると，$\bar{G'} \cong \bar{G}$ であるから，ある $\sigma \in SO(3)$ により $\bar{G} = \sigma \bar{G'} \sigma^{-1}$ となる．

$G' \cong D_{2n}$ 以外は補題より G_0 が一意的に定まるから，$G_0 = \sigma G'_0 \sigma^{-1}$ が成り立つ．よって，$\bar{G} \setminus G_0 = \sigma(\bar{G'} \setminus G'_0)\sigma^{-1}$．これより $G = \sigma(G'_0 \coprod -(G' \setminus G'_0))\sigma^{-1} = \sigma G' \sigma^{-1}$ が従う．

$G' \cong D_{2n}$ の場合を扱う．$\sigma \in SO(3)$（$O(3)$ でも同じ）に対し $G = \sigma G' \sigma^{-1}$ ならば，$SO(3)$ との交わりを取って，$G_0 = \sigma G'_0 \sigma^{-1}$ である．よって G_0 が C_{2n} か D_n かは共役でいずれかに定まる．前者の場合は G_0 は一意的であり，後者の場合必要なら $\rho G' \rho^{-1}$ に取り替えれば共役になる．

以上によって次が示された．

定理 14.18 $O(3)$ の有限部分群は次の G のうちちょうど 1 つに共役である．ただし，$G_0 := G \cap SO(3)$，$r_n := R_{2\pi/n} \oplus 1$，$s := (1) \oplus (-1) \oplus (-1)$ とおく．

G	G_0	群としての同型	位数	備考
$C_n = \langle r_n \rangle$ $(n \geq 1)$	C_n	C_n	n	正 n 角錐の運動群
$D_n = \langle r_n, s \rangle$ $(n \geq 2)$	D_n	D_n	$2n$	正 n 角柱の運動群
T	T	$\mathfrak{A}_4$	12	正四面体の運動群
O	O	$\mathfrak{S}_4$	24	正八面体の運動群
I	I	$\mathfrak{A}_5$	60	正二十面体の運動群
$\pm C_n$ $(n \geq 1)$	C_n	$C_n \times C_2$	$2n$	
$\pm D_n$ $(n \geq 2)$	D_n	$D_n \times C_2$	$4n$	
$\pm T$	T	$\mathfrak{A}_4 \times C_2$	24	
$\pm O$	O	$\mathfrak{S}_4 \times C_2$	48	正八面体の合同群
$\pm I$	I	$\mathfrak{A}_5 \times C_2$	120	正二十面体の合同群
$\langle -r_{2n} \rangle$ $(n \geq 1)$	C_n	C_{2n}	$2n$	
$\langle r_n, -s \rangle$ $(n \geq 2)$	C_n	D_n	$2n$	
$\langle -r_{2n}, s \rangle$ $(n \geq 1)$	D_n	D_{2n}	$4n$	
TO	T	$\mathfrak{S}_4$	24	正四面体の合同群

演 習 問 題

14.1 合同な正三角形を大面とする 3 次元凸多面体をデルタ面体・三角面体 (deltahedron) という．面の個数を f とし，d 枚の面が集まる頂点の個数を v_d とする．$d = 3, 4, 5$ である．

(1) 接続する頂点 P と面 F の対 (P, F) の個数を二通りに数えることで，$3v_3 + 4v_4 + 5v_5 = 3f$ を導け．

(2) 注意 7.6 より f は $4 \leq f \leq 20$ を満たす偶数であることを示せ．

(3) $f = 18$ は起こらないことを示せ．

14.2 命題 8.8 の状況で，辺 $\boldsymbol{x}_i\boldsymbol{x}_{i+1}$ の中点を $\boldsymbol{y}_i$ とする．次を示せ．

(1) $\boldsymbol{x}_i\boldsymbol{y}_i$ と $\boldsymbol{y}_i\boldsymbol{c}$ は直交する．　(2) $R_\theta(\boldsymbol{y}_i - \boldsymbol{c}) = \boldsymbol{y}_{i+1} - \boldsymbol{c}$ $(i = 1, \ldots, p)$．

ただし添え字は p を法として考える．

14.3 標準内積により $(\boldsymbol{R}^3)^*$ を $\boldsymbol{R}^3$ と同一視する．本章の Δ_i に対し次を確かめよ．

(1) $\Delta_1^\circ = \Delta_1$，$\Delta_2^\circ = \Delta_3$，$\Delta_4^\circ = \Delta_5$

(2) Δ_3 の（2 次元）面は Δ_5 の面と同じ平面上にある．

(3) Δ_5 の頂点は Δ_3 の各辺を $1 : \tau$ に内分する．

14.4 T，O，I の元を，回転軸が多面体のどこを通るかで分類せよ．頂点を通る回転軸は何本あり，辺の中点，面の中心を通る回転軸はどうか．それぞれの回転角はいくらか．

14.5 正四面体の合同変換を分類し，種類ごとに個数と頂点の置換としての型を求めよ．

14.6 正四面体において，6 つの辺は対辺同士 3 つの対を作る．この 3 対を任意に置換する回転は必ずしも存在しないことを示せ．

14.7 C を $\boldsymbol{R}^n$ の空でない凸集合，G を $AGL(n, \boldsymbol{R})$ の有限部分群とする．G の各元が C を保つとき，G は C 内に不動点をもつことを示せ．

14.8 次を示せ．

(1) $O(2)$ の交換子群は $SO(2)$ である．

(2) $SO(2)$ の有限部分群は $C_n := \langle R_{2\pi/n} \rangle$（$n \geq 1$）のいずれかに一致する．

(3) $SO(2)$ に含まれない $O(2)$ の有限部分群は，$C_{n\mathrm{h}} := \langle R_{2\pi/n}, S_0 \rangle$（$n \geq 1$）のいずれか 1 つに共役であり，$O(2)$ の自己同型で C_n に移されることはない（特に共役でない）．

表 14.2 $O(2)$ の有限部分群（共役類の代表元）

群 G	位数	生成元	$G < SO(2)$	群としての同型
C_n	n	$R_{2\pi/n}$	○	C_n（$n \geq 1$）
$C_{n\mathrm{h}}$	$2n$	$R_{2\pi/n}$，S_0	×	C_2（$n = 1$），V（$n = 2$），D_n（$n \geq 3$）

第 15 章
一般次元の正多面体

以下では凸多面体しか扱わないので,「凸」を省略することがある.

15.1 正凸多面体の定義

凸多面体 Δ に対し,面の真の増加列 $F_\bullet : F_{i_1} \subsetneq F_{i_2} \subsetneq \cdots \subsetneq F_{i_k}$（添え字は次元を表す）を Δ の旗 (flag) という．特に次元が 1 ずつ異なる旗 $F_\bullet : \varnothing = F_{-1} \subsetneq F_0 \subsetneq F_1 \subsetneq \cdots \subsetneq F_{n-1} \subsetneq F_n = \Delta$ を完全旗 (complete flag) という.

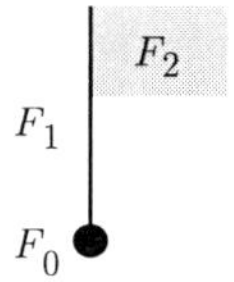

図 15.1 旗

命題 15.1 (完全旗の存在) n 次元凸多面体 Δ に対し，次が成り立つ.

(1) $0 \le i \le n$ とする．任意の i 次元面はある $i-1$ 次元面を含む.

(2) $-1 \le i \le n-1$ とする．任意の i 次元面はある $i+1$ 次元面に含まれる.

(3) 任意の旗 $F_\bullet : F_{i_1} \subsetneq F_{i_2} \subsetneq \cdots \subsetneq F_{i_k}$ に対し，$F_{i_1}, \ldots, F_{i_k}$ を含む完全旗が存在する.

(4) Δ の完全旗が存在する.

証明 (1) 系 4.22 より面はそれ自身凸多面体であるから，大面が存在することをいえばよい．$\mathrm{Aff}\,\Delta$ の中で考え，頂点すべての重心を原点にする座標をとる．原点は内点である．$\mathrm{Aff}\,\Delta$ はユークリッド空間であり Δ を定める有限個の 1 次関数は連続であるから，原点を中心とする十分小さな半径の球は Δ に含まれ,

条件 $(**)'$ は満たされる．極双対 Δ° は（空でない）凸多面体であるから頂点 $\boldsymbol{y}$ が存在する．$\boldsymbol{y}^\diamond$ は Δ の大面である．

(2) Δ の i 次元面 F に対し，$F^\diamond$ は Δ° の余次元 $i+1$ の面である．(1) より $F^\diamond$ に含まれる余次元 i の面 G が存在する．$G^\diamond$ は F を含む $i+1$ 次元の面である．

(3) 必要なら $\varnothing$ と Δ を補って，$i_1 = -1$，$i_k = n$ であるとしてよい．$l = 2, \ldots, k$ に対し，F_{i_l} は凸多面体である．$F_{i_{l-1}}$ は F_{i_l} の面でもあるから，F_{i_l} の中で考えて $F_{i_{l-1}}$ に対し (2) を用いると i_{l-1} 次元以上 i_l 次元以下の旗ができる．l を動かすことで完全旗ができる．

(4) $k=2$，$i_1=-1$，$i_2=n$ として (3) から従う．　□

系 15.2 凸多面体の境界は大面の和集合である．

凸多面体 Δ が**正凸多面体** (regular convex polytope) であるとは，**旗推移的** (flag-transitive) であること，すなわち，Δ の任意の 2 つの完全旗 $F_\bullet, F'_\bullet$ に対し，$F_\bullet$ を $F'_\bullet$ に移す（すなわち各 F_i を F'_i に移す）Δ の合同変換が存在することをいう．

注意 15.3 命題 15.1(3) より旗推移的であることは次と同値である：同じ次元をもつ面からなる任意の 2 つの旗 $F_\bullet : F_{i_1} \subsetneq F_{i_2} \subsetneq \cdots \subsetneq F_{i_k}$，$F'_\bullet : F'_{i_1} \subsetneq F'_{i_2} \subsetneq \cdots \subsetneq F'_{i_k}$ に対し，$F_\bullet$ を $F'_\bullet$ に移す Δ の合同変換が存在する．

このとき特に，各 i 次元面に対して推移的である：任意の 2 つの i 次元面 F_i, F'_i に対し F_i を F'_i に移す Δ の合同変換が存在する．

注意 15.4 旗推移性を正多面体の定義とするのは[16] などに従う現代的定義である．古典的定義としては「すべての大面と頂点形が正多面体」など，凸多面体に対しては同値であることが知られている定義が種々ある．弱い仮定で定義すると，一般化を試みるとき例えば鏡像対称性がないなど対称性の落ちた図形が含まれてしまう[40]．

命題 15.5 n 次元正凸多面体 Δ について次が成り立つ．

(1) i を固定したとき，すべての i 次元面は合同な正凸多面体である．

(2) $\mathrm{Aff}\,\Delta$ における Δ の中心を原点とする直交枠に対し，極双対 Δ° は正凸多面体である．

(3) i を固定したとき，すべての i 次元面の面形は合同な正凸多面体である．

(4) $-1 \leq i < j < k \leq n$ とする．$F_i \subset F_k$ に対し，$F_i \subset F_j \subset F_k$ となる F_j

の数は，F_i, F_k のとり方によらず一定である．

証明　(1) 合同であることは注意 15.3 で示した．系 4.22 より i 次元面 F_i は凸多面体である．命題 15.1 より F_i の面束は Δ の面束に延長できるので，F_i の旗推移性は Δ の旗推移性より従う．

(2) $\mathrm{Aff}\,\Delta$ の座標を列ベクトルで表す．Δ° の任意の 2 つの完全旗 $F_\bullet$，$F'_\bullet$ に対し，$\diamond$ で Δ の完全旗 $(F_{n-1-\bullet})^\diamond$，$(F'_{n-1-\bullet})^\diamond$ が対応する．Δ の旗推移性より $(F_{n-1-\bullet})^\diamond$ を $(F'_{n-1-\bullet})^\diamond$ に移す合同変換 g が存在する．Δ の中心を原点にとったから g は直交行列 A で表される．このとき行ベクトルの変換 $\vec{a} \mapsto \vec{a}A^{-1}$ を g' で表すと，${}^t\!A^{-1} = A$ は直交行列であるから g' は直交変換である．$g'(\vec{a})g(\boldsymbol{v}) + 1 = \vec{a}\boldsymbol{v} + 1$ であるから，Δ の面 F に対し，$g(F)^\diamond = g'(F^\diamond)$ が成り立つ．よって g' は $F_\bullet$ を $F'_\bullet$ に移す Δ° の合同変換である．

(3) F を Δ の i 次元面とする．(2) より Δ° は正凸多面体であり (1) より $F^\diamond$ もそうである．(2) より $(F^\diamond)^\circ$ は正凸多面体．Δ の任意の 2 つの i 次元面 F, F' に対し，F を F' に移す Δ の合同変換 g が存在する．(2) の証明中の g' は $F^\diamond$ を $(F')^\diamond$ に移す．$F^\diamond$ の重心を原点とする直交枠は，g' で移すと $(F')^\diamond$ の重心を原点とする直交枠になる．よってこれらの極双対は同じ．

(4) Δ の合同群を G とする．G は有限群である．同じ次元をもつ面からなる任意の 2 つの旗 $F_\bullet : F_{i_1} \subsetneq F_{i_2} \subsetneq \cdots \subsetneq F_{i_k}$，$F'_\bullet : F'_{i_1} \subsetneq F'_{i_2} \subsetneq \cdots \subsetneq F'_{i_k}$ に対し，旗推移性より $F_\bullet$ を $F'_\bullet$ に移す合同変換 $g \in G$ が存在する．$F_\bullet$ の固定群（$f(F_{i_l}) = F_{i_l}$ $(1 \leq l \leq k)$ となる $f \in G$ の全体）と，$F'_\bullet$ の固定群は g により共役であるから，特に個数は等しい．

G の中で，旗 $(F_i \subset F_k)$ の固定群を G' とし，$F_i \subset F_j \subset F_k$ を満たす j 次元面 F_j の全体を X とする．命題 15.1 より $X \neq \varnothing$ である．G' は X に推移的に作用する．G' の中である $F_j \in X$ の固定群を G'' とすると，軌道・固定群定理により，$|X| = |G'|/|G''|$ であり，$|X|$ は F_i, F_j, F_k のとり方によらず一定．□

注意 15.6 i 次元面の数を N_i，各 i 次元面と接続する j 次元面の数を N_{ij} で表す．$-1 \leq i < j \leq n$ のとき，旗 $F_i \subsetneq F_j$ の数は，$N_iN_{ij} = N_jN_{ji}$ に等しい．

例 15.7 (1)（正四面体の一般化）$\boldsymbol{R}^{n+1}$ の中で $\boldsymbol{e}_1, \ldots, \boldsymbol{e}_{n+1}$ の凸包 Δ はすべての辺長が $\sqrt{2}$ の n 次元単体である．アフィン包は超平面 $\sum_{i=1}^{n+1} x_i = 1$ であ

る．すべての面は頂点集合の部分集合を頂点とする単体である．頂点を入れ替える $n+1$ 文字の置換で完全旗は互いに移りあう．Δ と相似な n 次元単体を n 次元正単体 (regular simplex) といい α_n で表す．

(2)（正八面体の一般化）$\boldsymbol{R}^n$ の座標軸上の点 $\pm\boldsymbol{e}_i$（全部で $2n$ 個）の凸包と相似な凸多面体を n 次元正軸体 (cross polytope, orthoplex) といい，β_n で表す．各大面は $\sum_{i=1}^{n}(\pm x_i)=1$（符号の選び方により 2^n 個の 1 次式がある）を支持超平面とし，$\sum_{i=1}^{n} x_i = 1$ との交わりは α_{n-1} である．各 i に対し，大面の半数は $\boldsymbol{e}_i$ を含み残りは $-\boldsymbol{e}_i$ を含むから，必要なら各 $\boldsymbol{e}_i$ を -1 倍して（これは Δ の合同変換である）大面を移しあうことができる．大面は単体であるからその中の旗は $\boldsymbol{e}_1,\ldots,\boldsymbol{e}_n$ の置換で移しあえる．よって旗推移的である．

(3)（立方体の一般化）$\boldsymbol{R}^n$ ですべての $1 \le i \le n$ に対し $-1 \le x_i \le 1$ を満たす点集合と相似な凸多面体を n 次元正測体 (measure polytope)・超立方体 (hypercube) といい，γ_n で表す．頂点は $\pm\boldsymbol{e}_1 \pm \cdots \pm \boldsymbol{e}_n$（複号任意）の 2^n 個である．頂点形は，$\sum x_i = n-1$ との切り口を見て，$n-1$ 次元単体である．正軸体の双対であるから超立方体も旗推移的である．

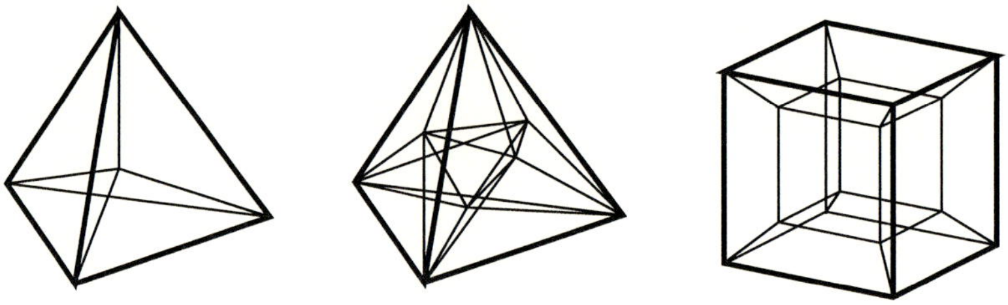

α_4 β_4 γ_4

図 15.2　4 次元正単体・正軸体・超立方体の，大面への投影図（シュレーゲル図形）

15.2 基本単体

正凸多面体に対しては，各面の重心を中心 (center) ともいう．i 次元面 F_i $(0 \le i \le n)$ の中心を O_i で表す．

命題 15.8 完全旗 $F_\bullet$ に対し，$O_0, O_1, \ldots, O_n$ は独立である．

証明　$\dim \mathrm{Aff}\{O_0\} = 0$ である．$i \ge 1$ に対し命題 4.30 から O_i は F_i の内点

である．F_{i-1} の支持超平面は $O_0, \ldots, O_{i-1}$ を含み O_i を含まないから $O_i \notin \mathrm{Aff}\{O_0, \ldots, O_{i-1}\}$．ゆえに $\dim \mathrm{Aff}\{O_0, \ldots, O_i\} = \dim \mathrm{Aff}\{O_0, \ldots, O_{i-1}\} + 1$．よって帰納法により $\dim \mathrm{Aff}\{O_0, \ldots, O_n\} = n$. □

注意 15.9 命題 4.23 より Δ の合同変換 f は旗を旗に移す．このとき各面の重心は対応する面の重心に移る．命題 15.8 より，$\mathrm{Aff}\,\Delta$ 上では f は $O_0, \ldots, O_n$ の像で決まる．もし f がある完全旗を同じ完全旗に移せば，f は $\mathrm{Aff}\,\Delta$ 上恒等変換である．

正凸多面体の完全旗に対し，$O_0, O_1, \ldots, O_n$ を頂点とする n 単体を，対応する基本単体 (fundamental simplex) という．

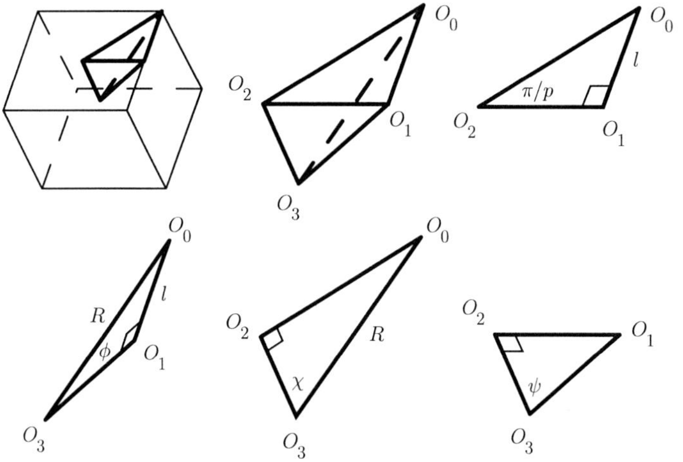

図 **15.3** 基本単体と面

補題 15.10 Δ の i 次元面を $F_i^{(l)}$（$1 \leq l \leq N_i$）とし，その中心を $O_i^{(l)}$ とする．$O_i^{(l)}$（$1 \leq l \leq N_i$）の重心は O_n に等しい．

証明 Δ の頂点を $O_0^{(m)}$（$1 \leq m \leq N_0$）とする．$\frac{1}{N_i}\sum_l O_i^{(l)} = \frac{1}{N_i}\sum_l(\frac{1}{N_{i0}}\sum_{O_0^{(m)} \in F_i^{(l)}} O_0^{(m)})$．各頂点は N_{0i} 個の i 次元面に含まれるから，$= \frac{1}{N_i N_{i0}}\sum_m N_{0i} O_0^{(m)}$．注意 15.6 より $= \frac{1}{N_0}\sum_m O_0^{(m)} = O_n$. □

命題 15.11 正多面体 Δ の基本単体 $O_0 \cdots O_n$ について次が成り立つ．

(1) $i < j < k$ のとき $\angle O_i O_j O_k = \angle R$.

(2) 基本単体は互いに頂点の順序を込めて合同である．

証明 (1) F_j に含まれる i 次元面を $F_i^{(l)}$ $(1 \leq l \leq N_{ji})$，その中心を $O_i^{(l)}$ $(O_i = O_i^{(1)})$ とする．補題 15.10 を F_j に対し適用すると，F_j に含まれる i 次元面の中心すべての重心は，O_j と一致する．

内積 $(O_i - O_j)\cdot(O_j - O_k)$ を考える．旗推移性より O_i, O_j, O_k を $O_i^{(l)}, O_j, O_k$ に移す合同変換が存在する．合同変換は内積を変えないから $(O_i^{(l)} - O_j)\cdot(O_j - O_k)$ は l によらず一定の値を取る．l について加えると，$(\sum_{l=1}^{N_{ji}} O_i^{(l)} - N_{ji}O_j)\cdot(O_j - O_k)$ となるが，左側は 0 である．よって元の内積も 0．

(2) 旗推移性より基本単体に対応する完全旗は合同変換で互いに移り合うから，その重心の像もそうである． □

命題 15.12 (1) 群 G は n 次元凸多面体 Δ を保つアフィン同型からなり，Δ の任意の真の面 F に対し $g(F) \neq F$ となる $g \in G$ が存在するとする．このとき G の $\mathrm{Aff}\,\Delta$ における固定点は Δ の重心のみである．

(2) $\boldsymbol{R}^n$ の n 次元正凸多面体 Δ の合同群 G の固定点集合は $\{O_n\}$ に等しい．

証明 (1) G は Δ の重心 C と $\mathrm{Aff}\,\Delta$ を保つ．$n = 0$ のときは自明．$n \geq 1$ とする．C 以外に固定点 P があるとする．C を始点とし P を通る半直線 L 上の点は G で固定される．命題 4.30 より C は内点であるから，補題 4.18 より L は Δ の境界と 1 点 Q で交わる．Q を含む最小次元の面を F_i とすると，$0 \leq i \leq n-1$ であり Q は F_i の内点．$g(F_i) \neq F_i$ となる $g \in G$ をとる．命題 4.23 より，F_i の内点は $g(F_i)$ の内点に移り，同じ次元の異なる面は境界でのみ交わるから，Q が固定点であることに矛盾．

(2) Δ の完全旗に系 4.35(1) を適用し，$0 \leq i \leq n-1$ に対し i 次元面が複数あることがわかる．旗推移性よりそれらを移しあう G の元が存在する． □

命題 15.13 $n \geq 1$ とする．n 次元正凸多面体の頂点 O_0 を固定し，O_0 に接続する辺の中心全体を $O_1^{(l)}$ $(1 \leq l \leq N)$ とする．このとき次が成り立つ．

(1) $\alpha := \mathrm{Aff}\{O_1^{(l)} \mid 1 \leq l \leq N\}$ は O_0O_n に直交する $n-1$ 次元空間である．

(2) $\Delta \cap \alpha$ は $n-1$ 次元正凸多面体であり，Δ/O_0 と組合せ同値である．

(3) $O_1^{(l)}$ $(1 \leq l \leq N)$ の重心は α と O_0O_n との交点である．

証明 (1) $n = 1$ のとき明らか．$n \geq 2$ として $n-1$ まで成り立つとする．O_0 を含む大面 F_{n-1} に対し，F_{n-1} に含まれる $O_1^{(l)}$ たちは $(n-2)$ 次元空間 α' を

張る．O_0O_n に直交し $O_1^{(1)}$ を通る超平面を π とする．

$O_1^{(l)}$ はすべて π 上にある．なぜなら，O_0 を保ち O_1 と $O_1^{(l)}$ を入れ替える合同変換 g が存在し，同伴する直交変換を φ とすると内積 $(O_n - O_0)\cdot(O_1^{(l)} - O_1)$ は φ で -1 倍される．一方，直交変換は内積を変えない．よって内積は 0 である．

したがって $\pi \supset \alpha$ である．O_0 における頂点形は $(n-1)$ 次元であるから，O_0 を通る辺で F_{n-1} に含まれないものが存在する．対応する辺の中点を $O_1^{(l_0)}$ とすると，F_{n-1} の支持超平面は α' を含むので $O_1^{(l_0)}$ は α' に含まれない．$\alpha \supsetneq \alpha'$．よって $\pi = \alpha$ であり，次元は $n-1$．

(2) 命題 4.37, 4.34 より $\Delta \cap \alpha$ は $n-1$ 次元凸多面体であり Δ/O_0 と組合せ同値である．Δ の合同群における O_0 の固定群を G とする．G は $\{O_1^{(l)} \mid 1 \leq l \leq N\}$ を保つから，その重心 C および α を保つ．G は α に制限すると $\Delta \cap \alpha$ の合同変換からなる．$\mathscr{F}(\Delta)/O_0$ と $\mathscr{F}(\Delta \cap \alpha)$ の対応と Δ の旗推移性から，G による $\Delta \cap \alpha$ の旗推移性が従う．

(3) G は O_0, O_n を固定するから，交点 $O'_{n-1} := O_0O_n \cap \alpha$ も固定する．命題 15.12 より G の α 上の固定点はただひとつであるから，$O'_{n-1} = C$．　□

15.3　シュレーフリの判定法

正多面体を表すシュレーフリ記号 (Schläfli symbol) を導入しよう．まず直観的に説明する．正 p 角形を $\{p\}$ で表す．各頂点の周りに q 個の $\{p\}$ がある正多面体を $\{p, q\}$ で表す．各辺の周りに r 個の $\{p, q\}$ がある正多胞体を $\{p, q, r\}$ で表す．帰納的に，$\{p_1, \ldots, p_{n-2}\}$ で表される $n-1$ 次元正多面体が各 $n-3$ 次元面の周りに p_{n-1} 個ずつある n 次元正多面体を $\{p_1, \ldots, p_{n-1}\}$ で表す．

定義を述べる．n 次元正凸多面体 Δ に対し $2 \leq k \leq n$ として，k 次元面 F と F に含まれる $k-3$ 次元面 F' とを固定する．F に含まれ F' を含む $k-1$ 次元面の個数を p_{k-1} とおくと，命題 15.5(4) より F, F' のとり方によらない．$\{p_1, \ldots, p_{n-1}\}$ を Δ のシュレーフリ記号 (Schläfli symbol) という．線分は $\{\}$ で表す．

注意 15.14 面束からシュレーフリ記号は定まる．k 次元面 $(1 \leq k \leq n)$ では $\{p_1, \ldots, p_{k-1}\}$ であり，k 次元面 $(-1 \leq k \leq n-2)$ の頂点形では $\{p_{k+2}, \ldots, p_{n-1}\}$ である．極双対で面束が逆転するから，極双対正凸多面体のシュレーフリ記号は逆順

の $\{p_{n-1},\ldots,p_1,p_0\}$ である．

例 15.15 α_n は各面も頂点形も単体であるから帰納的にシュレーフリ記号は $\{3,3,\ldots,3\}$（$\{3^{n-1}\}$ と略する）となる．β_n の大面は α_{n-1} である．双対が γ_n であるから双対の大面は γ_{n-1} で，頂点形は β_{n-1}．$\beta_2=\{4\}$ であるから，シュレーフリ記号は $\{3^{n-2},4\}$．双対的に γ_n のシュレーフリ記号は $\{4,3^{n-2}\}$．

外接超球の半径 O_nO_0 を R とし，一辺の長さの半分 O_0O_1 を l とする．$\angle O_0O_nO_1$ を ϕ とおくと，$l=R\sin\phi$ が成り立つ．O_0 に接続する O_1 の全体を通る超平面を α とする．O_0O_k（$1\le k\le n$）と α の交わりを O'_{k-1} とすると，命題 15.13 より，$O'_0=O_1$ であり，O'_{k-1} は O_0 における頂点形の $k-1$ 次元面の重心である．$R':=O'_{n-1}O'_0=l\cos\phi$, $l':=O'_0O'_1$, $\phi':=\angle O'_0O'_{n-1}O'_1$ とすると，$l'=R'\sin\phi'=l\cos\phi\sin\phi'$．$\triangle O_0O_1O_2$ と $\triangle O_0O'_1O_1$ の相似から $l'=l\cos\frac{\pi}{p}$．比較して $\cos\phi=\cos\frac{\pi}{p}/\sin\phi'$．よって次を得た．

$$\sin^2\phi=1-\frac{\cos^2\frac{\pi}{p}}{\sin^2\phi'}.$$

$\sin^2\phi'=\frac{m}{n}$ とおくと，$\sin^2\phi=1-\frac{\cos^2\frac{\pi}{p}}{\frac{m}{n}}=\frac{m-n\cos^2\frac{\pi}{p}}{m}$．そこで，$\Delta_{p_1,\ldots,p_k}$ を $\Delta:=1$，$\Delta_p:=\sin^2\frac{\pi}{p}$，$\Delta_{p_1,p_2,\ldots,p_k}:=\Delta_{p_2,\ldots,p_k}-\Delta_{p_3,\ldots,p_k}\cos^2\frac{\pi}{p_1}$（$k\ge 2$）で帰納的に定めると，$\sin^2\phi=\Delta_{p_1,p_2,\ldots,p_k}/\Delta_{p_2,\ldots,p_k}$．よって次が従う．

命題 15.16 (シュレーフリの判定法，Schläfli's criterion) Δ が正凸多面体ならば，$\Delta_{p_1,p_2,\ldots,p_k}>0$

具体的に計算すると，次がわかる．

命題 15.17 $\Delta_{p,q}=\sin^2\frac{\pi}{q}-\cos^2\frac{\pi}{p}$，$\Delta_{p,q,r}=\sin^2\frac{\pi}{p}\sin^2\frac{\pi}{r}-\cos^2\frac{\pi}{q}$，

$$\Delta_{p,q,r,s}=\sin^2\frac{\pi}{p}\sin^2\frac{\pi}{s}\left\{\frac{\cos^2\frac{\pi}{q}}{\sin^2\frac{\pi}{p}}+\frac{\cos^2\frac{\pi}{r}}{\sin^2\frac{\pi}{s}}-1\right\}.$$

例 15.18 (1) $n\ge 1$ に対し，$\Delta_{3^{n-1}}=\frac{n+1}{2^n}$，$\Delta_{3^{n-2},4}=\Delta_{4,3^{n-2}}=\frac{1}{2^{n-1}}$（ただし $\{3^{-1},4\}=\{4,3^{-1}\}=\{\}$ とみなす）．

(2) $\Delta_{3,3,4,3}=\Delta_{3,4,3,3}=0$，$\Delta_{4,3^{n-3},4}=0$（$n\ge 3$）．

定理 15.19 1 次元以上の正凸多面体のシュレーフリ記号は次のいずれか．

$\{\}$，　$\{p\}$（$p\ge 3$），　$\{3,3\}$，$\{3,4\}$，$\{3,5\}$，$\{4,3\}$，$\{5,3\}$，

$\{3,3,3\}$, $\{3,3,4\}$, $\{3,3,5\}$, $\{3,4,3\}$, $\{4,3,3\}$, $\{5,3,3\}$,
$\{3^{n-1}\}$, $\{3^{n-2},4\}$, $\{4,3^{n-2}\}$ $(n \geq 5)$

証明 3 次元のときは $\Delta_{p,q} > 0$ は $\cos^2 \frac{\pi}{p} + \cos^2 \frac{\pi}{q} < 1$ と同値であるから $p, q \geq 3$ よりすぐに正多面体に対応する 5 組を得る．4 次元正多面体は，大面と頂点形が 3 次元正多面体であることから，$\{3,3,3\}$，$\{3,3,4\}$，$\{3,3,5\}$，$\{3,4,3\}$，$\{3,5,3\}$，$\{4,3,3\}$，$\{4,3,4\}$，$\{4,3,5\}$，$\{5,3,3\}$，$\{5,3,4\}$，$\{5,3,5\}$ のみ．このうち $\{3,5,3\}$，$\{4,3,4\}$，$\{4,3,5\}$，$\{5,3,4\}$，$\{5,3,5\}$ は $\Delta_{p,q,r} > 0$ を満たさない（$\Delta_{3,5,3} = (3-2\sqrt{5})/16 < 0$．後ろ 4 つは $\Delta_{4,3,4} = 0$ と，$\Delta_{p,q,r}$ が p, r に関して減少関数であることから従う）．5 次元も同様に，大面と頂点形が 4 次元正多面体であることから有限個のリストを得る．そのうち $\Delta_{p,q,r,s} > 0$ を満たすことから $\{3,3,3,5\}$，$\{3,3,4,3\}$，$\{3,4,3,3\}$，$\{4,3,3,4\}$，$\{4,3,3,5\}$，$\{5,3,3,3\}$，$\{5,3,3,4\}$，$\{5,3,3,5\}$ は排除され（$\Delta_{p,q,r,s}$ の具体的な形から $\Delta_{s,r,q,p} = \Delta_{p,q,r,s}$ である．$\Delta_{3,3,3,5} = \Delta_{5,3,3,3} = \frac{5}{16} - \frac{1}{2}\cos^2 \frac{\pi}{5} = \frac{2-\sqrt{5}}{16} < 0$．他は，中括弧内は p, s に関して減少関数であるから，例 15.18(2) から従う），$\{3^4\}$，$\{4,3^3\}$，$\{3^3,4\}$ の可能性しかないことがわかる．6 次元以上の正多面体は大面と頂点形の条件と，$\Delta_{4,3^{n-3},4} = 0$ から定まる． □

注意 15.20 与えられたシュレーフリ記号をもつ正凸多面体は，存在すれば相似を除き一意的であることが次元に関する帰納法で示される．実際，帰納法の仮定から各大面と頂点形は相似を除いて一意的であり，旗推移性より合同でもある．頂点形から大面の二面角（15.5 節）が定まり，各頂点の近くで，次元 +1 個の独立な頂点の配置が定まるから合同がわかり，多面体の連結性を用いると示すことができる[38].

5 次元以上の場合正単体，正軸体，超立方体のシュレーフリ記号に一致するから存在もわかる．4 次元については次の節で考える．

15.4 正 多 胞 体

4 次元正（凸）多面体を**正多胞体** (regular polychoron) という．α_4，β_4，γ_4 はそれぞれ**正五胞体** (5-cell)，**正十六胞体** (16-cell)，4 次元**超立方体** (hypercube, tesseract) と呼ばれる．$\boldsymbol{R}^4$ の中で $\mathrm{Conv}\{\pm \boldsymbol{e}_1, \ldots, \pm \boldsymbol{e}_4\}$, $\mathrm{Conv}\{\pm \boldsymbol{e}_1 \pm \cdots \pm \boldsymbol{e}_4\}$（すべて複号任意）はそれぞれ辺長 $\sqrt{2}$ の正十六胞体，辺長 2 の超立方体である．

正十六胞体は超立方体の 16 個の頂点 $(\pm 1, \pm 1, \pm 1, \pm 1)$ のうち正の符号が偶数個の 8 個を頂点としてもできる．ちょうど $+1$ が 2 個の 6 個が内部で正八面体を作り，その 8 つの面それぞれと残りの $(1,1,1,1)$ または $(-1,-1,-1,-1)$ との錐が正四面体になり，16 個の大面になる．辺長は $2\sqrt{2}$ である．もちろん奇数個の 8 点でも同様であり（1 つの座標軸の向きを取り替えると偶数個と同じである），$+1$ が 1 個の正四面体の各三角形と，$+1$ が 3 個の各三角形を対面として組み合わせて，正八面体が $4^2=16$ 個できる．

$(\pm1,\pm1,0,0)$ の成分の置換は $2^2\times{}_4C_2=24$ 個の頂点からなり，その凸包は辺長 $\sqrt{2}$ の**正二十四胞体** (24-cell) になる．大面は 24 個の正八面体からなる．あるいは，超立方体の 16 頂点 $(\pm1,\pm1,\pm1,\pm1)$ および，正十六胞体の 8 頂点となる $(\pm2,0,0,0)$ の置換 8 点をあわせた 24 頂点からも辺長 2 の正二十四胞体ができる*1)．正二十四胞体においては，中心から頂点までの距離も辺長に等しい．後者の座標の場合で 2 であり，原点および各頂点に半径 1 の超球を置くと，原点を中心とする超球に 24 個の超球が接する配置ができる．25 個以上接する配置は存在しない[43]．

正二十四胞体の頂点の後者の与え方に，$(\pm\tau,\pm1,\pm\tau^{-1},0)$ の偶置換 $2^3\times|\mathfrak{A}_4|=96$ 点をあわせた 120 頂点の凸包として**正六百胞体** (600-cell) ができる．

最後に，**正百二十胞体** (120-cell) の頂点として次の 600 個の点がとれる．次の置換：$(\pm2,\pm2,0,0)$（$2^2\times{}_4C_2=24$ 個），$(\pm\sqrt{5},\pm1,\pm1,\pm1)$（$2^4\times4=64$ 個），$(\pm\tau^{-2},\pm\tau,\pm\tau,\pm\tau)$（64 個），$(\pm\tau^2,\pm\tau^{-1},\pm\tau^{-1},\pm\tau^{-1})$（64 個）．および次の偶置換：$(\pm\tau^2,\pm\tau^{-2},\pm1,0)$（$2^3\times|\mathfrak{A}_4|=96$ 個），$(\pm\sqrt{5},\pm\tau^{-1},\pm\tau,0)$（96 個），$(\pm2,\pm1,\pm\tau,\pm\tau^{-1})$（$2^4\times|\mathfrak{A}_4|=192$ 個）．

これらは，それぞれの頂点から最短距離にある点の個数と配置から，シュレーフリ記号で表される面の配置をもつことが確かめられる．超立方体と正十六胞体，正百二十胞体と正六百胞体は互いに適当な相似のもとで双対である．正五胞体だけでなく正二十四胞体も自己双対である．また，合同群 G が旗推移的であることもわかる．これらは膨大な計算になるので省略する．[16] を参照．$Sp(1)$ の部分群を用いる構成もある[38]．

$\{p,q,r\}$ から k 次元面の個数 N_k を求める計算は自明ではない．[13, 31] などを参照．G は[56] により計算されている．N_k がわかれば，注意 15.22 のように，G の位数は完全旗の個数に等しいことから計算できる．正多胞体 $\{p,q,r\}$

---

*1) 3 次元で同様に立方体と正八面体の頂点を中心からの距離を合わせて凸包を取ると菱形十二面体 (rhombidodecahedron) ができる．これはカタランの立体の 1 つであり，空間充填形である．

について，$|G| = N_0N_{01}N_{12}N_{23}$ である．Δ/F_2 が線分であるから $N_{23} = 2$，Δ/F_1 は正多角形であることと r の定義より $N_{12} = N_{13} = r$，Δ/F_0 は頂点形であるから N_{01} は $\{q, r\}$ の頂点数に等しい．

表 15.1　正凸多胞体

正多胞体	$\{p, q, r\}$	大面	頂点形	N_0	N_1	N_2	N_3	$\|G\|$
正五胞体	$\{3, 3, 3\}$	正四面体	正四面体	5	10	10	5	120
超立方体	$\{4, 3, 3\}$	立方体	正四面体	16	32	24	8	384
正十六胞体	$\{3, 3, 4\}$	正四面体	正八面体	8	24	32	16	384
正二十四胞体	$\{3, 4, 3\}$	正八面体	立方体	24	96	96	24	1152
正百二十胞体	$\{5, 3, 3\}$	正十二面体	正四面体	600	1200	720	120	14400
正六百胞体	$\{3, 3, 5\}$	正四面体	正二十面体	120	720	1200	600	14400

15.5　基　本　領　域

補題 15.21 Δ を $\boldsymbol{R}^n$ の n 次元正凸多面体とする．f を $\boldsymbol{R}^n$ のアフィン変換で，$f(\Delta) = \Delta$ を満たすとする．

(1) $f(O_n) = O_n$ であり，f は Δ の基本単体をある基本単体に移す．

(2) f が Δ のある基本単体を保つなら，f は恒等変換である．

証明　(1) 命題 4.23 より f は Δ の面を同じ次元の面に移し，面の頂点およびそれらの重心を同様の点に移すから，$0 \leq k \leq n$ に対し $f(O_k)$ もある k 次元面の重心である．n 次元面は 1 つしかないから $f(O_n) = O_n$ である．$O_n, O_{n-1}, \ldots, O_0$ の凸包は f により $f(O_n), f(O_{n-1}), \ldots, f(O_0)$ の凸包に移される．f は面の包含関係を保つから，基本単体を基本単体に移す．(2) $O_0, \ldots, O_n$ は基本単体の頂点であり，アフィン同型は任意の凸多面体の頂点を頂点に移すから $\{O_0, \ldots, O_n\}$ も f で保たれる．したがって $f(O_k) = O_k$ $(0 \leq k \leq n)$ であり，f は枠 $O_0, \ldots, O_n$ を保つアフィン変換であるから恒等変換である． □

注意 15.22 正凸多面体 Δ の合同変換で各基本単体は基本単体に移り，しかも同じ基本単体に移す合同変換はただ一つである．正凸多面体は旗推移的なので任意の基本単体を任意の基本単体に移す合同変換が存在する．すなわち，Δ の合同群 G は基本単体の集合に忠実かつ推移的に作用する．したがって基本単体はちょうど $|G|$ 個存在する．$|G|$ は完全旗の個数・面束で最小元と最大元を結ぶ増加道の個数とも等しい．

命題 15.23 正凸多面体 Δ の合同群 G と基本単体 σ に対し次が成り立つ．

(1) $\Delta = \bigcup_{g \in G} g\sigma$

(2) $g \in G$, $g \neq e$ のとき $g(\sigma) \cap \sigma$ は σ の境界に含まれる.

証明 次元による帰納法による. $n = 0$ のときは自明. $\varDelta$ の境界は大面の和集合であり, 帰納法の仮定からそれぞれ $n-1$ 次元の基本単体に分割されており, 境界のみで交わる. O_n との凸包をとることで基本単体による $\varDelta$ の分割を得る. 基本単体は境界のみで交わる. 旗推移性より, 任意の基本単体はある基本単体から一意的に $g \in G$ の像として表される. □

今, O_n を原点 O として, 基本単体 σ を, 原点を頂点とし σ で張られる単体的凸多面錐 $\varGamma = \boldsymbol{R}_{\geq 0}\sigma$ と対応させることにより次が成り立つ. (1) $\boldsymbol{R}^n = \bigcup_{g \in G} g\varGamma$. (2) $g \neq e$ のとき $g\varGamma \cap \varGamma$ は $\varGamma$ の境界に含まれる.

このことを, 凸多面錐 $\varGamma$ は $\boldsymbol{R}^n$ の G に関する**基本領域** (fundamental domain) であるという.

基本単体や錐の代わりに, 球面三角形の一般化を考えることもできる. O_n を重心とする超球面に O_k を射影した点を P_k とする. $P_0, \ldots, P_{n-1}$ を頂点とする超球面単体を**特性単体** (charateristic simplex) という.

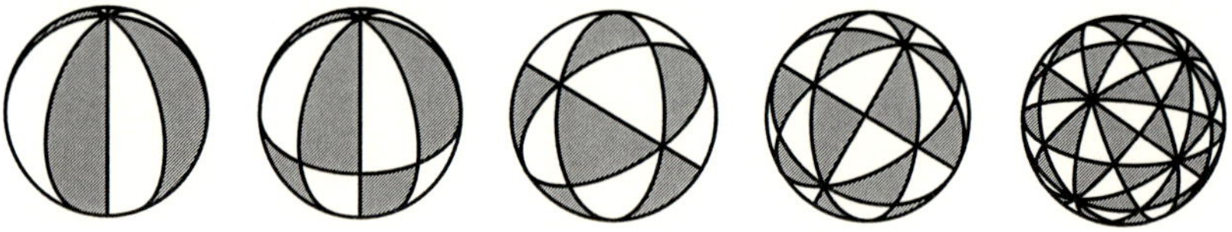

図 15.4 「正 n 面体」の特性単体による球面の分割：左から $n = 1, 2, 4, 6(8), 12(20)$

特性単体は球面上の基本領域である.

超平面 X, Y が余次元 2 の部分空間 Z で交わるとき, Z を 1 点に正射影してできる像 (直線) のなす角を, X, Y のなす**二面角** (dihedral angle) という.

命題 15.24 $0 \leq i \leq n$ とし, 基本単体の大面で O_i を含まないものを $\varPi_i$ とおく. $j \geq i+2$ ならば $\varPi_i \perp \varPi_j$ が成り立つ. $\varPi_i$ と $\varPi_{i+1}$ のなす二面角は π/p_{i+1} に等しい.

証明 $j \geq i+2$ のときは, 核に O_{i+1} が含まれて $\angle O_i O_{i+1} O_j = \angle R$ であるから, $\varPi_i \perp \varPi_j$. $j = i+1$ のときは, 核に $O_0, \ldots, O_{i-1}, O_{i+2}, \ldots, O_n$ が含まれるから, 直交射影すると角 $O_i O_{i+2} O_{i+1}$ になる. よってシュレーフリ記号の定義から $\varPi_i$ と $\varPi_{i+1}$ のなす角は π/p_{i+1}. □

正凸多面体の連結性を用いて次が示される（証明はしない）.

命題 15.25 正凸多面体の合同群は，ある1つの基本単体の，中心を通る大面に関する鏡映で生成される.

これを一般化して，鏡映で生成される群で，ある凸多面錐を基本領域とするものを分類しよう.

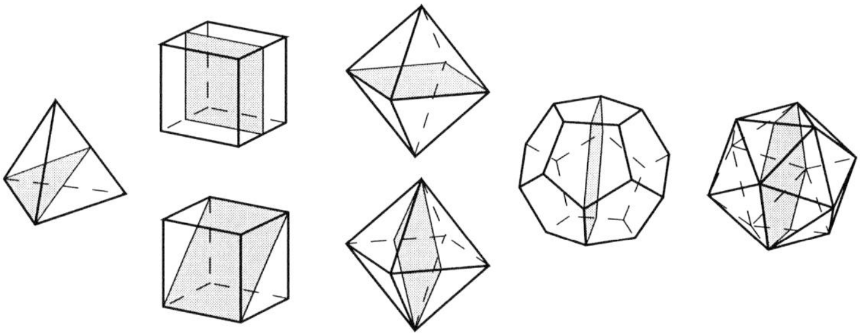

図 15.5　正多面体の鏡映面

15.6 鏡　映　群

$\boldsymbol{R}^n$ に標準内積を入れて考える．${}^t\boldsymbol{a}\boldsymbol{v} = \boldsymbol{a} \cdot \boldsymbol{v}$ より転置 ${}^t\boldsymbol{a}$ を $\boldsymbol{a}$ に対応させることで $(\boldsymbol{R}^n)^*$ を $\boldsymbol{R}^n$ と同一視する.

$\boldsymbol{R}^n$ の凸多面錐 Γ で，その大面（必ず原点を通る）に関する鏡映が生成する群を G とする．Γ が G に対する基本領域になるものを調べる.

鏡映による Γ の像は Γ の張る線形空間 $\boldsymbol{R}\Gamma$ に含まれるから，$\boldsymbol{R}^n = \boldsymbol{R}\Gamma$ すなわち Γ は n 次元である.

$\Gamma^\vee$ が n 次元でないとすると，ある $\boldsymbol{v} \neq \boldsymbol{0}$ に対し $\Gamma^\vee \subset \boldsymbol{v}^\perp$．任意の $\alpha \in \Gamma^\vee$ に対し $\alpha\boldsymbol{v} = 0$ であるから，$\rho_\alpha(\boldsymbol{v}) = \boldsymbol{v}$．よって $\boldsymbol{R}^n = \langle \boldsymbol{v} \rangle \oplus \boldsymbol{v}^\perp$ と直交直和分解したとき，Γ の大面に関する鏡映は $\langle \boldsymbol{v} \rangle$ に自明に作用する．1次元低い $\boldsymbol{v}^\perp$ への鏡映の作用との直積になるから，低次元の場合に帰着される．よって以下 $\Gamma^\vee$ も n 次元と仮定することにする.

大面の支持超平面の全体を H_i $(1 \leq i \leq k)$ とし，内向きの（すなわち $\Gamma^\vee$ に属する）単位法線ベクトルを α_i とする．H_i に関する鏡映を ρ_i とおく.

任意の異なる H_i と H_j は余次元2の部分空間 L で交わる．二面角を θ_{ij} とすると合成 $\rho_j\rho_i$ は L の周りの角 $2\theta_{ij}$ の回転である．したがって，2π が $2\theta_{ij}$ の整数倍でなければ，恒等写像でないある回転 $\rho = (\rho_j\rho_i)^k$ があって，$\rho(\Gamma)$ の内部または $\rho(\rho_j(\Gamma))$ の内部が Γ の内部と交わる．これは Γ が基本領域であることに矛盾．よって $\theta_{ij} = \pi/m_{ij}$（m_{ij} は 2 以上の整数）とおける．このとき，$\alpha_i \cdot \alpha_j = \cos(\pi - \pi/m_{ij}) = -\cos(\pi/m_{ij}) \leq 0$.

例 15.26 鏡映面のなす角が π/p（$p \geq 2$）となる鏡映 ρ_0, ρ_1 で生成される群を G とする．$\rho_1\rho_0$ は鏡映面の交わりを中心とする角 $2\pi/p$ の回転であるから，$G = \langle \rho_0, \rho_1\rho_0 \rangle$ は $D_p = \langle S_0, R_{2\pi/p} \rangle \cong \langle a, b \mid a^2, b^p, (ab)^2 \rangle$ に同型である．

例の D_p のように，有限個の鏡映 $s_1, \ldots, s_n$ で生成される群を考える．s_is_j の位数を m_{ij} とおく．$s_is_i = e$ より $m_{ii} = 1$ であり，$s_js_i = (s_is_j)^{-1}$ より $m_{ji} = m_{ij}$ が従う．$m_{ij} = 1$ とすると $s_i = s_j^{-1} = s_j$ となるので，無駄を省くため $i \neq j$ のとき $m_{ij} > 1$ と仮定する．

注意 15.27 2 つの異なる超平面鏡映の鏡映面は，平行で異なるか，余次元 2 の部分空間で交わる．前者の場合には $m_{ij} = \infty$ とおく．空間充填のように，錐と限らず，凸多面集合を基本領域とする合同群を分類するとき用いる．

$\boldsymbol{x} = {}^t(x_1, \ldots, x_k) \in \boldsymbol{R}^k$, $\alpha_i \in (\boldsymbol{R}^n)^*$ $(1 \leq i \leq k)$ に対し，$\alpha = \sum_{i=1}^k x_i\alpha_i$, $f(\boldsymbol{x}) = |\alpha|^2$ とおく．$a_{ij} = 2\alpha_i \cdot \alpha_j$，$A = (a_{ij})$ として，$f(\boldsymbol{x}) = \frac{1}{2}\,{}^t\boldsymbol{x}A\boldsymbol{x}$ と表せる．

$|\alpha|^2 \geq 0$ であるから 2 次形式 f は非負定値である．もし $\alpha_1, \ldots, \alpha_k$ が $(\boldsymbol{R}^n)^*$ の基底（よって $k = n$）であれば，$\boldsymbol{x} \neq \boldsymbol{0}$ であれば $\alpha \neq \boldsymbol{0}$，よって $f(\boldsymbol{x}) = |\alpha|^2 > 0$ であるから，f は正定値となる．

補題 15.28 $f(x_1, \ldots, x_k) := \sum_{i=1}^k x_i^2 + \sum_{1 \leq i < j \leq k} a_{ij}x_ix_j \quad (a_{ij} \leq 0)$, $c_1, \ldots, c_k \in \boldsymbol{R}$ に対し次が成り立つ．

(1) $f(|c_1|, \ldots, |c_k|) \leq f(c_1, \ldots, c_k)$.

(2) f が非負定値かつ $f(c_1, \ldots, c_k) = 0$ のとき，$f(|c_1|, \ldots, |c_k|) = 0$ であり，任意の i に対し $\sum_{j=1}^k a_{ij}c_j = 0$.

証明　(1) $a_{ij}|c_i||c_j| \leq a_{ij}c_ic_j$ であるから．

(2) 前半は (1) から従う．後半を示す．$t, y_1, \ldots, y_k$ を任意の実数として $x_i = tc_i + y_i$ とおくと，$0 \leq f(tc_1 + y_1, \ldots, tc_k + y_k) = t^2 f(c_1, \ldots, c_k) + 2t\sum_{i,j=1}^k a_{ij}c_jy_i + f(y_1, \ldots, y_k)$．仮定より t^2 の係数は 0 であるから，t の係

数も 0 である．y_i は任意であるから $\sum_{j=1}^{k} a_{ij}c_j = 0$.　□

命題 15.29 Γ を $\boldsymbol{R}^n$ の n 次元凸多面錐とする．$\Gamma^\vee$ は n 次元であり，$\mathbf{0}$ でないベクトル $\alpha_1, \ldots, \alpha_k$ で張られ，$i \neq j$ ならば $\alpha_i \cdot \alpha_j \leq 0$ であるとする．このとき $k = n$ であり，$\alpha_1, \ldots, \alpha_n$ は一次独立であり，$\Gamma, \Gamma^\vee$ は単体的錐である．

証明　$\sum_{i=1}^{k} x_i\alpha_i = \vec{0}$ とする．長さから $\sum_{i,j=1}^{k} a_{ij}x_ix_j = 0$. 補題 15.28 より $x_1, \ldots, x_k \geq 0$ であると仮定してよい．$\sum_{i=1}^{k} x_i\alpha_i = \vec{0}$ と任意の $\boldsymbol{v} \in \Gamma$ との積は $\sum_{i=1}^{k} x_i\alpha_i\boldsymbol{v} = 0$ である．$x_i\alpha_i\boldsymbol{v} \geq 0$ であるからすべての i に対し $x_i\alpha_i\boldsymbol{v} = 0$. よって $x_i \neq 0$ ならば $\alpha_i\boldsymbol{v} = 0$. これは $\Gamma \subset \alpha_i^\perp$ を意味するから，Γ が n 次元であることに反する．よってすべての x_i は 0 に等しく，$\alpha_1, \ldots, \alpha_k$ は一次独立である．特に $k \leq n$. $\Gamma^\vee$ は n 次元であるから $k \geq n$. 以上から $k = n$ であり $\Gamma^\vee$ は単体的錐である．命題 4.38 より Γ も単体的錐である．　□

したがって，対応する f は正定値になる．そのような $\{m_{ij}\}$ を分類しよう．

15.7　コクセター図形

鏡映群を定めるデータを以下のように表現する．n を非負整数とし，n 以下の正整数 i, j に対し $m_{ij} \in \{1, 2, \ldots, \infty\}$ が定まっているとする．ただし $m_{ij} = 1 \iff i = j$ であり，$m_{ji} = m_{ij}$ であるとする．

m_{ij} を (i, j) 成分とする行列を**コクセター行列** (Coxeter matrix) という．$a_{ij} := -2\cos(\pi/m_{ij})$ とおく．並べた行列 $A = (a_{ij})$ は**カルタン行列** (Cartan matrix) と呼ばれる．A は対角成分が 2 の対称行列であり，$i \neq j$ に対し $a_{ij} \leq 0$ である．

m_{ij}	1	2	3	4	5	6	$\cdots$	∞
a_{ij}	2	0	-1	$-\sqrt{2}$	$-\tau$	$-\sqrt{3}$	$\cdots$	-2

頂点を v_i $(i \in I)$ とし，$m_{ij} \geq 3$ のとき v_i と v_j を辺で結び，$m_{ij} \geq 4$ のときさらに辺に重み m_{ij} を記したグラフを，**コクセター図形** (Coxeter diagram)・**コクセターグラフ** (Coxeter graph) という．

コクセター図形は，連結成分が 2 つ以上あるとき，すなわち，I がある空でない部分集合 I', I'' の直和であり，$i' \in I', i'' \in I''$ ならば $m_{i'i''} = 2$ ($\iff$ $a_{i'i''} = 0$) となるとき，**非連結** (disconnected) であるという．非連結でないとき**連結** (connected) であるという．非連結であるのは，頂点をうまく並べると A がより小さい行列の直和になることと同値である．

$f(\boldsymbol{x}) := \frac{1}{2}{}^t\boldsymbol{x}A\boldsymbol{x} = \frac{1}{2}\sum_{i,j=1}^{n} a_{ij}x_ix_j = \sum_{i=1}^{n} x_i^2 + \sum_{1\le i<j\le n} a_{ij}x_ix_j$ と定める．対応するコクセター図形が連結のとき f も連結と呼ぶことにする．

補題 15.30 f が連結で非負定値ならば，$f(\boldsymbol{c}) = 0$ となる $\boldsymbol{c}$ の全体は高々 1 次元部分空間をなす．しかも 1 次元のときある $\boldsymbol{c} > 0$ で生成される．

証明　$\boldsymbol{c} = (c_1, \ldots, c_n)$，$f(\boldsymbol{c}) = 0$ とする．補題 15.28 より $c_j \ge 0$ と仮定してよい．c_j の中に 0 となるものがあったとする．番号を付け替えてそれらが $c_{m+1}, \ldots, c_n$ であるとすると，$m+1 \le i \le n$ に対し $\sum_{j=1}^{m} a_{ij}c_j = \sum_{j=1}^{n} a_{ij}c_j = 0$．$c_j > 0$ と $a_{ij} \le 0$ より $a_{ij} = 0$ $(m+1 \le i \le n, 1 \le j \le m)$．$A$ は対称行列であるから，m 次行列と $n-m$ 行列の直和に表され，連結性に矛盾する．よって c_i の中に 0 となるものはない．

同次連立 1 次方程式 $A\boldsymbol{c} = \boldsymbol{0}$ の解空間は線形部分空間である．もし $\sum_{j=1}^{n} a_{ij}c'_j = 0$ となる平行でない $(c'_1, \ldots, c'_n)$ があれば，$(c_1, \ldots, c_n)$ と $(c'_1, \ldots, c'_n)$ の一次結合で，ある成分が 0 となるようにできるから矛盾．よって解空間は高々 1 次元．　□

注意 15.31 $s_1, \ldots, s_n$ で生成され，$s_i^2 = e, (s_is_j)^{m_{ij}} = e$ $(1 \le i, j \le n)$ を基本関係式とする群をコクセター群 (Coxeter group) という．n を生成系の階数 (rank) という．ただし $m_{ij} = \infty$ とは，s_is_j が無限位数であることを表す．

階数 n のコクセター群は，2 次形式 f の正負の符号が $(n,0)$・$(n-1,0)$・$(n-1,1)$ のとき，それぞれ有限 (finite)・アフィン (affine)・双曲 (hyperbolic) コクセター群と呼ばれる（コクセター図形も同様)．実際，有限コクセター群は対応する有限鏡映群と同型である[10, 11]．

例 15.32 問題 11.10，命題 11.29 より対称群・二面体群（$s_1 = a, s_2 = ab$ とおく）はコクセター群である．

補題 15.33 コクセター図形 C に対応する f が非負定値でないとき，次の C' に対応する f も非負定値でない．

(1) C を部分グラフとして含むグラフ　(2) 辺の重みを増やしたグラフ

証明　C が非負定値でないから，C の頂点に対応するベクトルで張られる空間に，$f(\boldsymbol{c}) < 0$ を満たす $\boldsymbol{c}$ が存在する．

(1) $\boldsymbol{c}$ は C' に対応する線形空間にも存在する．

(2) 補題 15.28 と同様にして絶対値をとり $c_i \geq 0$ としてよい．このとき重み m_{ij} が増えれば a_{ij} が減少するので $a_{ij}c_ic_j$ は減少する（または変わらない）． □

命題 15.34 図 15.6 のコクセター図形に対応する f は非負定値であり，$f(\boldsymbol{x}) = 0$ となる $\boldsymbol{x}$ は 1 次元部分空間をなす．また，さらに辺を加えた連結グラフ・辺の重みを増やしたグラフに対応する f は，非負定値でない．

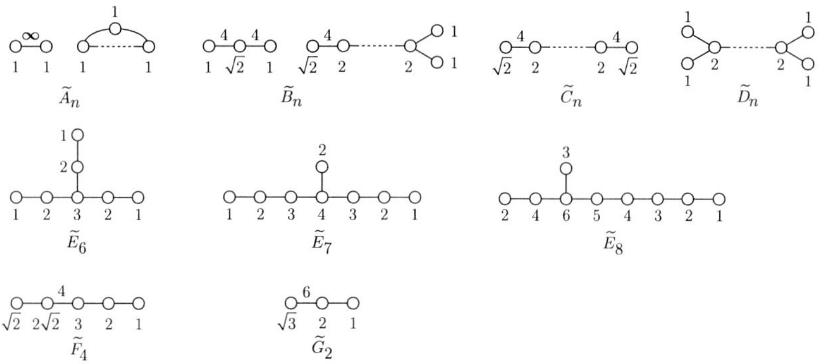

図 15.6 アフィンコクセター図形（頂点数 $n+1$）

証明 図の頂点に付いた数を対応する成分とするベクトルを $\boldsymbol{c}$ とすると，$A\boldsymbol{c} = \boldsymbol{0}$ かつ $\boldsymbol{c} > 0$ が確かめられる．このとき $2f(\boldsymbol{x}) = \sum_{i,j} a_{ij}x_ix_j = \sum_{i,j} a_{ij}c_ic_j \frac{x_i}{c_i}\frac{x_j}{c_j} = \frac{1}{2}\sum_{i\neq j}(-a_{ij})c_ic_j\left(\frac{x_i}{c_i} - \frac{x_j}{c_j}\right)^2 + \sum_i(\sum_j a_{ij}c_j)c_i\left(\frac{x_i}{c_i}\right)^2$．$\sum_j a_{ij}c_j = 0$ であるから f は非負定値．また，$f(\boldsymbol{c}) = \frac{1}{2}\,{}^t\boldsymbol{c}A\boldsymbol{c} = 0$．補題 15.30 より $f(\boldsymbol{x}) = 0 \iff \boldsymbol{x}/\!/\boldsymbol{c}$（ここまで個別の平方完成でも示せる）．

重み $m \geq 3$ の辺を追加すると，対応する成分 ε に対し $f(\boldsymbol{c}, \varepsilon) = -2\varepsilon\cos\frac{\pi}{m} + \varepsilon^2 = -\varepsilon(2\cos\frac{\pi}{m} - \varepsilon)$．これは ε が十分小さい正数のとき負である．

辺の重みを増やすと a_{ij} が減少する．$\boldsymbol{c} > 0$ であるから $f(\boldsymbol{c}) < 0$． □

補題 15.35 次のコクセター図形に対し，f は非負定値でない．

証明 図の左から頂点を並べて，$\boldsymbol{x}$ としてそれぞれ $(1, 2, 2, 1)$，$(2\tau, 4, 3, 2, 1)$ を

とれば，いずれも $f(\boldsymbol{x}) = 2(2-\sqrt{5}) < 0$. □

定理 15.36 f が正定値となる連結コクセター図形は表 15.2 の通りである．非負定値になる連結コクセター図形は，表 15.2 と図 15.6 のグラフに限る．

表 15.2　有限コクセター図形；n は頂点数，破線は 0 個以上の $m=3$ の辺を表す

記号	コクセター図形	基本単体とする正凸多面体
A_n ($n \geq 1$)		正単体 α_n
$B_n = C_n$ ($n \geq 2$)	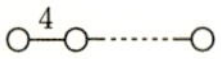	正軸体 β_n・超立方体 γ_n
D_n ($n \geq 4$)		-
E_n ($n = 6, 7, 8$)	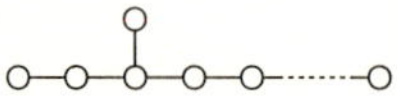	-
F_4	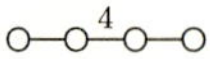	正二十四胞体
G_2		正六角形
H_3	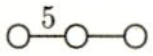	正十二面体・正二十面体
H_4	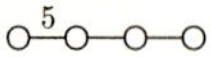	正百二十胞体・正六百胞体
$I_2(p)$ ($p = 5, \geq 7$)		正 p 角形

注意 15.37 命題 15.24 より正凸多面体の合同群に対応するコクセター図形は分岐点をもたないので，D_n，E_n 型は正凸多面体には対応しない．コクセター図形が直線状のとき，辺の重みを並べてシュレーフリ記号を得る．頂点の番号付けは向きにより 2 通りあり，それぞれ双対多面体に対応する．

証明　命題 15.34 より，非負定値な f をもつ連結グラフが命題 15.34 のグラフを含めば一致することに注意する．グラフがループを含めば $\widetilde{A}_n$ ($n \geq 2$) に一致する．

以下，ループを含まないとする．次数 4 以上の分岐点をもてば $\widetilde{D}_4$ に一致する．

以下では分岐点の次数は 3 であるとする．分岐点が 2 個以上の場合はある $\widetilde{D}_n$ ($n \geq 5$) に一致する．分岐点が 1 個の場合，重み 4 以上の辺が存在すればある $\widetilde{B}_n$ ($n \geq 3$) に一致する．分岐点が 1 個で，辺の重みはすべて 3 の場合を考える．分岐点を含めた枝の長さを考える．3 つの枝の長さがすべて 3 以上のときは $\widetilde{E}_6$ に限る．1 つの枝の長さが 2 であるとする．残り 2 つの枝の長さがともに 4 以上のときは $\widetilde{E}_7$ に限る．枝の長さが $2, 3, k$ ($k \geq 3$) のとき，E_n ($n = 6, 7, 8$)，$\widetilde{E}_8$ に限る．枝の長さが $2, 2, k$ ($k \geq 2$) のとき，D_n ($n \geq 4$) である．

以下では分岐点をもたないとする．重み 6 以上の辺をもつとき，辺が 2 つ以上あるならば $\widetilde{G}_2$ であり，そうでなければ G_2，$I_2(p)$ ($p \geq 7$)，$\widetilde{A}_1$ である．重

み 4 以上の辺を 2 つ以上もつとき $\widetilde{B}_2$，$\widetilde{C}_n$（$n \geq 3$）の何れかに一致する．重み 4 以上の辺を 1 つだけもつとき，重み 5 ならば補題 15.35 より $I_2(5), H_3, H_4$ に限る．重み 4 ならば，その辺が端になければ F_4 か $\widetilde{F}_4$ であり，端にあれば $B_n = C_n$（$n \geq 2$）である．すべての辺の重みが 3 ならば A_n（$n \geq 1$）である．

最後に表の図形に対応する f が正定値であることを示す．H_n 以外は，頂点を増やすか重みを増やすかで命題 15.34 のグラフにできるから非負定値である．頂点を増やした場合，$f(\boldsymbol{x}) = 0$ となる $\boldsymbol{x} \neq \boldsymbol{0}$ の増やした頂点に対応する変数の値が 0 でないから，元の正定値性が従う．重みを増やした場合，$\boldsymbol{x} > 0$ に対し $f(\boldsymbol{x})$ は真に減少することから従う．H_4 については直接平方完成して示す．重み 3 の辺の方から頂点に 1, 2, 3, 4 と番号を付けると，$f = \sum_{i=1}^4 x_i^2 - x_1x_2 - x_2x_3 - \tau x_3x_4 = (x_1 - \frac{1}{2}x_2)^2 + \frac{3}{4}(x_2 - \frac{2}{3}x_3)^2 + \frac{2}{3}(x_3 - \frac{3}{4}\tau x_4)^2 + \frac{7-3\sqrt{5}}{16}x_4^2$．$7 > 3\sqrt{5}$ より f は正定値．よって H_3 もそうである． □

注意 15.38 鏡映面の法線ベクトル α_i を単位ベクトルと仮定しない代わりに，$\{\pm\alpha_i\}$ が鏡映全体で保たれる（および若干の条件がある）としたルート系と呼ばれる概念があり，半単純リー環などと関係する．このとき $m_{ij} \in \{2, 3, 4, 6\}$（$i \neq j$）となることが示され，$a_{ij} := 2\frac{\alpha_i \cdot \alpha_j}{\alpha_i \cdot \alpha_i}$ は整数値になる．A は対称行列とは限らない．コクセター図形において，4, 6 の重みを書く代わりに二重線・三重線で書き，ルート α_i の長さが異なるとき不等号で表したものをディンキン図形 (Dynkin diagram) という．

演 習 問 題

15.1 n 次元正単体の k 次元面は何個あるか．

15.2 Γ を線形空間 V 内の凸多面錐とし，E を Γ の面とする．E が張る線形部分空間を W とし，商空間への自然な全射 $p : V \to V/W$ を考える．（商空間を知らない場合，V が計量線形空間で p は $W^\perp$ への正射影と考えてよい．）次を示せ．

(1) $p(E) = \boldsymbol{0}$ であり，$p(\Gamma)$ は V/W 内の凸多面錐である．

(2) $p(\Gamma)$ は強凸である．

(3) Γ の E を含む面 E' に対し，$p(E')$ は $p(\Gamma)$ の面である．逆に，$p(\Gamma)$ の面 $\bar{E}'$ に対し，$p^{-1}(\bar{E}') \cap \Gamma$ は Γ の E を含む面である．これにより，$\mathscr{E}(\Gamma)/E$ と $\mathscr{E}(p(\Gamma))$ との間に包含関係を保つ（自然な）全単射が存在する．

(4) $p(\Gamma)$ は E を含む（E 以外の）面を張るベクトルの像で張られる．

※ $p(\Gamma)$ を Γ の E による**商凸多面錐** (quotient convex polyhedral cone) といい，Γ/E で表す．E の面形は原点の近くで切った切り口になる．

15.3 $n \geq 1$，$p_1, \dots, p_{n-1}$ を 0 でない実数，$c_i = \cos \frac{\pi}{p_i}$ とする．

$$\Delta_{p_1,\dots,p_{n-1}} = \begin{vmatrix} 1 & -c_1 & & & \\ -c_1 & 1 & -c_2 & & \\ & -c_2 & 1 & \ddots & \\ & & \ddots & \ddots & -c_{n-1} \\ & & & -c_{n-1} & 1 \end{vmatrix}$$ を示せ．

15.4 $\{4,4\}$ は正方形が頂点の回りに 4 枚付いていると解釈すると，平面を正方形で埋め尽くすタイル貼り（平面充填）を与える．このように，共有点が境界のみとなるように図形の和集合として空間を埋め尽くすことを，**空間充填** (tessellation) という．

(1)(2) 例 15.18 を証明せよ．

(3) $n \geq 1$ とする．一種類の合同な n 次元正凸多面体による $\boldsymbol{R}^n$ の空間充填を，$\sin \phi = 0$ とみなし，$\Delta_{p_1,\dots,p_{n-1}} > 0$，$\Delta_{p_1,\dots,p_n} = 0$ から求めよ．また，対応するアフィンコクセター図形を述べよ．

15.5 $n \geq 3$ とする．$\mathrm{Conv}\{(\pm 1, \dots, \pm 1) \in \boldsymbol{R}^n \mid -$ は奇数個 $\}$，すなわち，n 次元超立方体の頂点を 1 つおきにとった凸包を n 次元**半超立方体** (demihypercube) という．

(1) $n = 3, 4$ のとき正多面体であることを確かめよ．

(2) 5 次元以上では正多面体にならないことを示せ．

15.6 $\{\boldsymbol{x}_i \in \boldsymbol{R}^n \mid i \in \boldsymbol{Z}\}$ を頂点集合とし，$\boldsymbol{x}_i$ と $\boldsymbol{x}_{i+1}$ を結ぶ線分を辺とする図形を，（広義の）**多角形**という．ただし頂点の番号付けを一斉にずらしたり逆転したりしても同じ多角形とみなす．$\boldsymbol{R}^n$ の点 $\boldsymbol{x}_0$ と $\boldsymbol{R}^n$ の合同変換 f に対し，$f(\boldsymbol{x}_i) = \boldsymbol{x}_{i+1}$，$\boldsymbol{x}_{i-1} = f^{-1}(\boldsymbol{x}_i)$ により $\{\boldsymbol{x}_i\}$ を定めたとき，（広義の）**正多角形**という．f が回転のとき，星形を許した（一般には無限個の頂点をもつ）平面正多角形になり，f が並進のとき正無限角形になる．

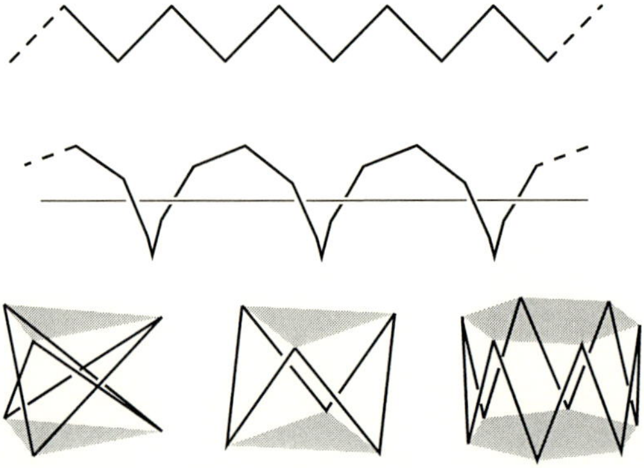

図 15.7 広義の正多角形

(1) f が映進のとき正ジグザグ多角形 (zigzag polygon)，f が螺旋運動のとき，**正螺旋多角形** (helical polygon) と呼ばれる．$i \neq j$ ならば $\boldsymbol{x}_i \neq \boldsymbol{x}_j$ であることを示せ．

(2) 平面上にない多角形をねじれ多角形 (skew polygon) という．$\boldsymbol{R}^3$ 内の正ねじれ多角形 C が有限個の頂点をもつとき，f の種類を求め，頂点の凸包は正四面体・反角柱・正角柱のいずれかとアフィン同値になることを示せ．特に正ねじれ多角形の辺の中点は，同一平面上にあり正凸多角形の頂点をなすことを示せ．

(3) 高次元の合同変換による正多角形の例を，α_4 の 2 重回転を用いて与えよ．

15.7 3 次元凸多面体 Δ において，頂点 v，辺 e，面 f を $v \in e \subset f$ となるように取る．$v \in e' \subset f$ となる辺 $e' \neq e$ が一意的に存在する．さらに $v' \in e' \subset f'$ となる頂点 $v' \neq v$ と面 $f' \neq f$ が一意的に存在する．Δ が正多面体のとき次の問いに答えよ．

(1) Δ の合同変換 φ で v, e, f をそれぞれ v', e', f' に移すものが一意的に存在することを示せ．

(2) φ は回映であり，e の中点は回映面上にあることを示せ．

(3) $\varphi^i(v)$（$i = 0, 1, 2, \ldots$）を順に結んでできる正ねじれ多角形 P をピートリー多角形 (Petrie polygon) という．P の辺数 h は v によらないことを示せ．5 種の正多面体に対し h，および，ピートリー多角形の個数をそれぞれ求めよ．h を Δ のコクセター数 (Coxeter number) という．

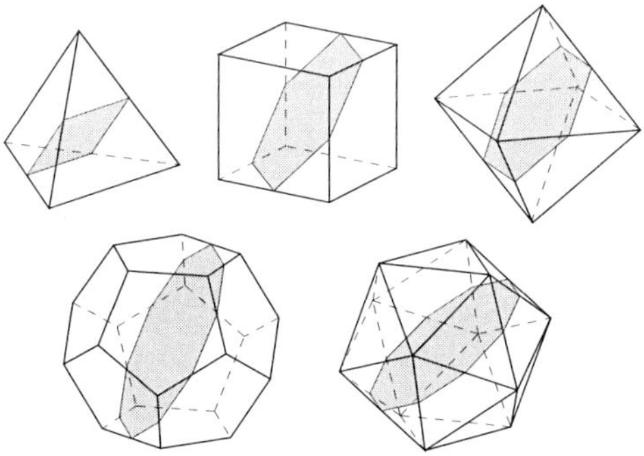

図 15.8　正多面体の回映面

おわりに：正多面体を越えて

線形代数の初歩を仮定して正多面体を論じる，というのが本書のテーマであった．正多面体の定義「合同群が旗推移的な凸多面体」を述べるために，合同変換，群論および凸多面体の一般論を記述して，基本的な内容について論じた．

アフィン幾何の定式化は[58] による．古典的なアフィン幾何，射影幾何，球面幾何については包括的な教科書として[3, 14] がある．また[26, 34] などを参照．幾何学・対称性についての書籍は膨大にあり，一例を挙げれば[1, 44, 46, 51, 55]．凸体・凸多面体の一般論については, [6, 15, 22, 34, 40, 41, 60] が詳しい. [28] の最初に平易な入門がある．正多面体全般に関しては[13] がバイブルである．コクセター群については[5, 13, 24, 32]，関連する幾何的内容については[16] が詳しい. [18, 30, 31, 42, 54] も参照．Web 上で検索すれば様々なグラフィックを見ることができる．なお，有限群による不変式と商空間，その特異点解消も重要な話題である[37～39].

正多面体は様々に拡張されてきた．現在では抽象正多面体（面束を一般化した順序集合，およびその頂点集合からある空間への旗推移的な写像）として種々の分類が与えられている．例えば，球面の対蹠点を同一視してできる実射影平面上に，正二十面体・正十二面体の像として**半正二十面体** (hemi-icosahedron)・**半正十二面体** (hemidodecahedron)（射影正十面体・射影正六面体などの呼称の方が適切かもしれない）ができる．さらにそれぞれを大面とする正十一胞体・正五十七胞体もある. [40] を参照．現代までの正多面体の研究の流れも冒頭にまとめられている．

$\boldsymbol{R}^n$ の n 次元正凸多面体 Δ の合同群を G とする．Δ 自身の基本領域は基本単体であるが，S^{n-1} における基本領域は特性単体として現れる．普通の正多面体は球面を球面正多角形で敷き詰めることと対応する．同様に，平らな空間であるユークリッド空間や，負に曲がった（定曲率空間である）双曲空間を基本領域を大面に関する鏡映で折り返していくことで敷き詰めることも考えられる．空間の合同群として，直交群・アフィン合同群・不定値直交群の離散部分群がそれぞれ現れる．また，ルート系や格子構造，最密充填などの豊富な話題[8]につながる．

向きなどの模様の付いた無限に広がる壁紙や結晶のように，合同群が離散的な平行移動を含み，鏡映で生成されるとは必ずしも仮定しない場合もある．2次元の結晶群（壁紙群）の分類については[1, 4, 53] を見よ．これらの理解において，平行移動を加法，直交変換を乗法とする特別な代数構造が現れる場合がある[9]．しかし，紙数が尽きた．

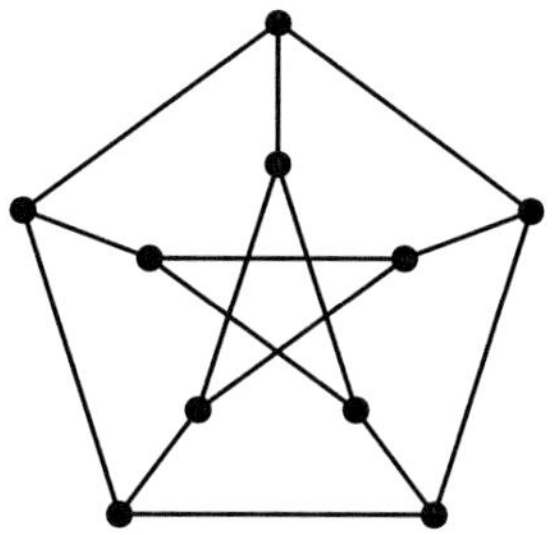

図　半正十二面体のシュレーゲル図形（ピーターセングラフ）

参 考 文 献

[1] M. A. Armstrong, Groups and Symmetry, Undergraduate Texts in Mathematics **1**, Springer-Verlag, 1988; (邦訳) M. A. アームストロング (佐藤信哉 訳), 対称性からの群論入門, シュプリンガー・ジャパン, 2007, 丸善出版, 2012.

[2] M. Atiyah, Mathematics in the 20th Century, Bull. London Math. Soc. **34** (2002), 1-15; (邦訳) マイケル・F・アティヤ (志賀浩二 編訳), アティヤ　科学・数学論集 数学とは何か, 朝倉書店, 2010 に収録.

[3] M. Berger, Géométrie (vols. 1–5), CEDIC and Fernand Nathan, 1977; (英訳) M. Berger (translated by M. Cole and S. Levy), Geometry I, II, Universitext, Springer, 1987.

[4] R. Bix, Topics in Geometry, Academic Press, 1994.

[5] N. Bourbaki, Groupes et algèbres de Lie IV, V et VI, Hermann, 1981.

[6] A. Brøndsted, An Introduction to Convex Polytopes, GTM **90**, Springer-Verlag, 1983.

[7] E. Cartan, The theory of spinors, Dover, 1981 (初出 Hermann, 1966, 講義録 Leçon sur la théorie des spineurs, 1937 に基づく).

[8] J. H. Conway and N. J. A. Sloane, Sphere packings, lattices and groups, Springer, 1988.

[9] J. H. Conway and D. A. Smith, On Quaternions and Octonions, Their Geometry, Arithmetic, and Symmetry, A K Peters, 2003; (邦訳) J. H. コンウェイ, D. A. スミス (山田修司　訳), 四元数と八元数—幾何、算術、そして対称性, 培風館, 2006.

[10] H. S. M. Coxeter, Discrete groups generated by reflections, Ann. of Math. **35** (1934), 588–621.

[11] —, The complete enumeration of finite groups of the form $R_i^2 = (R_iR_j)^{k_{ij}} = 1$, J. London Math. Soc. **10** (1935), 21–25.

[12] —, Regular skew polyhedra in three and four dimensions, Proc. London Math. Soc. (2) **43** (1937), 33–62.

[13] —, Regular Polytopes, third edition, Dover, 1973.

[14] —, Introduction to Geometry, second edition, Wiley, 1969; (邦訳) H. S. M. コクセター (銀林浩 訳), 幾何学入門 上・下, ちくま学芸文庫, 2009.

[15] P. R. Cromwell, Polyhedra, Cambridge, 1997; (邦訳) P.R. クロムウェル (下川航也, 平澤美可三, 松本三郎, 丸山嘉彦, 村上斉 訳), 多面体, シュプリンガー・フェアラーク東京, 2001.

[16] P. Du Val, Homographies, Quaternions and Rotations, Oxford University Press, 1964.

[17] *Εὐκλείδης* (Euclid), *ΣΤΟΙΧΕΙΑ*; (邦訳) ユークリッド (中村幸四郎 他訳), ユークリッド原論 追補版, 共立出版, 2011.

[18] L. Fejes Tóth, Regular Figures, International Series of Monographs in Pure and Applied Math. **48**, Pergamon, 1964.
[19] J. E. Goodman and J. O'Rourke eds., Handbook of Discrete and Computational Geometry, CRC Press, 1997.
[20] B. Grünbaum, Regular polyhedra – old and new, Aequationes Math. **16** (1977), 1–20.
[21] —, Regular polyhedra, Companion Encyclopedia of the History and Philosophy of the Mathematical Sciences, I. Grattan-Guinness, ed. Routledge, 1994, Vol. 2, 866–876.
[22] —, Convex Polytopes, second edition, GTM **221**, Springer, 2003.
[23] E. H. P. A. Haeckel, Kunstformen der Natur（『自然の芸術的形態』）, 1904;（邦訳）エルンスト・ヘッケル（小畠郁生 監修，戸田裕之 訳），生物の驚異的な形，河出書房新社，2009.
[24] J. E. Humphreys, Reflection Groups and Coxeter Groups, Cambridge Studies in Advanced Mathematics **29**, Cambridge University Press, 1992.
[25] 河田敬義，アフィン幾何・射影幾何，岩波講座 基礎数学，岩波書店，1976.
[26] 川又雄二郎，射影空間の幾何学，講座〈数学の考え方〉**11**，朝倉書店，2001.
[27] 近藤武，群論，岩波基礎数学選書，岩波書店，1991.
[28] 日比孝之，可換代数と組合せ論，シュプリンガー現代数学シリーズ，シュプリンガー・フェアラーク東京，1995.
[29] 平井武，線形代数と群の表現 1, 2, すうがくぶっくす **20**，**21**，朝倉書店，2001.
[30] 一松信，正多面体を解く，東海大学出版会，1983，2002.
[31] —，高次元の正多面体，数セミ・ブックス **7**，日本評論社，1983.
[32] 今井淳，寺尾宏明，中村博昭，不変量とはなにか　現代数学のこころ，ブルーバックス **1393**，講談社，2002.
[33] 岩堀長慶，初学者のための合同変換群の話，現代数学社，1974，2000.
[34] —，線形不等式とその応用　線形計画法と行列ゲーム，岩波講座 基礎数学，岩波書店，1977.
[35] J. Kepler, *Mysterium Cosmographicum*, 1596;（邦訳）ヨハネス・ケプラー（大槻真一郎，岸本良彦 訳），宇宙の神秘 新装版，工作舎，2009.
[36] — , *Harmonices Mundi Libri V*, Linz, 1619.
[37] F. Klein, Vorlesungen über das Ikosaeder und die Auflösung der Gleichungen vom fünften Grade, B. G. Teubner, 1884；(邦訳) F. クライン（関口次郎，前田博信 訳），正 20 面体と 5 次方程式 改訂新版，シュプリンガー数学クラシックス，シュプリンガー・フェアラーク東京，2005.
[38] K. Lamotke, Regular Solids and Isolated Singularities, Advanced Lectures in Mathematics Series, Vieweg, 1986.
[39] 松澤淳一，特異点とルート系，すうがくの風景 **6**，朝倉書店，2002.
[40] P. McMullen and E. Schulte, Abstract Regular Polytopes, Encyclopedia of Mathematics and its Applications **92**, Cambridge University Press, 2002.
[41] P. McMullen and G. C. Shephard, Convex Polytopes and the Upper Bound Conjecture, London Math. Soc. Lecture Note Series **3**, Cambridge University Press, 1971.

[42] 宮崎興二, かたちと空間　多次元空間の軌跡, 朝倉書店, 1983.
[43] O. R. Musin, The problem of the twenty-five spheres, Russ. Math. Surv. **58** (2003), 794–795.
[44] 難波誠，群と幾何学，現代数学社，1997.
[45] —，幾何学 12 章，日本評論社，2000.
[46] V. V. Nikulin and I. R. Shafarevich, Geometrija i gruppy, Nauka, 1983;（邦訳）V.V. ニクリン，I.R. シャファレヴィッチ（根上生也 訳），幾何学と群，シュプリンガー・フェアラーク東京，1993.
[47] *Πάππος* (Pappus), *ΠΑΠΠΟΥ ΑΛΕΞΑΝΔΡΕΩΣ ΣΥΝΑΓΩΓΗΣ, E*; (Latin) Fridericus Hultsch, *Pappi Alexandrini collectionis quae supersunt*, V, Berolini, 1876.
[48] *Πλάτων* (Plato), *Τίμαιος* (Timaeus).
[49] M. Poinsot, Mémoire sur les polygones et les polyèdres, J. de l'École Polytechnique **4** (1810), 16–48.
[50] *Πρόκλος* (Proclus), *πρόκλου διαδόχου εἰς τὸ ᾱ τῶν εὐκλείδου στοιχείων* (A Commentary on the First Book of Euclid's Elements). (Prop. V. Theor. II)
[51] E. G. Rees, Notes on Geometry, Springer-Verlag, 1983, 1988;（邦訳）E. G. Rees（三村護 訳）幾何学講義，共立出版，1992.
[52] L. Schläfli, Theorie der vielfachen Kontinuität, in: Ludwig Schläfli Gesammelte Mathematische Abhandlungen, I, Verlag Birkhäuser, 1950, 167–387; 原著：Aufträge der Denkschriften-Kommission der Schweizer naturforschender Gesellschaft, Zurcher & Furrer, 1901 (written in 1852).
[53] R. L. E. Schwarzenberger, The 17 plane symmetry groups, Math. Gazette **58** (1974), 123–131.
[54] J. Stillwell, The Story of the 120-Cell, Notices of Amer. Math. Soc. **48** (2001), 17–24.
[55] 砂田利一，ダイヤモンドはなぜ美しい？　離散調和解析入門，シュプリンガー数学リーディングス第 9 巻，シュプリンガー・ジャパン，2006，丸善出版，2012.
[56] J. A. Todd, The groups of symmetries of the regular polytopes, Math. Proc. of the Cambridge Phil. Soc. **27** (1931), 212–231.
[57] H. Weyl, Raum, Zeit, Materie, Springer, 1918, 第 8 版 1993 (Dover, 1950)；(邦訳 1）ヘルマン・ワイル（内山龍雄 訳），空間・時間・物質　上・下，ちくま学芸文庫，筑摩書房，2007 (講談社，1973)；(邦訳 2）ヘルマン・ワイル (菅原正夫 訳，彌永昌吉 解説)，空間・時間・物質，物理科学の古典 10，東海大学出版会，1973.
[58] —, Symmetry, Princeton University Press, 1952;（邦訳）ヘルマン・ヴァイル（遠山啓 訳），シンメトリー，紀伊國屋書店，1970.
[59] L. Wittgenstein, *Tractatus Logico-Philosophicus*, 1933;（邦訳）ウィトゲンシュタイン（野矢茂樹 訳），論理哲学論考，岩波文庫 青 689-1，2003.
[60] Günter M. Ziegler, Lectures on Polytopes, GTM **152**, Springer-Verlag, 1995;（邦訳）G.M. ツィーグラー（八森正泰，岡本吉央 訳），凸多面体の数学，シュプリンガーフェアラーク東京，2003，丸善出版，2012.
[61] 和田昌昭，線形代数の基礎，現代基礎数学 **3**，朝倉書店，2009.
[62] 小林正典，寺尾宏明，線形代数　講義と演習，培風館，2007.

演習問題解答

1.1 パラメータ表示は $\begin{pmatrix} x \\ y \end{pmatrix} = (1-t)\begin{pmatrix} x_0 \\ y_0 \end{pmatrix} + t\begin{pmatrix} x_1 \\ y_1 \end{pmatrix}$. これより $\begin{pmatrix} x_1 - x_0 \\ y_1 - y_0 \end{pmatrix} t = \begin{pmatrix} x - x_0 \\ y - y_0 \end{pmatrix}$. 2 点が異なるので $\begin{pmatrix} x_1 - x_0 \\ y_1 - y_0 \end{pmatrix} \neq \mathbf{0}$. よって解 t をもつ $\iff$ $\begin{pmatrix} x_1 - x_0 \\ y_1 - y_0 \end{pmatrix} /\!/ \begin{pmatrix} x - x_0 \\ y - y_0 \end{pmatrix} \iff (x_1 - x_0)(y - y_0) = (y_1 - y_0)(x - x_0)$. 行列式は $(y_0 - y_1)x + (x_1 - x_0)y + (x_0 y_1 - x_1 y_0) = 0$ であり，展開した方程式と同値.

1.2 (2) $\Rightarrow$ (3)：$k = 1$ のときに他ならない. (3) $\Rightarrow$ (1)：$X \neq \varnothing$ よりある点 $\boldsymbol{x}_0 \in X$ を 1 つとって固定する. $V := \{\boldsymbol{x} - \boldsymbol{x}_0 \mid \boldsymbol{x} \in X\}$ とおき，V が $\boldsymbol{R}^n$ の線形部分空間であることを示せばよい. $\boldsymbol{x}$ として $\boldsymbol{x}_0$ をとれば $\mathbf{0} \in V$ がいえる. また，任意の $\boldsymbol{x}_1, \boldsymbol{x}_2 \in X$ に対し，$t_1(\boldsymbol{x}_1 - \boldsymbol{x}_0) + t_2(\boldsymbol{x}_2 - \boldsymbol{x}_0) \in V$ である. なぜなら，$\boldsymbol{x}_0 + t_1(\boldsymbol{x}_1 - \boldsymbol{x}_0) + t_2(\boldsymbol{x}_2 - \boldsymbol{x}_0) = (1 - t_1 - t_2)\boldsymbol{x}_0 + (t_1 + t_2)\frac{t_1\boldsymbol{x}_1 + t_2\boldsymbol{x}_2}{t_1 + t_2} \in X$ となるからである.（$t_1 + t_2 = 0$ のときは $\boldsymbol{x}_0 + t_1(\boldsymbol{x}_1 - \boldsymbol{x}_2) = t_1\boldsymbol{x}_1 + (1 - t_1)\frac{\boldsymbol{x}_0 - t_1\boldsymbol{x}_2}{1 - t_1}$. ただし $t_1 = 1$ かつ $t_2 = -1$ のときは $2\frac{\boldsymbol{x}_0 + \boldsymbol{x}_1}{2} - \boldsymbol{x}_2$.）よって V は線形部分空間である.

※この証明は，係数体が実数体でなくても，標数が 2 でなければ通用するが，実は，位数 2 の体のときに (3) を満たすが (1) を満たさない例がある. 証明が若干煩雑であることからも，事情が単純ではないことが伺えるであろう. この意味では，後述の「凸」の定義も，線分だけでなく「$k+1$ 個（$k \geq 0$）の点の凸結合を含む」とした方が自然である.

1.3 $c_i = \sum_j b_j a_{ij}$ とすると $\boldsymbol{z} = \sum_i c_i \boldsymbol{x}_i$ であり，$\sum_i c_i = \sum_j b_j (\sum_i a_{ij}) = \sum_j b_j = 1$.（重心座標（アフィン結合）は合成できる）

1.4 $X_1 = \boldsymbol{x}_1 + V_1$，$X_2 = \boldsymbol{x}_2 + V_2$ とする. $V_1 \not\supset V_2$ であれば $V_1 + V_2 \supsetneq V_1$ より $V_1 + V_2 = \boldsymbol{R}^n$. よって $\boldsymbol{x}_2 - \boldsymbol{x}_1 = \boldsymbol{v}_1 - \boldsymbol{v}_2$ となる $\boldsymbol{v}_i \in V_i$（$i = 1, 2$）が存在する. このとき $\boldsymbol{x}_1 + \boldsymbol{v}_1 = \boldsymbol{x}_2 + \boldsymbol{v}_2 \in X_1 \cap X_2$.

1.5 n 変数の 2 本の式からなる連立 1 次方程式に対し，係数行列，拡大係数行列の階数をそれぞれ $r, \tilde{r}$ とすると，$1 \leq r \leq \tilde{r} \leq 2$ が成り立つ. 2 つの超平面が一致することと $\tilde{r} = 1$ は同値である. 解をもたないのは $r \neq \tilde{r}$ のときであり，すなわち $r = 1$,

$\tilde{r}=2$ のときである．$r=1$ であるから 2 つの超平面は平行である．一致・共有点なしのいずれでもないのは $r=\tilde{r}=2$ のときである．$r=2$ より交わりは任意の共有点を通る余次元 2 の部分空間である．

1.6 2 つのアフィン部分空間を X, X' とする．$\dim X \geq \dim X'$ としても一般性を失わない．表 A.1 のようになる．

表 A.1　$\boldsymbol{R}^3$ の 2 つの部分空間の配置（数値は次元）

X	X'	$X \vee X'$	$V \cap V'$	$X \cap X'$	配置
2	2	2	2	2	一致
		3	2	-	平行（共有点なし）
		3	1	1	直線で交わる
2	1	2	1	1	含む
		3	1	-	平行（共有点なし）
		3	0	0	1 点で交わる
2	0	2	0	0	含む
		3	0	-	平行（共有点なし）
1	1	1	1	1	一致
		2	1	-	平行（共有点なし）
		2	0	0	1 点で交わる
		3	0	-	ねじれの位置
1	0	1	0	0	含む
		2	0	-	平行（共有点なし）
0	0	0	0	0	一致
		1	0	-	平行（共有点なし）

1.7 (1) 同伴する線形空間の交わりは 1 次元（平行）か 0 次元（交わる）であり，同伴する線形空間は，すべて一致するか，2 つだけ一致するか，相異なるかのいずれかである．共有点をもち平行ならば一致するから仮定に反する．以上から次のようになる．

表 A.2　$\boldsymbol{R}^2$ の相異なる 3 本の直線の配置（数値は次元）

$V \cap V'$	$V \cap V''$	$V' \cap V''$	$X \cap X' \cap X''$	配置
1	1	1	-	3 本は離れて平行
1	0	0	-	2 本が平行，残りはそれぞれと交わる
0	0	0	0	3 本が 1 点で交わる
0	0	0	-	2 本ずつ交わり，3 本の共有点はない

(2) 平面を X, X', X'' とする．問題 1.6 より，どの 2 つについても結びは 3 次元であり，同伴する線形空間の交わりは 2 次元（平行）か 1 次元（交わる）である．2 枚が平行である場合は $V=V'$ であるとしても一般性を失わない．共有点がある場合は次元公式を用いる．表 A.3 のようになる．（ただし，(1), (2) ともに，3 つが平行な場合は，その間の距離の比が異なれば，アフィン変換では移りあわないので，アフィン幾何の配置としては異なる．）

表 A.3　$\boldsymbol{R}^3$ の相異なる 3 枚の平面の配置（数値は次元）

$V \cap V'$	$V \cap V''$	$V' \cap V''$	$X \cap X' \cap X''$	配置
2	2	2	-	3 枚は離れて平行
2	1	1	-	2 枚が平行，残りはそれぞれと交わる
1	1	1	1	3 枚が直線で交わる
1	1	1	-	2 枚ずつ交わり，3 枚の共有点はない
1	1	1	0	3 枚が 1 点で交わる

1.8 命題 1.17 2) を用いる．線形空間の一次独立性に関する対応する定理による．

1.9 $\frac{1}{m+n}(\sum_i \boldsymbol{x}_i + \sum_j \boldsymbol{y}_j) = \frac{1}{m+n}(\frac{m}{m}\sum_i \boldsymbol{x}_i + \frac{n}{n}\sum_j \boldsymbol{y}_j) = \frac{1}{m+n}(m\boldsymbol{x} + n\boldsymbol{y})$.

2.1 aE $(a \neq 0)$・回転行列・鏡映行列で表される一次変換は，全単射であり逆変換が存在する．像は $\boldsymbol{R}^2$，原点の逆像は原点のみ．それ以外の例は全射でも単射でもなく逆変換は存在しない．O のとき，像は原点のみ，原点の逆像は $\boldsymbol{R}^2$．O, E 以外のべき等行列のとき，像は V_1，原点の逆像は V_0.

2.2 (1) $f'(f(\boldsymbol{x})) = A'A\boldsymbol{x} + (A'\boldsymbol{b} + \boldsymbol{b}')$. (2) $f' \circ f$ が恒等変換となるのは $A'A = E$, $A'\boldsymbol{b} + \boldsymbol{b}' = \boldsymbol{0}$ のときである．よって A は正則である．逆に A が正則であるとすると $A' = A^{-1}$，$\boldsymbol{b}' = -A^{-1}\boldsymbol{b}$ が求まる．この f' に対し $f \circ f'(\boldsymbol{x}) = A(A^{-1}\boldsymbol{x} - A^{-1}\boldsymbol{b}) + \boldsymbol{b} = \boldsymbol{x}$ も恒等変換になるから，$f^{-1}(\boldsymbol{x}) = f'(\boldsymbol{x}) = A^{-1}\boldsymbol{x} - A^{-1}\boldsymbol{b}$.

2.3 (1)(2) アフィン写像においては，2 点を結ぶベクトルは同伴する線形写像で移されるから，線形写像（行列の掛け算）の性質より従う．(3) f は座標の 1 次式で表されるから連続であり，後半は命題 2.20 より従う．

逆について考える．(1) 1 次元で反例 $y = x^3$ がある．(2) 1 点 $\boldsymbol{x}_0$ を原点にとり，$\varphi(\boldsymbol{v}) := f(\boldsymbol{x}_0 + \boldsymbol{v}) - f(\boldsymbol{x}_0)$ とおく．$P = R = \boldsymbol{x}_0$，$Q = \boldsymbol{x}_0 + \boldsymbol{v}$，$S = \boldsymbol{x}_0 + \lambda\boldsymbol{v}$ とおくと，$\varphi(\lambda\boldsymbol{v}) = f(\boldsymbol{x}_0 + \lambda\boldsymbol{v}) - f(\boldsymbol{x}_0) = \lambda(f(\boldsymbol{x}_0 + \boldsymbol{v}) - f(\boldsymbol{x}_0)) = \lambda\varphi(\boldsymbol{v})$．$P = \boldsymbol{x}_0$，$Q = \boldsymbol{x}_0 + \boldsymbol{v}$，$R = \boldsymbol{x}_0 + \boldsymbol{w}$，$S = \boldsymbol{x}_0 + \boldsymbol{v} + \boldsymbol{w}$ とおくと，$f(\boldsymbol{x}_0 + \boldsymbol{v} + \boldsymbol{w}) - f(\boldsymbol{x}_0 + \boldsymbol{w}) = f(\boldsymbol{x}_0 + \boldsymbol{v}) - f(\boldsymbol{x}_0)$．これより $\varphi(\boldsymbol{v} + \boldsymbol{w}) = \varphi(\boldsymbol{v}) + \varphi(\boldsymbol{w})$．よって φ は線形写像であるから，f はアフィン写像．(3)：$\boldsymbol{x}_0, \boldsymbol{x}_0 + \boldsymbol{v} + \boldsymbol{w}$ の中点が $\boldsymbol{x}_0 + \boldsymbol{v}, \boldsymbol{x}_0 + \boldsymbol{w}$ の中点であることから，$\frac{1}{2}(f(\boldsymbol{x}_0) + f(\boldsymbol{x}_0 + \boldsymbol{v} + \boldsymbol{w})) = \frac{1}{2}(f(\boldsymbol{x}_0 + \boldsymbol{v}) + f(\boldsymbol{x}_0 + \boldsymbol{w}))$. 両辺から $f(\boldsymbol{x}_0)$ を引いたベクトルの 2 倍から $\varphi(\boldsymbol{v} + \boldsymbol{w}) = \varphi(\boldsymbol{v}) + \varphi(\boldsymbol{w})$．よって φ は和を保つ．これより次が順に示される．$\varphi(\boldsymbol{0} + \boldsymbol{0}) = 2\varphi(\boldsymbol{0})$ より $\varphi(\boldsymbol{0}) = \boldsymbol{0}$, $\varphi(\boldsymbol{v}) + \varphi(-\boldsymbol{v}) = \varphi(\boldsymbol{v} - \boldsymbol{v}) = \varphi(\boldsymbol{0}) = \boldsymbol{0}$．また正整数 k に対し $\varphi(k\boldsymbol{v}) = k\varphi(\boldsymbol{v})$ が k に関する帰納法により示され，上と組合せて k は任意の整数としてよい．k を非負整数，l を整数として $\frac{l}{k}\varphi(\boldsymbol{v}) = \frac{1}{k}\varphi(l\boldsymbol{v}) = \varphi(\frac{l}{k}\boldsymbol{v})$ が成り立つ．f が連続ならば，$\varphi(\boldsymbol{v}) = f(\boldsymbol{x}_0 + \boldsymbol{v}) - f(\boldsymbol{x}_0)$ も連続．よって任意の実数 t に対し，$\varphi(t\boldsymbol{v}) = t\varphi(\boldsymbol{v})$. ゆえに φ は線形写像であり，f はアフィン写像である．

※連続性を仮定しないと，$\boldsymbol{R}$ の $\boldsymbol{Q}$ 上の基底（Hamel 基底）をとり，基底の像を任意に選ぶ $\boldsymbol{Q}$ 線形写像 φ で反例ができる（選択公理を用いる）.

2.4 L_1 と L_2 を含む平面 π 上で考えてよい．$P_{ij} \in \pi \cap H_i$ であり，π は H_i に含まれないから $\pi + H_i = \boldsymbol{R}^n$ である．よって次元公式より $M_i := \pi \cap H_i$ $(i = 1, 2, 3)$ は直線である．P_{21} を通り L_2 に平行な直線を L_3 とし，L_3 と M_3 の交点を P_{33} とする（同様に交点はただひとつ存在する）．P_{31} を通り L_2 に平行な直線を L_4 とする．L_1 と L_2 は共有点をもち相異なるから平行でない．M_3 と L_2 は共有点 P_{32} をもち，平行であるとすると一致して H_3 が L_2 を含むことになるから矛盾．よって M_3 と L_2 も平行でない．超平面 L_4, L_3, L_2（平面の中で直線は超平面である）と直線 M_3, L_1 にタレスの定理を適用して，$\overrightarrow{P_{32}P_{31}}/\overrightarrow{P_{32}P_{33}} = \overrightarrow{P_{11}P_{31}}/\overrightarrow{P_{11}P_{21}}$．$M_2 // M_3$ であり，$\overrightarrow{P_{32}P_{21}}$ を L_2 方向と M_3 方向と（これらは平行でない）に分解する方法は一意的であるから，M_3 方向の成分を比較して $\overrightarrow{P_{32}P_{33}} = \overrightarrow{P_{22}P_{21}}$ である．これから与式を得る．

3.1 $A := \begin{pmatrix} 0 & -1 \\ 1 & 0 \end{pmatrix}$ とすれば $f = f_A$.

3.2 単射は易しい．ψ_0 の像に属さないのは $\infty = (1:0)$ のみであるが，$(1:0) = \psi_1(0)$ である．$(\psi_1^{-1} \circ \psi_0)(x) = -\frac{1}{x}$.

3.3 $f = f_A$ となる行列 $A = \begin{pmatrix} a & b \\ c & d \end{pmatrix}$ をとる．$A\begin{pmatrix} 1 \\ 0 \end{pmatrix} // \begin{pmatrix} 1 \\ 0 \end{pmatrix}$ であるから $c = 0$. よって $|A| = ad$ であり A は正則であるから $a, d \neq 0$. よって $f(x) = \frac{a}{d}x + \frac{b}{d}$ $(\frac{a}{d} \neq 0)$．$\frac{a}{d}$，$\frac{b}{d}$ を改めて a, b と書けばよい．

※よって，1 次元の可逆なアフィン変換は無限遠点を固定する射影変換と（合成規則も含めて）一致する．

3.4 すべての組合せを考えると，$f(x) = x, \frac{1}{x}, 1 - x, \frac{1}{1-x}, \frac{x-1}{x}, \frac{x}{x-1}$ の 6 つ．この 2 番目から 6 番目がそれぞれ x と等しいという方程式を解くと，$x = -1, \frac{1}{2}, \frac{1}{2}(1 \pm \sqrt{-3}), 2$.

3.5 $f = f_A$ とする．複素数の範囲では A の固有ベクトルが存在する．対応する点が f の不動点である．

3.6 $Q_i \neq P_i$ より適当に定数倍して $\boldsymbol{q}_i = k_i\boldsymbol{p}_i + \boldsymbol{p}_{n+1}$ とおける．$Q_i \neq P_{n+1}$ より $k_i \neq 0$. $A = (k_1\boldsymbol{p}_1 \ \cdots \ k_n\boldsymbol{p}_n \ \boldsymbol{p}_{n+1})$ とすると条件を満たす．

3.7 (1) $7, 7, 3, 3$. (2) 定理 3.9 より射影枠の個数を数えればよい．最初の点は任意に選び，次は異なる点を選ぶ．2 点を通る直線上にないように 3 点目を選ぶと，4 点目は一意的に定まる．これより $7 \times 6 \times 4 = 168$.

3.8 射影平面の異なる 2 点 L, M に対し，直線 LM を l とおく．L を通り l と異なる相異なる直線 P_1, P_2, P_3 と，M を通り l と異なる相異なる直線 Q_1, Q_2, Q_3 をとる．$1 \leq i < j \leq 3$ に対し $P_i \cap Q_j$ と $Q_i \cap P_j$ を通る直線を R_{ij} とするとき R_{12}, R_{13}, R_{23} は 1 点で交わる．

3.9 双対命題に他ならない．

4.1 (1) $|\boldsymbol{x}_0| \leq 1$, $|\boldsymbol{x}_1| \leq 1$, $0 \leq t \leq 1$ のとき, $l := |t\boldsymbol{x}_0 + (1-t)\boldsymbol{x}_1|^2 = t^2|\boldsymbol{x}_0|^2 + 2t(1-t)\boldsymbol{x}_0 \cdot \boldsymbol{x}_1 + (1-t)^2|\boldsymbol{x}_1|^2$ を計算する. $|\boldsymbol{x}_0 \cdot \boldsymbol{x}_1| \leq \sqrt{|\boldsymbol{x}_0||\boldsymbol{x}_1|} = 1$ であるから $l \leq 2t^2 - 2t + 1 + |2t(1-t)|$. $0 \leq t \leq 1$ では $2t(1-t) \geq 0$ であるから $l \leq 2t^2 - 2t + 1 + 2t(1-t) = 1$. (2) $\boldsymbol{x}, \boldsymbol{y} \in C$, $\boldsymbol{x}', \boldsymbol{y}' \in C'$, $0 \leq t \leq 1$ とするとき, $(1-t)(\boldsymbol{x}, \boldsymbol{x}') + t(\boldsymbol{y}, \boldsymbol{y}') = ((1-t)\boldsymbol{x} + t\boldsymbol{y}, (1-t)\boldsymbol{x}' + t\boldsymbol{y}') \in C \times C'$. (3) $f(C)$ の任意の 2 点 $f(\boldsymbol{x}), f(\boldsymbol{y})$ ($\boldsymbol{x}, \boldsymbol{y} \in C$), $0 \leq t \leq 1$ に対し, 命題 2.20 より $(1-t)f(\boldsymbol{x}) + tf(\boldsymbol{y}) = f((1-t)\boldsymbol{x} + t\boldsymbol{y}) \in f(C)$. $\boldsymbol{x}, \boldsymbol{y} \in f^{-1}(C')$, $0 \leq t \leq 1$ に対し, $f((1-t)\boldsymbol{x} + t\boldsymbol{y}) = (1-t)f(\boldsymbol{x}) + tf(\boldsymbol{y}) \in C'$. (4) $C + C'$ の任意の点 $\boldsymbol{x}_i + \boldsymbol{x}'_i$ ($\boldsymbol{x}_i \in C$, $\boldsymbol{x}'_i \in C'$, $i = 0, 1$) と任意の実数 $0 \leq t \leq 1$ に対し, $(1-t)(\boldsymbol{x}_0 + \boldsymbol{x}'_0) + t(\boldsymbol{x}_1 + \boldsymbol{x}'_1) = \{(1-t)\boldsymbol{x}_0 + t\boldsymbol{x}_1\} + \{(1-t)\boldsymbol{x}'_0 + t\boldsymbol{x}'_1\} \in C + C'$.

4.2 命題 4.3 より従う. ※これを凸の定義に採用する文献もある[34].

4.3 (1) f が凸関数であるとする. 任意の $(\boldsymbol{x}_0, y_0), (\boldsymbol{x}_1, y_1) \in E(f)$, $0 < t < 1$ に対し, $(1-t)y_0 + ty_1 \geq (1-t)f(\boldsymbol{x}_0) + tf(\boldsymbol{x}_1) \geq f((1-t)\boldsymbol{x}_0 + t\boldsymbol{x}_1)$ であるから, $E(f)$ の定義より $(1-t)(\boldsymbol{x}_0, y_0) + t(\boldsymbol{x}_1, y_1) \in E(f)$. 逆に $E(f)$ が凸集合とする. 任意の $\boldsymbol{x}_0, \boldsymbol{x}_1 \in C$ に対し, $(\boldsymbol{x}_j, f(\boldsymbol{x}_j)) \in E(f)$ ($j = 0, 1$) であるから, 任意の $0 < t < 1$ に対し, $((1-t)\boldsymbol{x}_0 + t\boldsymbol{x}_1, (1-t)f(\boldsymbol{x}_0) + tf(\boldsymbol{x}_1)) \in E(f)$. よって $E(f)$ の定義から $(1-t)f(\boldsymbol{x}_0) + tf(\boldsymbol{x}_1) \geq f((1-t)\boldsymbol{x}_0 + t\boldsymbol{x}_1)$. (2) $f'' \geq 0$ なら凸関数であることを示す. $x_0 < x_1$ を C の点とする. $g(t) = f((1-t)x_0 + tx_1)$, $a = g(1) - g(0)$ とおく. $0 < t < 1$ に対し $g(t) \leq g(0) + at$ を示せばよい. ある $0 < t_0 < 1$ に対し $g(t_0) > g(0) + at_0$ であったとすると, 平均値の定理から $g'(t_1) = (g(t_0) - g(0))/t_0 > a$ となる $0 < t_1 < t_0$ が存在する. $g''(t) = (x_1 - x_0)^2 f''(t) \geq 0$ より $g'(t) \geq g'(t_1) > a$ ($t \geq t_1$) である. $g(1) = g(t_0) + \int_{t_0}^{1} g'(t)dt > g(t_0) + a(1-t_0) > g(0) + a = g(1)$. 矛盾. 逆に, ある $x_0 \in C$ で $f''(x_0) < 0$ であるとする. f'' は連続だから, x_0 の十分近くでは $f'' < 0$. 上の議論と同様にして逆向きの不等号が成り立ち f が凸でないことが示される. (3) f が凸関数であるのは, C の任意の異なる 2 点 $\boldsymbol{x}_0, \boldsymbol{x}_1 \in C$ に対し, $g(t) := f((1-t)\boldsymbol{x}_0 + t\boldsymbol{x}_1)$ ($0 \leq t \leq 1$) が凸関数であることと同値である. $g(t) = \frac{t^2}{2}\,{}^t(\boldsymbol{x}_1 - \boldsymbol{x}_0)A(\boldsymbol{x}_1 - \boldsymbol{x}_0) + \text{低次}$ である. A が非負定値ならば, $g''(t) = {}^t(\boldsymbol{x}_1 - \boldsymbol{x}_0)A(\boldsymbol{x}_1 - \boldsymbol{x}_0) \geq 0$. (2) より $g(t)$ したがって f は凸関数. A が非負定値でなければある $\boldsymbol{v} \neq \boldsymbol{0}$ に対し ${}^t\boldsymbol{v}A\boldsymbol{v} < 0$. $(\boldsymbol{x}_1 - \boldsymbol{x}_0) /\!/ \boldsymbol{v}$ となる $\boldsymbol{x}_0, \boldsymbol{x}_1 \in C$ に対し (C は n 次元であるから存在する) $f(\frac{\boldsymbol{x}_0 + \boldsymbol{x}_1}{2}) > f(\frac{\boldsymbol{x}_0 + \boldsymbol{x}_1}{2}) + f(\frac{\boldsymbol{x}_1 - \boldsymbol{x}_0}{2}) = \frac{1}{2}(f(\boldsymbol{x}_0) + f(\boldsymbol{x}_1))$. (4) δ_C が凸関数であるとする. $\boldsymbol{x}_0, \boldsymbol{x}_1 \in C$ に対し, $\delta_C(\boldsymbol{x}_i) = 0$ であるから, 任意の $0 < t < 1$ に対し, $\delta_C((1-t)\boldsymbol{x}_0 + t\boldsymbol{x}_1) \leq (1-t)\delta_C(\boldsymbol{x}_0) + t\delta_C(\boldsymbol{x}_1) = 0$. よって $(1-t)\boldsymbol{x}_0 + t\boldsymbol{x}_1 \in C$ であり, C は凸集合. 逆に C が凸集合とする. $\boldsymbol{x}_0, \boldsymbol{x}_1$ のうち C に属さないものがあれば, $(1-t)\delta_C(\boldsymbol{x}_0) + t\delta_C(\boldsymbol{x}_1) = \infty$ となるから $\delta_C((1-t)\boldsymbol{x}_0 + t\boldsymbol{x}_1)$ 以上である. どちらも C に属するとすると, C が凸であるから

$\delta_C((1-t)\boldsymbol{x}_0+t\boldsymbol{x}_1)=0$. これは $(1-t)\delta_C(\boldsymbol{x}_0)+t\delta_C(\boldsymbol{x}_1)=0$ と等しい．よって δ_C は凸関数である．

4.4 V を $\boldsymbol{R}$ の有限集合，$\Delta=\operatorname{Conv}V$ とする．$|V|=0,1$ ならば $\Delta=V$. $|V|\geq 2$ ならば，V は有限であるから最大 M と最小 m が存在し，$m<M$ かつ $V\subset[m,M]$. $[m,M]$ は凸であり，Δ は V を含む最小の凸集合であるから $\Delta\subset[m,M]$. $m,M\in V\subset\Delta$ であり Δ は凸であるから $[m,M]\subset\Delta$. よって $\Delta=[m,M]$.

4.5 $(i_1,i_2,\ldots,i_n)$ を n 文字の置換とする．$O,\boldsymbol{e}_{i_1},\boldsymbol{e}_{i_1+i_2},\ldots,\boldsymbol{e}_{i_1+i_2+\cdots+i_n}$ を頂点とする単体の点は，$1\geq x_{i_1}\geq x_{i_2}\geq\cdots\geq x_{i_n}\geq 0$ を満たす点の全体である．I の点は，座標を大きい順に並べることでどれかの単体に属する．単体は $n!$ 個存在する．

4.6 錐であるのは明らか．$t\boldsymbol{v}$，$t'\boldsymbol{v}'$（$t,t'\geq 0$，$\boldsymbol{v},\boldsymbol{v}'\in C$）に対し，$t=t'=0$ のときは和は $\boldsymbol{0}$ なので錐に含まれる．それ以外のとき $t+t'>0$ であり，$t\boldsymbol{v}+t'\boldsymbol{v}'=(t+t')(\frac{t}{t+t'}\boldsymbol{v}+\frac{t'}{t+t'}\boldsymbol{v}')\in\boldsymbol{R}_{\geq 0}C$.

4.7 $x_i\geq 0$（$1\leq i\leq n+1$），$\sum_{i=1}^{n+1}x_i=1$（$\geq 1,\leq 1$）.

4.8 $\boldsymbol{x}$ を Π の頂点とする．$\boldsymbol{x}=\boldsymbol{y}+\boldsymbol{v}$ ($\boldsymbol{y}\in\Delta$, $\boldsymbol{v}\in\Gamma$, $\boldsymbol{v}\neq\boldsymbol{0}$) と表されると仮定すると，$\boldsymbol{x}$ は $\Pi\setminus\{\boldsymbol{x}\}$ の 2 点 $\boldsymbol{y}=\boldsymbol{x}-\boldsymbol{v}$ と $\boldsymbol{x}+\boldsymbol{v}$ の中点となる．$\Pi\cap H(\vec{a},b)=\{\boldsymbol{x}\}$ とすると $0\neq\vec{a}\boldsymbol{y}+b=-\vec{a}\boldsymbol{v}$. よって $\vec{a}(\boldsymbol{x}\pm\boldsymbol{v})+b=\pm\vec{a}\boldsymbol{v}$ の符号は異なるから，$\Pi\not\subset H_{\geq}(\vec{a},b)$. これは $\boldsymbol{x}$ が頂点であることに矛盾する．よって $\boldsymbol{x}$ が頂点ならば $\boldsymbol{x}\in\Delta$. $\boldsymbol{x}$ の支持超平面を考えると，$\Delta\subset\Pi$ であるから $\boldsymbol{x}$ は Δ の頂点である．正多面体の頂点は有限個であるから Π の頂点も有限個.

4.9 $\Gamma_1\cap\Gamma_2\subset\Gamma_i\subset\Gamma_1+\Gamma_2$（$i=1,2$）より $(\Gamma_1\cap\Gamma_2)^\vee\supset\Gamma_i^\vee\supset(\Gamma_1+\Gamma_2)^\vee$. よって $(\Gamma_1\cap\Gamma_2)^\vee\supset\Gamma_1^\vee+\Gamma_2^\vee$，$\Gamma_1^\vee\cap\Gamma_2^\vee\supset(\Gamma_1+\Gamma_2)^\vee$ である．双対をとると命題 4.28 より $\Gamma_1\cap\Gamma_2\subset(\Gamma_1^\vee+\Gamma_2^\vee)^\vee$，$(\Gamma_1^\vee\cap\Gamma_2^\vee)^\vee\subset\Gamma_1+\Gamma_2$. これらを双対錐に対し適用すると $\Gamma_1^\vee\cap\Gamma_2^\vee\subset(\Gamma_1+\Gamma_2)^\vee$，$(\Gamma_1\cap\Gamma_2)^\vee\subset\Gamma_1^\vee+\Gamma_2^\vee$ となり逆向きの包含関係も示された.

4.10 一般に，k 単体の面束のハッセ図は，$k+1$ 次元超立方体の頂点と辺からなるグラフになる．※ $\{0,1,\ldots,k\}$ の部分集合全体からなる順序集合のハッセ図と一致する.

4.11 $(\pm1,0,0)$ の置換 6 点と $\frac{1}{2}(\pm1,\pm1,\pm1)$ の 8 点の凸包．※ Δ は立方八面体，Δ° は菱形十二面体と呼ばれる.

4.12 (1) Γ が強凸でないとすると，ある $\boldsymbol{v}\neq\boldsymbol{0}$ に対し Γ が直線 $\boldsymbol{R}\boldsymbol{v}$ を含む．$\Gamma^\vee$ は $\boldsymbol{v}^\vee\cap(-\boldsymbol{v})^\vee=\boldsymbol{v}^\perp$ に含まれるから $n-1$ 次元以下である．Γ が超平面 $\boldsymbol{v}^\perp$ に含まれるとき，$\Gamma^\vee$ は $\boldsymbol{R}\boldsymbol{v}$ を含むから強凸ではない．命題 4.28 より $(\Gamma^\vee)^\vee=\Gamma$ であるから，逆も成り立つ．(2) 強凸でなければ，$\boldsymbol{v}$ の定数倍で，最後の座標が 0 または負となる $\boldsymbol{0}$ でないベクトルを含み，$(*)$ に反する.

4.13 (1) 適当に座標をとって Δ のアフィン包が $\boldsymbol{R}$ であるとしてよい．Δ の頂点は有限個であり，その座標の最大を M，最小を m とする．Δ は凸であるから区間 $[m, M]$ を含み，$\Delta = [m, M]$．$m = M$ とすると $\mathrm{Aff}\,\Delta$ が一次元にならないから $m < M$．$x = m, M$ が境界であるのは易しい（$x \in [m, M]$ とすると $x \geq m$，$-x \geq -M$ を満たし，$x = m$，$x = M$ が支持超平面になる）．$m < a < M$ とする．$x = a$ だけで 0 となる 1 次式は，m と M とで符号が異なるから支持超平面を定めない．よって $x = a$ は境界にならない．(2) は (1) の双対．

4.14 問題 4.13(1) より 1 つの辺に接続する頂点は 2 個であり，(2) より 1 つの頂点に接続する辺は 2 個である．接続する頂点と辺の組 (v, e) の数を数えると，先に頂点に関して数えれば頂点数の 2 倍であり，辺に関して数えれば辺数の 2 倍である．

4.15 (1) Δ° は頂点が $n+1$ 個の n 次元凸多面体になるから単体であり，特に大面は $n+1$ 枚である．よって $\Delta = (\Delta^\circ)^\circ$ の頂点は $n+1$ 個であり単体である．(2) は (1) から従う．

5.1 $\boldsymbol{a} = \boldsymbol{e}_1$，$\boldsymbol{b} = \boldsymbol{e}_2$ に対し，$2(|\boldsymbol{a}|^2 + |\boldsymbol{b}|^2) = 4$，$|\boldsymbol{a}+\boldsymbol{b}|^2 + |\boldsymbol{a}-\boldsymbol{b}|^2 = 2^{\frac{2}{p}+1}$．これより $p = 2$ が従う．逆は明らか．

5.2 (1) 左辺 $= -(\boldsymbol{b} \times \boldsymbol{a}) \times \boldsymbol{a} =$ 右辺．(2) 例えば $\boldsymbol{a} = \boldsymbol{b} = \boldsymbol{e}_1$，$\boldsymbol{c} = \boldsymbol{e}_2$ のとき，左辺 $= -\boldsymbol{e}_2 \neq \boldsymbol{0} =$ 右辺．

5.3 (1) は命題 5.14 から直ちに成り立つ．(2) は系 5.15 (1) を外積の順序を交換して用いたものと加える．別解：$i = 1, 2, 3$ に対し，各ベクトルの第 i 成分を 1 行目に複製した行列式 $\begin{vmatrix} a_i & b_i & c_i & d_i \\ \boldsymbol{a} & \boldsymbol{b} & \boldsymbol{c} & \boldsymbol{d} \end{vmatrix} = 0$ を第 1 行で余因子展開する．(3) は系 5.15 (1) から直ちに従う．(4) は (3) と $\boldsymbol{b} \times \boldsymbol{c}$ との内積をとればよい．

5.4 グラム行列式の平方根は $\sqrt{(\boldsymbol{a}\cdot\boldsymbol{a})(\boldsymbol{b}\cdot\boldsymbol{b}) - (\boldsymbol{a}\cdot\boldsymbol{b})^2}$ である．計算すると $= |\boldsymbol{a}||\boldsymbol{b}|\sqrt{1-\cos^2\theta} = |\boldsymbol{a}||\boldsymbol{b}|\sin\theta$．

5.5 アフィン包を含む k 次元空間の適当な直交座標で表す．σ を $\{0, 1, \ldots, k\}$ の置換とし，$\sigma(0) = i$ とする．$|\boldsymbol{a}_1 - \boldsymbol{a}_0 \ \cdots \ \boldsymbol{a}_i - \boldsymbol{a}_0 \ \cdots \ \boldsymbol{a}_k - \boldsymbol{a}_0|$ の第 i 列を他の各列から引くと $= |\boldsymbol{a}_1 - \boldsymbol{a}_i \ \cdots \ \boldsymbol{a}_i - \boldsymbol{a}_0 \ \cdots \ \boldsymbol{a}_k - \boldsymbol{a}_i|$．第 i 列を -1 倍して適当に並べ替えると，符号の差を除いて $|\boldsymbol{a}_{\sigma(1)} - \boldsymbol{a}_i \ \cdots \ \boldsymbol{a}_{\sigma(k)} - \boldsymbol{a}_i|$ と等しい．

5.6 $E_3 - 2\dfrac{\boldsymbol{v}\,{}^t\boldsymbol{v}}{|\boldsymbol{v}|^2} = \dfrac{1}{7}\begin{pmatrix} 6 & -2 & 3 \\ -2 & 3 & 6 \\ 3 & 6 & -2 \end{pmatrix}$.

5.7 $\boldsymbol{v} = {}^t(v_1, \ldots, v_n)$ とするとき，(i, j) 成分は $\delta_{ij} - 2v_iv_j/|\boldsymbol{v}|^2$ であるから対称．鏡映は直交変換であるから直交行列である．

5.8 (1) $\Rightarrow$ (2)．A は $\rho_{\boldsymbol{v}}$ を表すとする．$\boldsymbol{v}\cdot\rho_{\boldsymbol{v}}(\boldsymbol{x}) = -\boldsymbol{v}\cdot\boldsymbol{x}$ であるから，$\rho_{\boldsymbol{v}}^2(\boldsymbol{x}) = \boldsymbol{x}$ である．よって $A^2 = E$ である．$\rho_{\boldsymbol{v}}(\boldsymbol{x})\cdot\rho_{\boldsymbol{v}}(\boldsymbol{y}) = \boldsymbol{x}\cdot\boldsymbol{y}$ は直接計算で確かめられる．

よって直交変換である．$(A-E)\boldsymbol{x}=\boldsymbol{0}$ は，$\boldsymbol{v}\cdot\boldsymbol{x}=0$ と同値である．これは階数 1 の方程式である．(2) ⇒ (3)．$A^2=E$ であることから最小多項式は x^2-1 を割り切る．よって固有値はその根 ±1 のいずれかであり，$\mathrm{rank}(A-E)=1$ より $\dim V_1=n-1$．したがって，$\boldsymbol{R}^n$ は固有空間 V_1 と V_{-1} の直和になり，$\dim V_{-1}=n-(n-1)=1$ である．直交変換であるから，直和は直交直和である．(3) ⇒ (1)．固有空間の直交直和であるから，適当な正規直交基底により A の表す線形変換は $\mathrm{diag}(1,\ldots,1,-1)$ と表される．固有値 -1 に対する（長さ 1 の）固有ベクトルを $\boldsymbol{v}$ とすると，$\boldsymbol{x}=\boldsymbol{x}'+t\boldsymbol{v}$（$\boldsymbol{x}'\in V_1$）と表される．このとき，$A\boldsymbol{x}=\boldsymbol{x}'-t\boldsymbol{v}=\boldsymbol{x}-2t\boldsymbol{v}$ であるが，$t=\boldsymbol{x}\cdot\boldsymbol{v}$ である．

5.9 (1) 実正規行列である条件 ${}^t\!AA=A\,{}^t\!A$ より $\begin{pmatrix} a^2+c^2 & ab+cd \\ ab+cd & b^2+d^2 \end{pmatrix}=\begin{pmatrix} a^2+b^2 & ac+bd \\ ac+bd & c^2+d^2 \end{pmatrix}$．これは $b^2=c^2$，$ab+cd=ac+bd$ と同値であり，変形して $b=\pm c$ かつ $(a-d)(b-c)=0$．実固有値をもたない条件は固有方程式の判別式 $D=(a+d)^2-4(ad-bc)=(a-d)^2+4bc$ が負となることである．$b=c$ のとき $D\geq0$ であるから $b\neq c$．よって $b=-c$，$a=d$ である．$c=0$ のとき $A=aE$ となり実固有値 a をもつ．よって $c\neq0$．逆に，$b=-c\neq0$ かつ $a=d$ とすると，正規であり，$D=-4b^2<0$ なので A は実固有値をもたない．(2) $r:=\sqrt{a^2+c^2}$ とすると $c\neq0$ より $r>0$．$(\cos\theta,\sin\theta)=(a/r,c/r)$ となる $0\leq\theta<2\pi$ をとると，$c\neq0$ より $\theta\neq0,\pi$．

5.10 (1) $A^2=A$ より A の最小多項式は $x(x-1)$ を割り切る．最小多項式が重根をもたないから A は対角化可能であり，A の固有値は 1 または 0 である．それぞれの固有空間を V,W とすると $\boldsymbol{R}^n=V\oplus W$ である．$\mathrm{tr}\,A=k$ より $\dim V=k$ である．固有値の条件より $f|_V=\mathrm{id}_V$，$f|_W=0$ である．(2) 実対称行列の固有空間は直交するから，$\ker f=W\perp V$．逆に正射影であれば，$V\perp\ker f=W$ であるから，V,W の正規直交基底を並べて $\boldsymbol{R}^n$ の正規直交基底が作れる．これは A が直交対角化可能であることを意味するから，A は実対称行列．(3) $P\,{}^tP$ は $\boldsymbol{v}_j$ たちすべてと直交するベクトルを $\boldsymbol{0}$ に移し，各 $\boldsymbol{v}_j$（$1\leq j\leq k$）を動かさない．実際，${}^tP\boldsymbol{x}$ は $\boldsymbol{v}_j\cdot\boldsymbol{x}$ を並べたベクトルである．${}^tP$ を左から $\boldsymbol{v}_j$ に掛けると $\boldsymbol{e}_j\in\boldsymbol{R}^k$ になり，さらに P を掛けると $\boldsymbol{v}_j$ になる．

5.11 固有値（0 または 1）が実数であるから実対角行列 D とユニタリ行列 U により $A=UDU^{-1}$ と表される．$U^*=U^{-1}$ であるから，$A^*=UD^*U^{-1}=UDU^{-1}=A$．$A$ はエルミート行列である．A を表現行列とする一次変換を f とする．正規行列であるから $\boldsymbol{C}^n$ は固有空間の（エルミート内積に関する）直交直和になる．固有値が 0 と 1 だけであり，それぞれの固有空間は $\ker f$ と $\mathrm{im}\,f$ に他ならないから，f は $\mathrm{im}\,f$ への正射影を表す（ただし，恒等変換も含む）.

5.12 (1) 各列は直交する単位ベクトルである．p 行目で余因子展開すると行列式は 1．(2) $y=0$ のときは $\theta=0$ とすればよいので $y \neq 0$ とする．$\cot\theta = x/y$ を満たす θ をとればよい．(3) ギブンス回転行列を左から掛けることにより，各列の成分は 1 つを除いて 0 にできる．さらに $\theta=\pi/2$ を用いて列の互換を繰り返し行い実対角行列に変形できる．$A, G(p,q,\theta)$ は直交行列であり，直交行列の実固有値は ± 1 であるから，対角成分は ± 1．$\theta=\pi$ を用いて 2 つずつ符号を入れ替えることで，-1 は高々 1 つにできるが，$|A| = |G(p,q,\theta)| = 1$ であるからすべて 1 になる．このとき，いくつかのギブンス回転行列と A の積が単位行列になるから，A はギブンス回転行列（の逆行列）の積に等しい．

5.13 向きを保つので $(n-1)$ 個以下の鏡映の合成に書けるから，$\dim V_1 \geq 1$．別解：回転行列の行列式は 1 であるから，行列式が 1 となるためには固有値 -1 の重複度は偶数個．回転行列は 2 次行列であり，n は奇数であるから，固有値 1 が存在する．

6.1 $\boldsymbol{z}$ を Z に同伴する線形空間の任意の元とする．$\overrightarrow{PQ}, \overrightarrow{QR}$ は $\boldsymbol{z}$ と直交するから，$\boldsymbol{z} \cdot \overrightarrow{PR} = \boldsymbol{z} \cdot (\overrightarrow{PQ} + \overrightarrow{QR}) = 0$.

6.2 順に恒等変換，鏡映，並進，回転，映進，回映，螺旋運動，反転（回映）

6.3 3 回．例えば「さ」の縦中央線 l で鏡映し，水平線 2 本で鏡映する．固定点がないことがわかり，向きが逆になるから，分類より 3 回必要.

6.4 l_1 から l_2 へのなす角が $\theta_1/2$，l_2 から l_3 へのなす角が $\theta_2/2$ であるとする．l_1, l_2 に関する鏡映の合成を R_1，l_1, l_3 に関する鏡映の合成を R_2 とすると，回転角がそれぞれ θ_1, θ_2 となる．l_1, l_2, l_2, l_3 に関する鏡映の合成は，R_1, R_2 の合成でもあり，l_1, l_3 に関する鏡映の合成であるから角 $\theta_1 + \theta_2$ の回転でもある．よって回転の合成は回転であり，回転角は和になる.

※この証明はオイラーによる．回転が鏡映 2 つの合成になることが成り立てばよく，球面幾何などでも同様.

6.5 P を原点とすると $\boldsymbol{x} \mapsto -\boldsymbol{x} \mapsto 2\overrightarrow{PQ} - (-\boldsymbol{x})$.

6.6 P を原点とすると $\boldsymbol{x} \mapsto -\boldsymbol{x} \mapsto 2\overrightarrow{PQ} - (-\boldsymbol{x}) \mapsto 2\overrightarrow{PR} - (2\overrightarrow{PQ} - (-\boldsymbol{x})) = -\boldsymbol{x} + 2\overrightarrow{QR}$. $\overrightarrow{QR}$ を保つ.

6.7 (1) 固定点を原点とすると直交変換で表される．鏡映 3 つの積が必要であるから固定点は原点のみであり，固有値 1 をもたない．よってある直交座標で $(-1)^{\oplus 3}$（反転）または $(-1) \oplus R_\theta$（$0 < \theta < \pi$）と表される．必要なら -1 に対応する固有ベクトルを -1 倍して正の向きの枠にできる．反転は $\theta = \pi$ の場合である．(2) P を通り l と直交する平面を H とする．P における反転は，l を軸とする半回転と，H に関する鏡映の合成である．l を軸とする角 θ の回転と反転の合成は，l を軸とする角 $\theta + \pi$ の回転と H に関する鏡映の合成に等しい.

6.8 $l=m$ のとき恒等変換，$l/\!/m$ かつ $l\neq m$ のとき並進，l と m が交わるとき回転，ねじれの位置にあるとき螺旋運動．

6.9 アフィン写像はアフィン結合を保つから，共線でない 3 点を固定するとき，そのアフィン包である平面を固定する．合同変換は法線方向を保つから，法線は V_1 または V_{-1} に含まれ，恒等変換か鏡映である．（あるいは分類による）

6.10 (1) 固定点を原点とすれば $A\in SO(4)$ で表される．固定点が原点のみであるから，A は固有値 1 をもたない．よって標準形は $R_\theta\oplus R_{\theta'}$（$0<\theta,\theta'<\pi$）と表される．ただし必要なら基底ベクトルを -1 倍する．(2) 固有値が $\cos\theta\pm i\sin\theta$, $\cos\theta'\pm i\sin\theta'$ は直交座標枠の取り替えによらない．(3) 回転が引き起こされる平面の正規直交基底 $\boldsymbol{a},\boldsymbol{b}$ をとる．回転角を φ とすると，複素化して $\boldsymbol{a}-i\boldsymbol{b}$，$\boldsymbol{a}+i\boldsymbol{b}$ は共役な固有値 $e^{\pm i\varphi}$ の固有ベクトルであることがわかる．等傾回転でないとすると，角度の範囲から $\theta=\pm\theta'$ とはならないので，4 つの固有値は相異なり 2 つずつ共役である．固有空間は 1 次元ずつ 4 つであり線形変換から一意的に定まり，$\boldsymbol{a},\boldsymbol{b}$ の張る平面も二通りに定まる．

6.11 X に同伴する線形空間を V とし，f に同伴する V の線形変換を φ とする．f が合同変換であるから φ は直交変換である．$\boldsymbol{R}^n=V\oplus V^\perp$ 上の線形変換 $(\varphi,\mathrm{id}_{V^\perp})$ を Φ で表す．X の任意の点 $\boldsymbol{x}_0$ をとり，$\boldsymbol{R}^n$ のアフィン変換 F を $F(\boldsymbol{x}):=f(\boldsymbol{x}_0)+\Phi(\boldsymbol{x}-\boldsymbol{x}_0)$ と定める．Φ が直交変換であるから F は合同変換である．$\boldsymbol{x}-\boldsymbol{x}_0\in V$ のとき，$\Phi(\boldsymbol{x}-\boldsymbol{x}_0)=\varphi(\boldsymbol{x}-\boldsymbol{x}_0)$ であるから $F(\boldsymbol{x})=f(\boldsymbol{x})$．

6.12 任意の $\boldsymbol{x}$ に対し，$\frac{1}{2}(\boldsymbol{x}+f(\boldsymbol{x}))$ は f の固定点である．固定点を原点として f を直交行列 A で表す．$A^2=E$ であるから A の固有値は ±1．$A\neq E$ であるから，$V_{-1}\neq\{\boldsymbol{0}\}$ であり，後は問題 5.8 と同様．

7.1 (1) 方向余弦の定義の両辺の長さをとる．(2) $\boldsymbol{a}\cdot\boldsymbol{b}=|\boldsymbol{a}||\boldsymbol{b}|\cos\theta$ から従う．

7.2 平面のなす角は，法線ベクトルのなす角（またはその補角）と等しいから．

7.3 $\angle A=|\theta|$，$b=\frac{\pi}{2}-\varphi_2$，$c=\frac{\pi}{2}-\varphi_1$ である．$\cos a=\boldsymbol{B}\cdot\boldsymbol{C}$ を計算すると余弦定理を得る．

7.4 $\theta\neq0,\pi$ のとき北極 C（緯度 $\pi/2$）と三角形を作ると，$b=\pi/2-\varphi_1$，$a=\pi/2-\varphi_2$．余弦定理より $\cos c=\sin\varphi_1\sin\varphi_2+\cos\varphi_1\cos\varphi_2\cos\theta$．$\theta=0$ のときは $c=|\varphi_2-\varphi_1|$，$\theta=\pi$ のときは $c=\pi-|\varphi_1+\varphi_2|$．このときも加法定理により同じ式が成り立つ．別解：前問のように座標をとると，2 点の位置ベクトルの内積から $\cos c$ が求まる．

7.5 $9.6\times10^3\mathrm{km}$.

7.6 (1) 余弦定理より $\cos a=\cos b\cos c+\sin b\sin c\cos A$ の $\cos c$ 倍に $\cos b=\cos c\cos a+\sin c\sin a\cos B$ を辺々加え，$\sin c(\neq0)$ で割ればよい．(2) $(\boldsymbol{c}\times\boldsymbol{a})\cdot(\boldsymbol{a}\times\boldsymbol{b})$ に対して余弦定理の証明をなぞる．または双対性を用いる．

7.7 $\tan^2\frac{A}{2} = \frac{\sin^2\frac{A}{2}}{\cos^2\frac{A}{2}} \overset{\text{半角公式}}{=} \frac{1-\cos A}{1+\cos A} \overset{\text{余弦定理}}{=} \frac{\sin b\sin c-\cos a+\cos b\cos c}{\sin b\sin c+\cos a-\cos b\cos c} \overset{\text{加法定理}}{=} \frac{\cos(b-c)-\cos a}{\cos a-\cos(b+c)} \overset{\text{和積公式}}{=} \frac{2\sin(s-c)\sin(s-b)}{2\sin s\sin(s-a)}$. 第 2 式も同様.

7.8 問題 7.7 より $a=b$ ならば $\tan\frac{A}{2}=\tan\frac{B}{2}$ である．$\angle A, \angle B \in (0,\pi)$ であるから $\angle A = \angle B$. 逆も同様.

7.9 $\boldsymbol{A}, \boldsymbol{B}, \boldsymbol{C}$ からグラム・シュミットの方法で作った正規直交基底を，他方から同様に作った正規直交基底に移す直交変換を f とする．問題 7.7（と A, B, C を入れ替えたもの）より，$a=a'$，$b=b'$，$c=c'$．上に選んだ正規直交基底による $\boldsymbol{A}, \boldsymbol{B}, \boldsymbol{C}$ の成分表示は $\boldsymbol{A}, \boldsymbol{B}, \boldsymbol{C}$ の間の内積すなわち辺の長さの余弦で表されるから，対応するもの同士等しい．よって f で A, B, C はそれぞれ A', B', C' に移る.

7.10 $0 < A < \pi$ より $|\cos A| < 1$ であるから余弦定理を用いて $|\cos a - \cos b\cos c| < \sin b\sin c$．これは $\cos(b+c) < \cos a < \cos(b-c)$ と同値．$a, b, c \in (0,\pi)$ であるから最初の不等号から $a < b+c < 2\pi - a$．$0 \leq |b-c| < \pi$ であるから後の不等号から $a > |b-c|$ も従う．逆に a, b, c がこれらの条件を満たすとき，$\cos A = \frac{\cos a-\cos b\cos c}{\sin b\sin c}$ を満たす $A \in (0,\pi)$ がただひとつ存在する．$\varphi_1 = \frac{\pi}{2} - c$，$\varphi_2 = \frac{\pi}{2} - b$，$\theta = A$ として，問題 7.3 の三角形 ABC が存在する．a, b, c と余弦定理から A, B, C が一意的に定まるので，問題 7.9 より三角形は合同である.

7.11 極三角形に問題 7.10 を適用すればよい.

7.12 $\boldsymbol{C}$ は Γ を含む平面 γ の法線ベクトルであるから，γ は OC を含む任意の平面と直交する.

7.13 求める大円を含む平面は，$\boldsymbol{a}$ と $\boldsymbol{A}$ の両方に平行であるから，法線ベクトルを $\boldsymbol{a} \times \boldsymbol{A}$ $(\neq \boldsymbol{0})$ とする平面である．$\sin h = \boldsymbol{a} \cdot \boldsymbol{A}$.

7.14 接線は，球の中心を結ぶ直線から $\pi/6$ をなす．$y = \sqrt{1-x^2}$ として，立体角は回転体の表面積として $\displaystyle\int_{\sqrt{3}/2}^{1} 2\pi y\sqrt{1+(y')^2}dx = \pi(2-\sqrt{3})$ で与えられる．これはおよそ $4\pi \times 0.067$ であるから，単位球の表面積の 1/15 強である.

※したがって，立体角からすると，ある球に接するように合同な球を配置できる個数は 14 個以下である．最密充填格子から 12 個置けることはわかっていた．1694 年にグレゴリー (Gregory) は 13 個置けると予想し，ニュートン (Newton) は 12 個と予想したが，12 個で決着したのは 1953 年，シュッテ (Schütte) とファンデルベルデン (van der Waerden) による.

7.15 異なる 2 つの大円の共通部分は対蹠点の関係にある 2 点になる.

8.1 合同変換は辺の長さを保つので，長さが等しい辺を交換できる可能性がある．正三角形：6 個，正三角形でない二等辺三角形：2 個，不等辺三角形：1 個.

8.2 正方形：8 個（うち運動 4 個），長方形・菱形：4 個（2 個），それ以外の平行四辺形：2 個（2 個），等脚台形・凧型・対称な楔形：2 個（1 個），その他：1 個（1 個）.

8.3 読者に任せた.

8.4 (1) $10 \equiv 1 \mod 9$ であるから，自然数 k に対し $10^k \equiv 1 \mod 9$. $n = \sum_{k=0}^{m} a_k 10^k$ とすると，$n \equiv \sum_{k=0}^{m} a_k = n'$. (2)(3) も $10 \equiv -1 \mod 11$, $10 \equiv 2 \mod 8$ より同様.

8.5 24 個の元がある（略）. そのうち (1 2)(3 4), (1 3)(2 4), (1 4)(2 3) の 3 個が巡回置換とならない.

8.6 ともに (1 3).

9.1 $((ab)c)d = (ab)(cd) = a(b(cd))$.

9.2 e の行と列は掛ける元と同じなので e は単位元である. 特に $ee = e$ より $e^{-1} = e$ である. 逆元は，2 元の場合 $aa = e$ より $a^{-1} = a$, 3 元の場合 $ab = ba = e$ より $a^{-1} = b$, $b^{-1} = a$ である. 結合法則を確かめる. e が含まれている場合・同じ文字 3 つの積の場合は自明に成り立つ. 残りは，3 元の場合で，$(aa)b = a = a(ab)$, $(ab)a = a = a(ba)$, $(ab)b = b = a(bb)$, $(ba)a = a = b(aa)$, $(ba)b = b = b(ab)$, $(bb)a = b = b(ba)$ が確かめられる.

9.3 f_i の添え字 i のみ書く.

	1	2	3	4	5	6
1	1	2	3	4	5	6
2	2	1	5	6	3	4
3	3	6	1	5	4	2
4	4	5	6	1	2	3
5	5	4	2	3	6	1
6	6	3	4	2	1	5

乗積表から，積について閉じていて，f_1 を単位元とし，逆元をもつことがわかる. 写像の合成は結合法則を満たすから，群をなす.

9.4 $H \cup K = \{e, (1\ 2), (2\ 3)\}$ であるが，$(1\ 2)(2\ 3) = (1\ 2\ 3) \notin H \cup K$. $HK = \{e, (1\ 2), (2\ 3), (1\ 2\ 3)\}$ であるが，$(1\ 2\ 3)^2 = (1\ 3\ 2) \notin HK$. いずれも積について閉じていない.

9.5 (1) $z^n = 1, w^m = 1$ とすると，$(zw^{-1})^{nm} = (z^n)^m (w^m)^{-n} = 1$. $1^1 = 1$ より $1 \in G$. (2) $(a, b, c) \neq \vec{0}$ ならば $a^3 + 2b^3 + 4c^3 - 6abc \neq 0$ が示せる（略）. $a, b, c, a', b', c' \in \boldsymbol{Q}$ とする. $x^3 + y^3 + z^3 - 3xyz = (x+y+z)(x^2+y^2+z^2-xy-yz-zx)$ より $(a + b\sqrt[3]{2} + c\sqrt[3]{4})^{-1} = ((a^2 - 2bc) + (2c^2 - ab)\sqrt[3]{2} + (b^2 - ac)\sqrt[3]{4})/(a^3 + 2b^3 + 4c^3 - 6abc) \in G$, $(a + b\sqrt[3]{2} + c\sqrt[3]{4})(a' + b'\sqrt[3]{2} + c'\sqrt[3]{4}) = (aa' + 2bc' + 2cb') + (ab' + ba' + 2cc')\sqrt[3]{2} + (ac' + bb' + ca')\sqrt[3]{4} \in G$. また $1 = 1 + 0\sqrt[3]{2} + 0\sqrt[3]{4} \in G$.

9.6 帰納法による（略）.

9.7 $m = dm'$, $n = dn'$（m' と n' は互いに素）とする．$(a^m)^k = a^{dm'k}$ であるから，これが e に等しいのは $dm'k$ が n の倍数となるときである．n' と m' は互いに素であるから，これは k が n' の倍数であることと同値．$n' = n/d$ である．

9.8 $\langle \Gamma \rangle$ 自体は Γ を含む部分群であるから，共通部分に参加している．よって $\bigcap_{G > G' \supset \Gamma} G' \subset \langle \Gamma \rangle$．$G'$ は Γ を含み，部分群であるから Γ から積と逆元で生成される元もすべて含む．よって部分群 G' に対し $\langle \Gamma \rangle \subset G'$．よって $\langle \Gamma \rangle \subset \bigcap_{G > G' \supset \Gamma} G'$.

9.9 $e = (ab)^2 = abab$ に左から a，右から b を掛けて，$ab = ba$.

9.10 $\frac{3-2}{2-1} \cdot \frac{1-2}{3-1} \cdot \frac{1-3}{3-2} = 1$.

9.11 略.

9.12 n に関する帰納法による．$n = 1$ のときは自明．$\sigma \in \mathfrak{S}_n$ に対し，隣接互換を $(n - \sigma(n))$ 個掛けた $\tau := (n-1\ n) \cdots (\sigma(n)+1\ \sigma(n)+2)(\sigma(n)\ \sigma(n)+1)\sigma$ を考える．τ は n を固定するので帰納法の仮定から高々 $(n-1)(n-2)/2$ 個の隣接互換の積で書ける．$n - \sigma(n) \leq n-1$ であるから σ は高々 $(n-1)(n-2)/2 + n - 1 = n(n-1)/2$ 個の隣接互換の積で書ける.

9.13 1 回の互換の合成で，$\sigma(i) > i$ となる i は高々 1 個しか増えない．実際，$\sigma(i) < i$ かつ $\sigma(j) < j$ であったのが $\tau = (\sigma(i)\ \sigma(j))\sigma$ に対して $\tau(i) > i$ かつ $\tau(j) > j$ となったとすると，$\sigma(i) < i < \tau(i) = \sigma(j) < j < \tau(j) = \sigma(i)$ となり矛盾する．$\sigma = (1\ 2\ \cdots\ n)$ において，$\sigma(i) > i$ となる i は $n-1$ 個である.

$\begin{pmatrix} 1 & 2 & \cdots & n \\ n & n-1 & \cdots & 1 \end{pmatrix}$ の転倒数は $n(n-1)/2$ である．σ の転倒数を k とすると，$\sigma(i\ i+1)$ では i と $i+1$ の前後関係だけが入れ替わるので，転倒数は $k \pm 1$ である．よって隣接互換 1 個の掛け算で転倒数は高々 1 しか改善されない.

9.14 隣接互換がこれらの積で表されることを示せばよいが，$(i\ \ i+1) = (1\ 2\ \cdots\ n)^{i-1}(1\ 2)(1\ 2\ \cdots\ n)^{-i+1}$ である．※私のイメージは黒電話のダイヤル．回して，信号が入って，逆に戻る.

9.15 $G = GL^+(n, \boldsymbol{R})$ とおく．$|E| = 1 > 0$ より $E \in G$．$A, B \in G$ ならば，定理 9.23 より $|A^{-1}B| = |A|^{-1}|B| > 0$ であるから $A^{-1}B \in G$.

10.1 $G = \coprod_{i=1}^{m} a_i H$, $H = \coprod_{j=1}^{n} b_j K$ とするとき，$G = \coprod_{i,j} a_i b_j K$ であるから.

10.2 (1) σ が恒等置換のとき X^n の恒等変換になる．また，$\sigma, \tau \in \mathfrak{S}_n$ に関して続けて移すと，$(x_1, \ldots, x_n) \mapsto (x_{\sigma(1)}, \ldots, x_{\sigma(n)}) =: (y_1, \ldots, y_n) \mapsto (y_{\tau(1)}, \ldots, y_{\tau(n)}) = (x_{\sigma(\tau(1))}, \ldots, x_{\sigma(\tau(n))})$．これは $\sigma\tau$ により移したものと一致するから，右作用.

(2) $f(t) = x^n - a_1 x^{n-1} + \cdots + (-1)^{n-1} a_{n-1} x + (-1)^n a_n$ とおくと，$(x_1, \ldots, x_n)$ から $(a_1, \ldots, a_n)$ への写像は基本対称式（$f(t) = 0$ の解と係数の関係）$a_1 = x_1 + \cdots + x_n, \ldots, a_n = x_1 \cdots x_n$ で与えられる．$\mathfrak{S}_n$ の作用で像は変わらないか

ら，商空間からの写像 $g : \boldsymbol{C}^n/\mathfrak{S}_n \to \boldsymbol{C}^n$ が定まる．代数学の基本定理より任意の $(a_1, \ldots, a_n) \in \boldsymbol{C}^n$ に対し，$f(t) = 0$ の解は重複度を込めて n 個定まるから，g は全単射.

10.3 $(2\ 3)(1\ 2)(2\ 3)^{-1} = (1\ 3) \notin \langle(1\ 2)\rangle$.

10.4 $KH = HK$ であるとする．まず HK は $e = ee$ を含む．任意の $h, h' \in H$，$k, k' \in K$ に対し，$(hk)^{-1}(h'k') = k^{-1}h^{-1}h'k'$ である．$HK = KH$ であれば $k^{-1}(h^{-1}h') = h''k''$ となる $h'' \in H$，$k'' \in K$ が存在するから，$(hk)^{-1}(h'k') = h''k''k' \in HK$．よって HK は部分群である．

逆に，HK が部分群であるとする．任意の $k \in K$，$h \in H$ に対し，$h^{-1}k^{-1} \in HK$ の逆元は kh である．HK が逆元をとる操作で閉じていることから $kh \in HK$ である．よって $KH = HK$.

10.5 $\sigma \in \mathfrak{S}_4$ に対し $\sigma(1\ 2\ 3)\sigma^{-1} = (\sigma(1)\ \sigma(2)\ \sigma(3))$ である．これが $(1\ 3\ 2) = (2\ 1\ 3) = (3\ 2\ 1)$ に等しいとき，$\sigma(4) = 4$ であって $\sigma = (2\ 3), (1\ 2), (1\ 3)$ のときであり，いずれも偶置換ではない．$\mathfrak{A}_5$，$\mathfrak{A}_6$ であれば偶置換 $\sigma(4\ 5)$ により共役になる．$\sigma \in \mathfrak{S}_6$ に対し $\sigma(1\ 2\ 3\ 4\ 5)\sigma^{-1} = (\sigma(1)\ \sigma(2)\ \sigma(3)\ \sigma(4)\ \sigma(5))$ である．これが $(1\ 2\ 3\ 5\ 4)$ に等しいとき，$\sigma(6) = 6$ であって，$\sigma = (4\ 5), (1\ 2\ 3\ 5), (1\ 3\ 4)(2\ 5), (1\ 5\ 3)(2\ 4), (1\ 4\ 3\ 2)$ であり，いずれも奇置換である.

10.6 $\{E\}$，$\{-E\}$，$\{\pm I\}$，$\{\pm J\}$，$\{\pm K\}$.

10.7 (1)(2) いずれも定数倍の違いしかないことから従う（略).

10.8 (1) $eHe^{-1} = H$ である．$n_1, n_2 \in N_G(H)$ とする．$n_1Hn_1^{-1} = H$ より $H = n_1^{-1}Hn_1$ なので $n_1^{-1}n_2H(n_1^{-1}n_2)^{-1} = n_1^{-1}(n_2Hn_2^{-1})n_1 = H$．よって $n_1^{-1}n_2 \in N_G(H)$．$Z_G(H)$ も同様（式内の H を任意の $h \in H$ にする).

(2) 任意の $z \in Z_G(H)$，$n \in N_G(H)$ に対し，$nzn^{-1} \in Z_G(H)$ を示す．任意の $h \in H$ に対し，$nzn^{-1}h(nzn^{-1})^{-1} = nz(n^{-1}hn)z^{-1}n^{-1}$．ここで $n^{-1}hn \in H$ より z と可換であり，$= nn^{-1}hnzz^{-1}n^{-1} = hnn^{-1} = h$．よって $Z_G(H) \lhd N_G(H)$.

11.1 $\varphi(g)\varphi(h) = \varphi(gh) = \varphi(hg) = \varphi(h)\varphi(g)$.

11.2 合同群から $\mathfrak{S}_4$ への準同型ができる．その像を考えて位数を比較すればよい.

11.3 ケイリーの定理を用いると Q から $\mathfrak{S}_8$ への埋め込みができる．例えば Q の元を $E, -E, I, -I, J, -J, K, -K$ の順に並べると $E \mapsto e$，$-E \mapsto (1\ 2)(3\ 4)(5\ 6)(7\ 8)$，$I \mapsto (1\ 3\ 2\ 4)(5\ 7\ 6\ 8)$，$J \mapsto (1\ 5\ 2\ 6)(3\ 8\ 4\ 7)$，$K \mapsto (1\ 7\ 2\ 8)(5\ 3\ 6\ 4)$ などになる．これらはすべて偶置換であるから像は $\mathfrak{A}_8$ の部分群である.

11.4 $(n+1\ n+2)$ は最初の n 文字の置換と可換であるから，奇置換の場合のみ $(n+1\ n+2)$ を掛ければよい.

※ケイリーの定理と合わせて，任意の有限群はある交代群に埋め込める.

11.5 f と標準的全射 $G' \to G'/H'$ の合成を φ とする．$\ker\varphi = f^{-1}(H')$ であるから，命題 11.10，定理 11.13 より従う．

11.6 (1) K は G の正規部分群であるから，任意の $h \in H \subset G$ に対しても $hKh^{-1} = K$ である．よって $K \lhd H$．H/K が G/K の部分群であることは，積の定義により明らか．$g \in G$，$h \in H$ に対し，$(gK)(hK)(gK)^{-1} = (gK)(hK)(g^{-1}K) = (ghg^{-1})K \in H/K$ であるから正規である．(2) G から G/K への標準的全射と，G/K から $(G/K)/(H/K)$ への標準的全射の合成を φ とする．φ は全射準同型の合成であるから，全射準同型である．$g \in \ker\varphi$ は $gK \subset H/K$ と同値であるが，$K \subset H$ であるからこれは $g \in H$ を意味する．よって $\ker\varphi = H$ であるから準同型定理より $G/H \to (G/K)/(H/K)$ は同型である．

11.7 $G \cong V$ であるが，$\pm\begin{pmatrix} 0 & -1 \\ 1 & 0 \end{pmatrix}$ のいずれかは $\tilde{G}$ に含まれ，位数 4 である．

11.8 任意の $h \in H$，$k \in K$ に対し，$(h^{-1}, e)(e, k)(h, e) = (h^{-1}, e)(\varphi_k(h), k) = (h^{-1}\varphi_k(h), k)$．$K$ が正規より，これが $\{e\} \times K$ に属するから，$h^{-1}\varphi_k(h) = e$．よって $\varphi_k(h) = h$.

11.9 $\boldsymbol{Z}/6\boldsymbol{Z} \times \boldsymbol{Z}/6\boldsymbol{Z}$．これだけ位数 4 の元が含まれない．他は中国式剰余定理より同型.

11.10 (1) $\mathfrak{S}_n$ は隣接互換で生成されるから，$\sigma_1, \ldots, \sigma_{n-1}$ で生成される自由群 F から $\mathfrak{S}_n$ への準同型 ψ が存在する．隣接互換は $(i\ i+1)^2 = e$，$((i\ i+1)(i+1\ i+2))^3 = e$，$((i\ i+1)(j\ j+1))^2 = e$ $(j - i \geq 2)$ を満たすから，$\ker\psi$ は $N = \langle \sigma_i^2, (\sigma_i\sigma_{i+1})^3, (\sigma_i\sigma_j)^2 \rangle$ を含む．よって準同型 $\varphi : G_n \cong F/N \to F/\ker\psi \cong \mathfrak{S}_n$ が定まり，$F/\ker\psi$ は F の像で生成されるから φ は全射.

(2) n に関する帰納法による．$n = 1$ のときいずれも単位群であるから明らか．G_n の中で $\sigma_1, \ldots, \sigma_{n-2}$ で生成される部分群を G'_{n-1} とする．G_{n-1}，G'_{n-1} はともに $\sigma_1, \ldots, \sigma_{n-2}$ で生成され，G'_{n-1} での関係式は G_{n-1} での関係式に含まれる．よって全射準同型 $G_{n-1} \to G'_{n-1}$ が存在する．$\mathfrak{S}_n$ の中で n の固定群は $\mathfrak{S}_{n-1}$ と同型であり，$\mathfrak{S}_n$ の中で $\varphi(\sigma_1), \ldots, \varphi(\sigma_{n-2})$ で生成される．よって全射準同型 $G'_{n-1} \to \mathfrak{S}_{n-1}$ が存在する．帰納法の仮定から $G_{n-1} \cong \mathfrak{S}_{n-1}$ であるから，位数を比較して φ を G'_{n-1} に制限したものは同型 $G'_{n-1} \cong \mathfrak{S}_{n-1}$ を与える．さて，任意の $\sigma \in G$ に対し，$j := \varphi(\sigma)(n)$ とする．j は σ から一意的に決まることに注意する．$\sigma' := \sigma_{n-1} \cdots \sigma_j \sigma$（ただし $j = n$ のとき $\sigma' := \sigma$）とすると，$\varphi(\sigma')(n) = n$ であるから $\varphi(\sigma') \in \mathfrak{S}_{n-1}$．$\varphi$ は G'_{n-1} からの同型であるから $\sigma' \in G'_{n-1}$．よって $\sigma = \sigma_j \cdots \sigma_{n-1}\sigma'$．$G_n$ の位数は j の選び方の個数 n と G'_{n-1} の位数 $(n-1)!$ の積 $n!$ 以下である．よって位数を比較して $G_n \cong \mathfrak{S}_n$.

11.11 (1) $\tau\sigma\tau^{-1} = (1\ 3\ 5\ 2\ 4) = \sigma^2$．よって G は非可換である．(2) (1) より

$H = \langle\sigma\rangle$ は G の正規部分群である．$K = \langle\tau\rangle$ とすると $H \cap K = \{e\}$ であるから G は H と K の半直積であり，$|G| = |H||K| = 20$．(3) D_{10} は，τ のような位数 4 の元をもたない（元の位数は $1, 2, 5, 10$ のいずれか）から，G と同型ではない．G は τ^2 に共役な位数 2 の元を 5 個持つが，Q_5 の位数 2 の元は $-E$ のみ．(4) $GL(1, \boldsymbol{F}_5) = \langle 2\rangle$ が確かめられるので，$AGL(1, \boldsymbol{F}_5)$ は $f(x) = x + 1$，$g(x) = 2x$ で生成される．$\boldsymbol{F}_5 = \{0, 1, 2, 3, 4\}$ への作用を見て，$0 \in \boldsymbol{F}_5$ を 5 として準同型 $AGL(1, \boldsymbol{F}_5) \to \mathfrak{S}_5$ を与えると，f, g の像は σ, τ に一致する．位数を比較して同型．

12.1 $ex = x$ であるから $G_x \neq \varnothing$．$g, h \in G_x$ であるとき，$gx = x$ より $g^{-1}x = x$ なので，$g^{-1}hx = g^{-1}x = x$．よって $g^{-1}h \in G_x$ も成り立つ．

12.2 (1) $PSL(3, \boldsymbol{F}_2) = PGL(3, \boldsymbol{F}_2)$ である．任意の点に対し，それを最初の点とする射影枠が存在するから定理 3.9 による．(2) 問題 3.7 より $|PSL(3, \boldsymbol{F}_2)| = |PGL(3, \boldsymbol{F}_2)| = 168$．1 点の軌道が 7 点からなるから軌道・固定点定理より H の位数は $168/7 = 24$．H の作用は固定した 1 点を通らない 4 直線の置換を引き起こし，準同型 $\varphi : H \to \mathfrak{S}_4$ を得る．残りの 6 点は 4 直線のうちの 2 直線の交点として復元されるから φ は単射．位数を比較して φ は同型．

12.3 $\{(g, x) \in G \times X \mid gx = x\}$ を二通りに数えると $\sum_{g\in G} |X^g| = \sum_{x\in X} |G_x|$．軌道・固定点定理より $|G_x| = |G|/|Gx|$ であり，軌道 Gx ごとに $\sum_{y\in Gx} \frac{1}{|Gx|} = 1$ であるから $\sum_{x\in X} \frac{1}{|Gx|}$ は異なる軌道の数に等しい．

12.4 n 文字の長さ k の巡回置換は，n 文字から k 個をとって並べる円順列であるから，${}_nP_k/k = n!/(n-k)!k$ 個ある．$\mathfrak{S}_n$ の共役による固定群の位数は，k 通りの表記と，巡回置換に出てこない文字の任意の置換があるので，$(n-k)!k$ である（軌道・固定群定理からも従う）．型 $(k_1^{e_1}, k_2^{e_2}, \ldots, k_r^{e_r})$ の元の固定群の位数は，同じ次数の巡回置換の並べ替え（$e_i!$ 通り）と，各巡回置換の表記（k_i 通り）を考えて $\prod_i (e_i! k_i^{e_i})$．よって置換の個数は $n!/\prod_i (e_i! k_i^{e_i})$．

12.5 $\sigma \in \mathfrak{S}_n$ において $\sigma(1\ 2\ 3\ \cdots\ n)\sigma^{-1} = (\sigma(1)\ \sigma(2)\ \sigma(3)\ \cdots\ \sigma(n))$ である．特に $(1\ 2)(1\ 2\ 3\ \cdots\ n)(1\ 2)^{-1} = (2\ 1\ 3\ \cdots\ n)$ である．$(1\ 2\ 3\ \cdots\ n)$ を共役で固定する元は単位元または $\begin{pmatrix} 1 & 2 & \cdots & n \\ k+1 & k+2 & \cdots & k \end{pmatrix}$ $(1 \leq k \leq n-1)$ である．この転倒数は $(n-k)k$ であり，n が奇数のとき偶数になる．よって元の 2 つの元を共役で移す元は奇置換に限り $\mathfrak{A}_n$ に属さない．$\mathfrak{A}_{n+1}$ のとき，$\mathfrak{S}_{n+1}$ の元 σ で $(1\ 2\ 3\ \cdots\ n)$ を共役で固定するものは $\sigma(n+1) = n+1$ となるから同様．

12.6 例 10.27 より，n が奇数のとき $1 + 2 + \cdots + 2 + n$（「2」は $\frac{n-1}{2}$ 個），n が偶数のとき $(1+1) + 2 + \cdots + 2 + \frac{n}{2} + \frac{n}{2}$（「2」は $\frac{n-2}{2}$ 個）．

12.7 Q_n の元は $I^i J^j$ $(0 \leq i \leq 2n-1,\ 0 \leq j \leq 1)$ と一通りに書ける．$\pm E$ は中心に属する．$I^i I I^{-i} = I$，$JIJ^{-1} = I^{-1}$ より $(I^i J) I (I^i J)^{-1} = I^{-1}$．よって I^i

$(i \neq 0, n)$ の共役類は 2 個ずつになる．$J(I^iJ)J^{-1} = I^{-i}J$, $I(I^iJ)I^{-1} = I^{i+2}J$ より I^iJ の共役類は i が偶数のものと奇数のもの n 個ずつに分かれる．以上より $(1+1)+2+\cdots+2+n+n$（「2」は $n-1$ 個).

12.8 G を位数 p^2 の群とする．巡回群でないと仮定すると，e 以外の元は位数 p である．命題 12.13 より中心 Z は e 以外の元 a を含む．$\langle a\rangle$ に含まれない G の任意の元 b に対し，a と b は可換でありどちらも位数が p であるから $G = \{a^ib^j \mid 1 \le i, j \le p\} \cong (C_p)^2$ である．

12.9 位数 6 の部分群 H が存在するならば指数 2 であるから正規である．コーシーの定理によると（あるいは位数 6 の群の分類によると）H は位数 2 の元をもつ．$\mathfrak{A}_4$ の位数 2 の元は 2^2 型であるから，例えば $\sigma = (1\ 2)(3\ 4) \in H$ とすると，$\tau = (2\ 3\ 4) \in \mathfrak{A}_4$ に対し $\tau\sigma\tau^{-1} = (1\ 3)(4\ 2)$ も H に属する．よって H は四元群 V を部分群として含むが，6 は 4 の倍数でないから矛盾.

別解：$|\mathfrak{A}_4| = 12$ であるから，位数 6 の部分群 H が存在するなら正規部分群である．よって，ある元を H が含めばその共役類が H に含まれる．$\mathfrak{A}_4$ の類等式は $12 = 1+4+4+3$ であるが，この部分和で 6 を作ることはできない.

12.10 $\mathfrak{S}_5$ で共役な元が $\mathfrak{A}_5$ で共役でないとき互換による共役で移りあうから，$\mathfrak{S}_5$ の共役類は，$\mathfrak{A}_5$ では 1 つの共役類になるか，大きさの等しい 2 つの共役類になる．問題 10.5 を用いると $\mathfrak{A}_5$ の類等式は $60 = 1+20+15+12+12$ である．位数 30 の部分群は存在すれば指数 2 であるから正規部分群である．正規部分群は共役類の和集合になるが，この（e に対応する 1 を含む）部分和で 30 を作ることはできない.

※同様にして，$|\mathfrak{A}_5| = 60$ の約数をすべて試すことで，$\mathfrak{A}_5$ の正規部分群は $\{e\}$ と $\mathfrak{A}_5$ のみである（$\mathfrak{A}_5$ は単純群である）こともすぐわかる．この結果は，5 次方程式の解の公式が存在しないことの証明に用いられる.

12.11 3 シロー群は 3 次巡回群であり，その個数は，3 で割ると 1 余り，かつ 12 の約数であるから，1 または 4 である.

(i) 3 シロー群が $\langle h\rangle$ の 1 個のとき，正規である．2 シロー群は位数 4 なので，C_4 か V に同型である．(a) C_4 と同型である場合，位数 4 の元 g が存在し，そのべきを $\langle h\rangle$ による剰余群の代表元にとれる．$ghg^{-1} = h$ のとき g, h は可換であり，$G \cong C_3 \times C_4 \cong C_{12}$．$ghg^{-1} = h^2$ とする．$g^2hg^{-2} = h^4 = h$ となり，g^2 は中心の元．よって $\{e, h, h^2, g^2, g^2h, g^2h^2\}$ は g^2h で生成される 6 次巡回群である．指数 2 であるから正規部分群．$g(g^2h)g^{-1} = g^2h^2 = (g^2h)^{-1}$．$g^2 = (g^2h)^3$ より，$G' = \langle x,\ y \mid x^3 = y^2,\ x^6 = y^4 = e,\ yxy^{-1} = x^{-1}\rangle$ から G への全射群準同型が存在し，$|G'| \le 12$ だから同型．（$G' \cong Q_3$）(b) 2 シロー群が V と同型である場合．$aha^{-1} = h^k$, $bhb^{-1} = h^l$ (k, l は 1 または 2) とすると，$(ab)h(ab)^{-1} = a(h^l)a^{-1} = h^{kl}$．$k = l = 1$ の場合は可換で，$G \cong (C_2)^2 \times C_3 \cong C_2 \times C_6$．$k = 1$, $l = 2$ のとき

は，$\langle h,a\rangle = \langle ah\rangle \cong C_6$．指数 2 なので正規であり，$b(ah)b^{-1} = bab^{-1}h^2 = ah^2 = (ah)^5$．よって $D_6 = \langle x, y \mid x^2 = y^6 = e,\ xyx^{-1} = y^{-1}\rangle$ からの全射準同型があり，位数を比較して同型．$k = 2, l = 1$ のときも同様であり，$k = l = 2$ のときは a の代わりに ab をとれば同様．

(ii) 3 シロー群が 4 個 H_1, H_2, H_3, H_4 のとき，それらは互いに共役である．集合 $\{H_i | 1 \le i \le 4\}$ への G の作用を，$g \in G$ に対し共役 $gH_ig^{-1} = H_{\sigma(i)}$ により $g \mapsto \sigma$ と定めることで準同型 $\varphi : G \to \mathfrak{S}_4$ ができる．実際，$h \mapsto \tau$ とすると，$(hg)H_i(hg)^{-1} = hH_{\sigma(i)}h^{-1} = H_{\tau(\sigma(i))}$ となり，$hg \mapsto \tau\sigma$ である．

g が位数 3 のとき，$\langle g\rangle$ の軌道の位数は 1 か 3．よって，すべての H_i を固定するか，3 つの巡回置換として働き 1 つを固定するかのいずれか．前者のときは，$\langle g\rangle$ が別の 3 シロー群の正規化部分群に含まれるので，それらの半直積である位数 9 の部分群を G がもつことになり，ラグランジュの定理に矛盾する．後者の場合，g 自身で生成される 3 シロー群は共役で保たれる．また g^2 は，g の引き起こす巡回置換の 2 乗を引き起こす．3 シロー群 4 つの和集合（位数 9）が生成する部分集合は，位数を考えて G 全体に一致する（12 の約数で 9 以上のものは 12 しかない）．よって，φ の像は 3 次の巡回群すべてで生成されるので，$\mathfrak{A}_4$ を含む．位数を比較して $G \cong \mathfrak{A}_4$ である．以上より，$G \cong C_{12}, C_2 \times C_6, D_6, Q_3, \mathfrak{A}_4$．

13.1 (1) $km + ln = 1$ となる $k, l \in \boldsymbol{Z}$ が存在する．$P = \begin{pmatrix} 1 & -ln \\ 1 & km \end{pmatrix}$，$Q = \begin{pmatrix} m & -l \\ n & k \end{pmatrix}$ とすればよい．(2) 必要なら各行を -1 倍して $m, n > 0$ としておく．$m = dm'$，$n = dn'$（m', n' は互いに素な正整数）とおける．$l = dm'n'$ である．m', n' に対して (1) を適用し，両辺を d 倍すればよい．

13.2 $72 = 2^3 \cdot 3^2$ より，素因子型 $\{2^3\}, \{2^2, 2\}, \{2, 2, 2\}$ と $\{3^2\}, \{3, 3\}$ の組合せ 6 通り．

13.3 (1) d ねじれ元は $x^d = 1$ の解である．体における $x^d = 1$ の解は因数定理により高々 d 個である．(2) アーベル群 $\boldsymbol{K}^\times$ は $\boldsymbol{K}^\times$ 自体で生成されるから有限生成である．$\boldsymbol{K}^\times \cong \prod_i (\boldsymbol{Z}/d_i\boldsymbol{Z})$，$d_1 | \cdots | d_r$ と書ける．d_1 ねじれ元の個数が高々 d_1 個であるから，$r = 1$，$\boldsymbol{K}^\times \cong \boldsymbol{Z}/d_1\boldsymbol{Z}$．※特に $\boldsymbol{F}_q^\times \cong \boldsymbol{Z}/(q-1)\boldsymbol{Z}$．

13.4 $g \in G$，$h \in H$ に対し $[g, h] = (ghg^{-1})h^{-1} \in H$．よって $[G, H] < H$ である．$a \in G$ に対し，$a[g, h]a^{-1} \in H$ であるから交換子の積についても同様で，$[G, H] \lhd G$．よって $[G, H] < H$ より $[G, H] \lhd H$．

13.5 交換子 $aba^{-1}b^{-1}$ の φ による像は A が可換であることから単位元になる．よって $G/[G, G]$ の元に対し，任意の代表元 $g \in G$ をとって $\varphi(g) \in A$ を与える写像 ψ が定まり，準同型になり，$\varphi = \psi \circ \pi$ を満たす．一意性は $\varphi = \psi \circ \pi$ を満たすなら

ば任意の $g \in G$ に対し，$\psi([g]) = \varphi(g)$ となることから従う．

13.6 (1) $\sigma^7 = \tau^3 = e$ である．$\tau\sigma\tau^{-1} = \sigma^2 \neq \sigma$ であるから，G は非可換であり，$H := \langle\sigma\rangle$ は正規部分群である．$G = \langle\sigma, \tau\rangle$ より剰余群 G/H は τ の類で生成され，$\tau^3 = e$ より $|G/H|$ は 3 の約数である．$\tau \notin H$ より G/H は位数 3 の巡回群である．$|H| = 7$ であるから $|G| = |G:H||H| = 21$．$\tau\sigma\tau^{-1} = \sigma^2$ より σ の属する共役類は $\{\sigma, \sigma^2, \sigma^4\}$．$\sigma^{-k}\tau\sigma^k = \sigma^k\tau$ に注意すると共役類は $\{e\}$，$\{\sigma, \sigma^2, \sigma^4\}$，$\{\sigma^{-1}, \sigma^{-2}, \sigma^{-4}\}$，$\{\sigma^k\tau \mid 0 \leq k \leq 6\}$，$\{\sigma^k\tau^2 \mid 0 \leq k \leq 6\}$ となり，類等式は $21 = 1+3+3+7+7$．(2) 例 13.13 より従う．具体的には：G' を位数 21 の非可換群とする．$G' \cong \langle a, b \mid a^7 = b^3 = e,\ bab^{-1} = a^m\rangle$．$m^3 \equiv 1 \mod 7$ より $m = 1, 2, 4$．$m = 1$ のとき可換である．$m = 2$ のとき全射準同型 $G \to G'$ ($\sigma \mapsto a,\ \tau \mapsto b$) が存在し，位数が等しいから同型である．$m = 4$ のとき $b^2ab^{-2} = a^2$ である．$c = b^2$ とおくと $b = c^2$ であるから生成元を取り替えて $G' \cong \langle a, c \mid a^7 = c^3 = e,\ cac^{-1} = a^2\rangle \cong G$．

※ $AGL(1, \boldsymbol{F}_7)$ の指数 2 の部分群（掛け算を平方数に限る）と同型である．

13.7 (1) 位数が q^3 になること・非可換群になることは簡単に確かめられる．(2) 準同型 $f : \langle x, y, z\rangle \to G$ を $x \mapsto \begin{pmatrix} 1 & 0 & 1 \\ 0 & 1 & 0 \\ 0 & 0 & 1 \end{pmatrix}$，$y \mapsto \begin{pmatrix} 1 & 0 & 0 \\ 0 & 1 & 1 \\ 0 & 0 & 1 \end{pmatrix}$，$z \mapsto \begin{pmatrix} 1 & 1 & 0 \\ 0 & 1 & 0 \\ 0 & 0 & 1 \end{pmatrix}$ で定めると，準同型 $\bar{f} : G' \to G$ に落ちる．掃き出し法により G の元は x, y, z の像を掛けることで単位行列にできるから，$\bar{f}$ は全射．G' の中で $H := \langle x, y\rangle$ とすると $zxz^{-1} = x, zyz^{-1} = xy$ より $H \lhd G'$．$x^p = y^p = e$，$xy = yx$ より全射 $(\boldsymbol{Z}/p\boldsymbol{Z})^2 \to H$ が存在する．$H\backslash G'$ は z の類で生成されるから $|G'| \leq p^3$．よって位数を比較して $G' \cong G$．(3) G' において $x^2 = y^2 = z^2 = e$ であり，$g := z, h := xyz$ とおくと，$h^2 = x$, $h^3g = y$ であるから G' は g, h で生成される．$g^2 = h^4 = e, gh = h^3g$ が確かめられるから全射準同型 $D_4 \to G'$ が存在し，位数が一致するから $G' \cong D_4$．

13.8 $[G, G]$ は $\{e\}$ とは異なる正規部分群であるから，G が単純群ならば G 全体に一致する．

14.1 (1) 頂点に対し和をとると，d 個の面が集まる頂点に対しては組の個数は dv_d．面に対し和をとると，各面は三角形であるから頂点は 3 個ずつ存在する．これより $3v_3 + 4v_4 + 5v_5 = 3f$．(2) 1 つの面に辺は 3 つあり，1 つの辺は 2 つの面で共有される．オイラーの公式より $(v_3 + v_4 + v_5) - 3f/2 + f = 2$．これより (E) $v_3 + v_4 + v_5 = f/2 + 2$．左辺は整数であるから f は偶数．(1) の 5 倍から (E) を引いて $2v_3 + v_4 = 10 - f/2$．左辺は 0 以上であるから $f \leq 20$．(E) から (1) の 3 倍を引いて $v_4 + 2v_5 = 3f/2 - 6$．左辺は 0 以上であるから $f \geq 4$．(3) $f = 18$ とすると，$v_3 = 0$，$v_4 = 1$，$v_5 = 10$．頂点形は多角形であり，辺は 2 枚の面に共有されることに注意する．唯一の位数 4 の頂点に集まる面を考えると，底面に（平面とは限らない）四角形の穴が空く．底面の各頂点は位数 5 であるから，各辺を共有する面 4 枚と，頂点のみを共有する面 4 枚が存在し，底に再び（平面とは限らない）四角形の穴が残る．頂点の位数が 5 であることから各辺に対し 1 枚ずつ面が付いて各頂点は閉じる．すると下で位数 4 の頂点で閉じてしまい矛盾.

※デルタ面体の図は[15] を参照．$f = 4, 8, 20$ のとき正多面体が存在する．正三角錐，正五角錐（それぞれ正四面体，正二十面体の 1 つの頂点の回り）を 2 つ貼り合わせると $f = 6, 10$ を得る．1 つの辺の両端に位数 4 の頂点を置くことで底にジグザグ四角形の穴が空いた六面体ができる．ただし四角形の対角線の長さが等しくなるようにとる．これを 2 個，回映で貼り合わせることで $f = 12$ を得る．正三角柱の 3 つの側面に正八面体の半分を貼ると $f = 14$ を得る．反四角柱の 2 つの底面に正八面体の半分を貼ると $f = 16$ を得る.

14.2 (1) 三角形 $\boldsymbol{c}\boldsymbol{x}_i\boldsymbol{x}_{i+1}$ は二等辺三角形である．(2) $\boldsymbol{y}_i - \boldsymbol{c} = \frac{1}{2p}\sum_j\{(\boldsymbol{x}_i - \boldsymbol{x}_j) + (\boldsymbol{x}_{i+1} - \boldsymbol{x}_j)\}$ が成り立つ．あとは命題 8.8 と同様.

14.3 (1)(3) 座標計算による（略）．(2) Δ_2 の頂点は Δ_4 の頂点であるから，双対により対応する Δ_3 の面は Δ_5 の面と支持（超）平面を共有する.

14.4 恒等変換を除いて考える．T の場合．頂点と面心を通る軸が 4 本あり，それぞれ $2\pi/3$ 回転が 2 つずつある．辺の中点を通る軸が 3 本あり，それぞれ半回転．O の場合．正八面体の頂点（立方体の面心）を通る軸が 3 本あり，それぞれ，$\pi/2$ 回転が 2 つ，半回転が 1 つずつある．辺の中点を通る軸が 6 本あり，それぞれ半回転．正八面体の面心（立方体の頂点）を通る軸が 4 本あり，それぞれ $2\pi/3$ 回転が 2 つずつある．I の場合．正二十面体の頂点（正十二面体の面心）を通る軸が 6 本あり，それぞれ $\pm 2\pi k/5$（$k = 1, 2$）回転がある．辺の中点を通る軸が 15 本あり，それぞれ半回転．正二十面体の面心（正十二面体の頂点）を通る軸が 10 本あり，それぞれ $2\pi/3$ 回転が 2 つずつ.

14.5 恒等変換：1 個の型 ()，鏡映：6 個の (2)，回転：8 個の (3)，3 個の (2^2)，回映：6 個の (4).

14.6 $T \cong \mathfrak{A}_4$ であるが，問題 12.9 より $\mathfrak{S}_3$ は $\mathfrak{A}_4$ に埋め込めない.

あるいは，ある 1 つの対を保つ回転はちょうど 4 つあり，いずれもすべての対を保つことが直接確かめられる.

14.7 C の任意の点 P をとり，$O := \frac{1}{|G|}\sum_{h\in G} h(P)$ とする．任意の $g \in G$ に対し $g(P) \in C$ であり，C は凸であるから $O \in C$．$g \in G$ に対し，アフィン変換はアフィン結合を保つから $g(O) = \frac{1}{|G|}\sum_{h\in G} gh(P)$ であるが，h が G の元すべてを動くとき gh は G の元すべてを動くから $g(O) = O$.

14.8 (1) $A, B \in O(2)$ に対し $\det(ABA^{-1}B^{-1}) = 1$ であるから，$[O(2), O(2)] < SO(2)$．また，$R_\theta = R_{\theta/2}S_0R_{-\theta/2}S_0$ が成り立つから，任意の回転行列は $O(2)$ の

元の交換子として表せる．(2) G を $SO(2)$ の有限部分群とする．$SO(2)$ の元は回転行列からなる．G の元 R_θ（$0 < \theta \leq 2\pi$）のうち最小の θ を与えるものをとる．$(n+1)\theta > 2\pi$ となる最小の正整数 n をとるとき，$0 < (n+1)\theta - 2\pi$ と θ の最小性より $(n+1)\theta - 2\pi \geq \theta$．よって $n\theta \geq 2\pi$．$n \geq 2$ のとき n の最小性より $n\theta \leq 2\pi$ であり，$n = 1$ のとき θ のとり方から $\theta \leq 2\pi$ であるから，$n\theta = 2\pi$．ゆえに $\theta = 2\pi/n$ であり，n は一意的に定まる．ある $\varphi > 0$ に対し $R_\varphi \in G \setminus \langle R_{2\pi/n}\rangle$ とすると，$(k-1)\theta < \varphi < k\theta$ となる最小の正整数 k が存在する．このとき $0 < \varphi - (k-1)\theta < \theta$．これは θ の最小性に矛盾．よって $G = \langle R_{2\pi/n}\rangle$．$R_{2\pi/n}$ は $SO(2)$ の位数 n の元であるから，$\langle R_{2\pi/n}\rangle$ は $SO(2)$ の位数 n の巡回部分群である．

(3) G を $SO(2)$ に含まれない $O(2)$ の有限部分群とする．G は原点を通るある直線 l に関する鏡映行列 S を含む．l を x 軸に重ねる回転行列（の一方）を R とすると，RSR^{-1} は x 軸に関する鏡映 S_0 を表す．G の代わりに共役な群 RGR^{-1} を考えることで，G は S_0 を含むとしてよい．$G_0 := G \cap SO(2)$ とすると，$S \in SO(2)$ に対し $SS_0 \notin SO(2)$ であり，$S_0^2 = \mathrm{id}$ であるから，$G = G_0 \coprod G_0S_0$．よってある整数 $n \geq 1$ に対し，$G = \langle R_{2\pi/n}, S_0\rangle = D_n$．ただし，$n = 1$ のとき $G = \{E, S_0\} \cong C_2$（同型であるが $SO(2)$ の部分群ではない）であり，$n = 2$ のとき $G \cong V$．一意性は特性部分群である $SO(2)$ に含まれるかどうかと，位数から従う．

15.1 $n+1$ 個の頂点から $k+1$ 個選ぶ方法だけあるから，${}_{n+1}C_{k+1}$ 個．

15.2 (1) W は V/W の原点であるから，$p(E) = \mathbf{0}$．$\Gamma = \mathrm{Cone}\{\boldsymbol{v}_1, \ldots, \boldsymbol{v}_k\}$ とする．p は線形写像であるから錐結合を錐結合に移す．よって $p(\Gamma) = \mathrm{Cone}\{p(\boldsymbol{v}_1), \ldots, p(\boldsymbol{v}_k)\}$．(2) $\pm p(\boldsymbol{v}) \in p(\Gamma)$ となる $\boldsymbol{v} \in V$ に対し，$\ker p = W$ よりある $\boldsymbol{u}_1, \boldsymbol{u}_2 \in W$ に対し，$\boldsymbol{u}_1 + \boldsymbol{v}, \boldsymbol{u}_2 - \boldsymbol{v} \in \Gamma$ となる．$\Gamma \subset \alpha^\vee$，$E = \Gamma \cap \alpha^\perp$ とすると，$\alpha(\boldsymbol{u}_1 + \boldsymbol{v}), \alpha(\boldsymbol{u}_2 - \boldsymbol{v}) \geq 0$，$\alpha(\boldsymbol{u}_1) = \alpha(\boldsymbol{u}_2) = 0$ より $\alpha(\boldsymbol{v}) = 0$．よって $\alpha(\boldsymbol{u}_1 + \boldsymbol{v}) = \alpha(\boldsymbol{u}_2 - \boldsymbol{v}) = 0$ であるから $\boldsymbol{u}_1 + \boldsymbol{v}, \boldsymbol{u}_2 - \boldsymbol{v} \in E$．$p(\boldsymbol{u}_1 + \boldsymbol{v}) = p(\boldsymbol{u}_2 - \boldsymbol{v}) = \mathbf{0}$．ゆえに $p(\boldsymbol{v}) = \mathbf{0}$．(3) V 上の線形形式で E 上（したがって W 上）0 になるものと，V/W 上の線形形式とは一対一に対応する．実際，V/W の線形形式を p と合成すると V 上の線形形式で W 上 0 となるものを得る．α を V 上の線形形式で W 上 0 となるものとする．α の $v + w$（$v \in V$，$w \in W$）に対する値は v だけで決まるから，α は V/W 上の線形形式 $p_*\alpha$ を定める（簡潔にいうと，$0 \to (V/W)^* \to V^* \to W^* \to 0$ の完全性から従う．）．これより，Γ の面と $p(\Gamma)$ の面のそれぞれの支持超平面の対応を定める．α が W 上 0 であるとき，$\boldsymbol{v} \in V$ に対し $\alpha\boldsymbol{v} = p_*(\alpha)p(\boldsymbol{v})$ である．Γ の E を含む面 E' の支持超平面が $H(\alpha)$ であるとする．E を含むことから α は W 上 0 である．E' も凸多面錐であるから像 $p(E')$ も $p(\Gamma)$ に含まれる凸多面錐である．$p_*\alpha$ は $p(E')$ 上 0 である．$p(\Gamma)$ に含まれ $p(E')$ に属さない点で $p_*\alpha$ が 0 となったとすると，Γ に含まれ E' に属さない点で α が 0

になるから，$H(\alpha)$ が E' の支持超平面であることに反する．よって，E' の像 $p(E')$ は $H(p_*\alpha)$ を支持超平面とする $p(\Gamma)$ の面である．逆方向も同様なので，$p(\Gamma)$ の面 $\bar{E}$ に対し，$p^{-1}(\bar{E})\cap\Gamma$ は Γ の面であり（よって凸多面錐であり），しかも E を含む．これらは互いに他の逆写像であること，包含関係を保つことは明らかである．(4) E に含まれるベクトルの像は (1) より $\mathbf{0}$ であるから取り除いてよい．(2) より，E を含まない面 E'' の像は $p(\Gamma)$ の面にならないから，E を含む面に属さない $\boldsymbol{v}_j$ の p による像は $p(\Gamma)$ の内点になる．凸多面錐は端射線の錐結合であるから，$p(\boldsymbol{v}_i)$ は端射線を張るベクトルの錐結合に表せる．よって取り除いてよい．

15.3 $n=1,2$ のとき右辺はそれぞれ 1，$\sin^2\frac{\pi}{p_1}$ となり一致する．右辺は第 1 列で余因子展開すると $\Delta_{p_1,\dots,p_{n-1}}$ と同じ漸化式を満たす．

15.4 (1) $n=1,2$ のときは $\Delta=1$，$\Delta_3=\sin^2\frac{\pi}{3}=\frac{3}{4}$，$\Delta_4=\sin^2\frac{\pi}{4}=\frac{1}{2}$ より成り立つ．$n\geq 3$ のとき，$n-1$ 以下で成立すると仮定する．$\Delta_{3^{n-1}}=\Delta_{3^{n-2}}-\Delta_{3^{n-3}}\cos^2\frac{\pi}{3}=\frac{n}{2^{n-1}}-\frac{n-1}{2^{n-2}}\frac{1}{4}=\frac{n+1}{2^n}$．$\Delta_{3^{n-2},4}=\Delta_{3^{n-3},4}-\Delta_{3^{n-4},4}\cos^2\frac{\pi}{3}=\frac{1}{2^{n-2}}-\frac{1}{2^{n-3}}\frac{1}{4}=\frac{1}{2^{n-1}}$．$\Delta_{4,3^{n-2}}=\Delta_{3^{n-2}}-\Delta_{3^{n-3}}\cos^2\frac{\pi}{4}=\frac{n}{2^{n-1}}-\frac{n-1}{2^{n-2}}\frac{1}{2}=\frac{1}{2^{n-1}}$．よって帰納法により示された．(2) (1) を用いればよい．$\Delta_{4,3^{n-3},4}=\Delta_{3^{n-3},4}-\frac{1}{2}\Delta_{3^{n-4},4}=0$．残りは $\Delta_{p,q,r,s}$ の公式の中括弧の中が 0 になることからもわかる．

(3)（答えのみ）$\{\infty\}$：線分による直線の充填（正無限角形），$\tilde{A}_1$．$\{4,3^{n-2},4\}$：n 次元超立方体による $\boldsymbol{R}^n$ の充填，$\tilde{B}_n$（$n\geq 2$）．$\{3,6\},\{6,3\}$：正三角形，正六角形による平面充填，$\tilde{G}_2$．$\{3,3,4,3\},\{3,4,3,3\}$：正十六胞体，正二十四胞体による $\boldsymbol{R}^4$ の充填，$\tilde{F}_4$．

$\widetilde{B}_2$ $\widetilde{G}_2$

図　正平面充填の基本単体

15.5 (1) それぞれ正四面体，正十六胞体となる．(2) 分類より従う．半超立方体の頂点は 2^{n-1} 個であるが，α_n は $n+1$ 個，β_n は $2n$ 個，γ_n は 2^n 個であるから $n\geq 5$ のとき相異なる．

15.6 (1) いずれも f はある超平面上の直交変換と，直交方向の並進の合成である．$\boldsymbol{x}_0$ を原点とし，並進方向を x_1 とする直交座標をとる．$\boldsymbol{x}_1$ の x_1 成分を $a>0$ とするとき $\boldsymbol{x}_i$ の x_1 成分は ia である．(2) f が空間の合同変換となる場合を考えればよい．f が恒等変換・鏡映・並進・回転・映進のとき頂点はある平面上にある．螺旋運

動のとき (1) より頂点は無限個であるから，f は回映である．このとき，固定点を原点とし，回映面を xy 平面とする xyz 直交座標系をとる．$f = R_\theta \oplus (-1)$ と表される．頂点が有限個として，$n \geq 0$ で初めて $\boldsymbol{x}_0$ と同じ (x, y) 座標をもつ点を $\boldsymbol{x}_n$ とする．$\boldsymbol{x}_0$ が xy 平面にあるならば，帰納的にすべての $\boldsymbol{x}_i$ もそうであるから，ねじれ多角形となるとき $\boldsymbol{x}_0$ の z 座標 z_0 は 0 でない．$\boldsymbol{x}_n$ の z 座標は $z_0, -z_0$ のいずれかである．前者のとき n は偶数であり，n 角形（$n = 2$ のとき平面図形になるから $n \geq 4$）．$n = 4$ のとき**正ねじれ四辺形** (regular skew quadrilateral)，$n \geq 6$ のとき**反柱角形** (antiprismand) と呼ぶ．後者のとき $2n$ 角形（$n = 2$ のとき平面上になるので $n \geq 3$）であり，**正柱角形** (prismand) と呼ぶ．上の計算から辺の中点は xy 平面上にあり，n 回の回転でもとに戻るから正 n 多角形の頂点をなす．(3) 置換 $\sigma = (1\ 2\ 3\ 4\ 5) \in \mathfrak{S}_5$ に対応する置換行列 $A_\sigma \in O(5)$ をとる．A_σ の固有多項式は $x^5 - 1$ であり，固有値は 1（重複度 1）と，4 個の虚数からなる．A_σ 倍は超平面 $H = \{\sum_{i=1}^5 x_i = 1\}$ を保ち，距離を保つので，H の直交アフィン変換 f を定める．f は $P(\frac{1}{5}, \ldots, \frac{1}{5})$ を固定するので，P を原点とする H の直交変換とみなせる．固有値の条件と合同変換の分類から f は 2 重回転．$f(\boldsymbol{e}_i) = \boldsymbol{e}_{i+1}$（$\boldsymbol{e}_6 = \boldsymbol{e}_1$ とみなす）が成り立つから，f は位数 5 であり，正五胞体の頂点から「正 2 重回転五角形」を得る．

15.7 (1) f は正多角形であり，中心を通る軸に関する回転（Δ の合同変換）で v, e を v', e' に移せる．e' を通る平面に関する鏡映（Δ の合同変換）を合成すると求める φ を得る．注意 15.22 より φ は一意的である．

(2) φ は回転と鏡映の合成であり向きを保たないので，鏡映または回映である．鏡映とすると v と v' の中点が固定されるが，中点は e の重心であり φ で e' の重心に移される．重心は内点であるから $e \neq e'$ に矛盾．よって回映．一般に回映において点とその像の中点は回映面上にあるから後半も従う．

(3) 頂点と辺の対は有限通りであるから，いつかは最初の v, e に戻る．任意の $v \in e \subset f$ は互いに Δ の合同変換で移りあうから，それらから定まる φ は Δ の合同群の中で共役である．したがって h は等しい．具体的に求めると，正四，六，八，十二，二十面体に対し，それぞれ $4, 6, 6, 10, 10$．最初の完全旗の選び方の数は合同群の位数と等しいから，$24, 48, 48, 120, 120$．反対向きのものと対になるから，ピートリー多角形の個数は $3, 4, 4, 6, 6$．

索　　引

欧数字

あ　行

か　行

さ 行

た　行

な 行

ま 行

や 行

ら 行

わ 行

著者略歴

小林正典（こばやしまさのり）

1964 年　岡山県に生まれる

1989 年　東京大学大学院理学研究科修士課程修了

現　在　東京都立大学理学部数理科学科　准教授

博士（数理科学）

現代基礎数学 4

線形代数と正多面体　　定価はカバーに表示

2012 年 3 月 20 日　初版第 1 刷
2022 年 5 月 25 日　第 4 刷

著　者　小　林　正　典

発行者　朝　倉　誠　造

発行所　株式会社　朝　倉　書　店

東京都新宿区新小川町6-29
郵便番号　162-8707
電　話　03(3260)0141
F A X　03(3260)0180
https://www.asakura.co.jp

〈検印省略〉

中央印刷・渡辺製本

ISBN 978-4-254-11754-7　C 3341　Printed in Japan